本书获得天津市教委人文社科一般项目："缠绕式交互与嵌入协作背景下基层数字化治理中的公众参与和风险防范：绩效评估、影响机制与改进路径"（2022SK130）资助，是该项目的阶段性研究成果

数字化和嵌入式治理背景下中国环境治理的进程与成效

杨若愚　著

U0199883

中国财经出版传媒集团

中国财政经济出版社

·北京·

图书在版编目（CIP）数据

数字化和嵌入式治理背景下中国环境治理的进程与成
效 / 杨若愚著. −−北京：中国财政经济出版社，
2023.10

ISBN 978 − 7 − 5223 − 2535 − 4

Ⅰ.①数… Ⅱ.①杨… Ⅲ.①环境综合整治−研究−
中国 Ⅳ.①X321.2

中国国家版本馆 CIP 数据核字（2023）第 204721 号

责任编辑：黄双蓉   责任校对：张 凡
封面设计：卜建成   责任印制：党 辉

中国财政经济出版社 出版

URL：http：//www. cfeph. cn

E − mail：cfeph@ cfemg. cn

社址：北京市海淀区阜成路甲 28 号　邮政编码：100142

营销中心电话：010 − 88191522

天猫网店：中国财政经济出版社旗舰店

网址：https：//zgczjjcbs. tmall. com

北京财经印刷厂印装　各地新华书店经销

成品尺寸：170mm×240mm　16 开　17.25 印张　251 000 字

2023 年 10 月第 1 版　2023 年 10 月北京第 1 次印刷

定价：69.00 元

ISBN 978 − 7 − 5223 − 2535 − 4

（图书出现印装问题，本社负责调换，电话：010 − 88190548）

本社质量投诉电话：010 − 88190744

打击盗版举报热线：010 − 88191661　QQ：2242791300

前　言

中国式现代化是人与自然和谐共生的现代化，但中国的环境治理所取得的成效从来都不是一蹴而就的，历程是艰难而曲折的。本书系统梳理了中国各省份 2006～2020 年大气污染、水污染、固体废物污染三种污染类型的时空演变特征以及自改革开放到党的二十大的环境治理政策。综合运用案例分析、问卷调研、实证研究等定性和定量相结合的研究范式，探析了数字化和嵌入式治理背景下中国环境治理的进程、成效、问题、困境和未来发展路径。本书的主要内容如下：

（1）第 1 章绪论，阐释整体思路和框架体系。

（2）第 2 章对中国各省环境污染的时空特征进行定量分析，探析其时间变化趋势和空间演变规律。

（3）第 3 章对中国环境治理的政策进行系统梳理、分类和归纳总结。

（4）第 4 章结合新的时代特征和典型案例、环境政务微博爬虫数据分析党的十八大以来中国环境治理的新特点、新趋势，解读数字化和嵌入式治理背景下中国环境治理的新进程、新成效。

（5）第 5 章选取"十三五"和"十四五"时期环境治理的政策工具创新案例，对市场调控、政治管控、法律规制、公众参与等多种类型的环境政策工具及其治理效果进行实证研究。

（6）第 6 章通过运用大样本问卷数据进行实证研究，探析中国环境治理过程中的公众参与状况、行为、效果及其影响机理。

（7）第 7 章针对特定群体、特定行业和典型城市进行区别研究，包括大学生群体的亲环境行为、民航业绿色发展与环境治理、低碳试点城市的政策效应实证检验等。

（8）第 8 章提出未来发展的对策建议，探究数字化和嵌入式治理背景下中国环境治理的改进路径。

希望这些有针对性、系统性的研究，可以成为本书的特色和亮点。能够为环境治理领域的从业者提供借鉴，为公共部门、环境治理部门的管理者和实践者决策提供参考，为学术研究者提供可借鉴的分析框架。

杨若愚

2023 年 6 月

目　录

第 1 章

绪　　论

1.1　研究背景与研究目的

1.1.1　研究背景

党的二十大报告强调"中国式现代化是人与自然和谐共生的现代化"，早在 2020 年 3 月，中共中央办公厅、国务院办公厅就印发了《关于构建现代环境治理体系的指导意见》，提出到 2025 年建立健全环境治理的领导责任体系、企业责任体系、全民行动体系、监管体系、市场体系、信用体系、法律法规政策体系等七大体系的主要目标。近年来，随着环境问题的凸显和社会各界对于环境治理的关注，传统的"单核"环境治理模式向"多核""互联网＋"方向转变，公众参与的方式逐渐增多，政务服务便民热线、网络留言板、政务微博、政务微信都成为公众参与环境治理的渠道（萧鸣政，2014；徐顽强等，2020；Skoric et al.，2016；彭勃，2017；王立华，2018）。在新《环保法》实施后，中国环境治理过程中的政府规制强度和公众参与力度在同步增强，公众参与环境治理的广度和深度都得到前所未有的突破与发展，公众参与环境治理的行为模式也更加多样（林卡，2014；孙宗锋，2021）。截至 2018 年，我国 31 个省（区、市）已开通综合性政务机构微博和生态环境政务平台（见表1.1），但发展并不均衡，各地的环境数字化治理能力和公众参与程度均存在显著差异，甚至出现"市场失灵""政府失效""社会参与失范"的三重困境（宋保胜等，2021；余泳泽等，2022；唐林等，2021）。2022年6月，国务院印发《关于加强数字政府建设的指导意见》，提出要"全面推动生态环境保护数字化转型"。环境治理正在大步迈向"数字化"与"智慧化"的多场景样态，随着数字化智能技术在物理空间与社会空间的嵌入，新的治理逻辑与规则框架也在发展完善。在嵌入治理和数字化治理背景下的环境治理实践中，新媒体使用频率的不断增加促使社会公众获取和交换信息的成本大大降低（Fedorenko et al.，2016；Lavertu et al.，2016），提升了公众参与环境治理的热情，拓宽了公众参与环境治理的渠道，多元主体通过各种平台和媒介表达自身诉求、参与环境决策在一定程度上影响了中国的环境政策议程设置和政府注意力（黄森慰，2017；靳永翥等，2022）。在国家治理体系和治理能力现代化及社会治理创新向纵深推进的宏观背景下，各类信息技术向环境治理领域广泛渗透，导致权力实践变为一个需要经由"技术"这一中介机制加以理性化的过程。公众参与嵌入环境数字化治理包括"认知—参与—关系—治理"四个递进式结构化阶段，遵循"进入—成长—饱和—衰退—革新"的政策螺旋式上升过程（张国兴，2019；武照亮等，2022）。这一方面给环境治理注入了新的活力，另一方面也对政府治理能力和政府回应模式提出了新的考验，因此需要从嵌入治理和技术治理层面来追求环境治理的多圈层耦合，以实现环境治理绩效的提升。以往研究表明，目前环境治理过程中的公众参与和政府回应还存在显著的区域差异和群体差异，并且面临着公众参与失效和政府回应失灵的多重困境。基层的公众环境诉求是"环境治理的最后一公里"。需要实现互动反馈、多圈层耦合、府际协作、层级督察、多中心合作的良性循环（于文超等，2014；Jonathan，2015；关婷、薛澜等，2019）。

表 1.1　　中国大陆 31 省生态环境类政务微博的整体发展情况

微博 ID	运营时间	微博 ID	运营时间
北京生态环境	2011 年 3 月 31 日	河南环境	2017 年 6 月 3 日
天津生态环境	2013 年 3 月 28 日	湖北生态环境	2016 年 11 月 1 日
河北生态环境发布	2012 年 4 月 23 日	湖南省生态环境厅	2015 年 3 月 26 日
山西省生态环境厅	2016 年 12 月 16 日	南粤绿声	2011 年 5 月 30 日
内蒙古生态环境	2015 年 1 月 26 日	广西生态环境	2017 年 9 月 8 日
辽宁生态环境	2016 年 12 月 12 日	海南生态环境发布	2015 年 12 月 3 日
吉林生态环境	2013 年 5 月 23 日	重庆生态环境局	2011 年 6 月 1 日
黑龙江省生态环境厅	2014 年 2 月 26 日	四川生态环境	2013 年 8 月 20 日
上海环境	2012 年 3 月 9 日	贵州省生态环境厅	2013 年 5 月 15 日
江苏生态环境	2012 年 3 月 12 日	云南省生态环境厅	2017 年 5 月 22 日
浙江生态环境	2013 年 10 月 14 日	陕西生态环境	2012 年 12 月 21 日
安徽生态环境	2017 年 6 月 27 日	甘肃生态环境	2017 年 6 月 23 日
福建生态环境	2015 年 9 月 21 日	青海生态环境	2017 年 4 月 13 日
江西生态环境	2013 年 10 月 14 日	宁夏生态环境	2018 年 1 月 3 日
山东环境	2013 年 5 月 22 日	新疆生态环境厅	2011 年 10 月 8 日
西藏生态环境保护	2017 年 9 月 18 日		

在国内外理论和实践中，根据公众参与环境治理的领域与深度，以往学者将公众参与行为分为私人领域环境行为和公共领域环境行为。私人领域环境行为主要包括公众日常生活中个人的环保习惯或者采取浅层次的环境友好行为。公共领域环境行为则是公众通过社会互动为生态环保事业作出惠及他人的贡献，是一种高层次、普惠性的环保行为（Stern，2000；Lange et al.，2019；洪大用，2016；王晓楠，2018；杜雯翠，2022）。也有学者着眼于过程视角，将公众参与行为分为前端、中端和末端参与。还有学者根据公众参与过程中与各方主体的关系，将其分为抗争性公众参与和认同性公众参与，或者根据公众参与的结果和有效性将其分为互动合作

型、自主探索型、被动参与型和无参与状态四类（钟兴菊，2021；谭爽，2016；南锐，2022）。公众参与只有得到政府部门的及时、有效回应，才能真正提升环境治理绩效（王红梅，2016）。

环境污染不仅关系到经济社会的可持续发展，还直接关系到公众的健康与生活质量，因此环境治理过程中的公众参与力量也越来越受到重视。随着大数据和新媒体时代的到来，在基本生活条件得到了满足后，公众开始追求更加公平的制度空间和自由的舆论环境，公民意识加速觉醒，社会大众对于参与环境治理、改善环境质量的需求日趋强烈。近年来，随着信息技术的快速发展，大数据、"互联网＋"已经渗入人们生活的各个方面，以网络传播形态为代表的新媒体日益成为信息获取和传播的重要渠道，对公众的环境参与产生巨大影响，也受到了政府的鼓励和支持。党的十九大报告指出，要"实行最严格的生态环境保护制度……构建政府为主导、企业为主体、社会组织和公众共同参与的环境治理体系"（周晓丽，2019；杨若愚等，2018）。近年来，新媒体和数字化治理平台得到广泛应用（张橦，2018）。

在大数据背景下的环境治理实践中，新媒体使用频率的不断增加使社会公众获取和交换信息的成本大大降低，增加了公众参与环境治理的热情，越来越多的人通过各种平台和媒介表达自身诉求、参与环境决策，给环境治理注入了新的活力。大数据和新媒体的使用一方面拓宽了公众参与环境治理和进行意见表达的空间，另一方面也对政府治理能力和政策执行模式提出了新的考验。在此背景下，就需要对环境污染特征、环境政策体系、政策工具效果、公众参与环境治理的状况及其影响机理进行系统性研究，并提出有针对性的对策建议，进而提升环境治理能力和环境治理体系的现代化水平。

1.1.2 研究目的

在整个生态文明建设过程中，公众是必不可少的环境治理主体，社会大众对于环境治理的参与情况、参与效果直接关系到生态文明建设进程的顺利进行。随着"互联网＋"和大数据的兴起，社会公众参与环境治理的渠道和方式也在逐渐增多。本书的主要研究目的如下：

（1）探析中国环境污染的时空特征，包括各省份污染物排放的时间演变趋势和空间区域特征，从整体把握中国环境污染的时空变化特点和趋势；

（2）梳理中国环境治理的政策文本，以"十一五""十八大""二十大"等关键时间节点为分割线，系统探究中国环境治理政策的演变规律；

（3）结合新媒体时代公众参与的特点，分析数字化和嵌入式治理背景下中国环境治理的进程和成效；

（4）对多种政策工具进行案例研究和实证分析，探究新时代中国环境治理过程中多种政策工具的演变特征及其治理效果；

（5）在政府数智化和嵌入式治理背景下，研究中国环境治理过程中的公众参与及其影响机制；

（6）针对特殊群体、特殊行业、试点城市的环境治理实践进行实证研究，发现取得的成效、存在的问题，提出有针对性的对策建议；

（7）结合案例，提出未来中国环境治理的改进路径，推动构建政府为主导、企业为主体、社会组织和公众共同参与的环境治理体系，打造环境共建共治共享格局，提升环境治理绩效。

1.2 研 究 意 义

1.2.1 理论意义

（1）从整体上把握中国环境污染的时空特征及其演变规律

主要围绕大气污染、水污染、固体废物污染三种污染类型进行研究，每种污染类型各选取两种典型指标。大气污染主要包括二氧化硫（SO_2）和氮氧化物（NO_X），水污染主要包括化学需氧量（COD）和氨氮（NH3 - N），固体废物污染主要包括工业固体废物产生量和生活垃圾清运量。本书将通过绘制散点图等方法，将各类污染物时空演变趋势和空间集聚特征进行可视化，以研究各省份、各区域大气污染、水污染、固体废物污染的时空演变特征、区域差异性和空间相关性。

（2）系统梳理了中国环境治理的相关政策

环境资源是一种公共物品，具有消费的非竞争性和受益的非排他性这两个公共物品最明显的特质。消费的非竞争性，意指一人消费某物品，不妨碍他人对该物品的消费。受益的非排他性，是指多个消费者之间没有利益上的冲突。基于此，公共物品一般都有外部性。这种特性导致环境保护具有一定的正外部性，而环境污染在一定范围内有负外部性。从政府环境规制和政策工具选择的角度来看，在中国现有的体制下，政府监管在环境污染治理方面的作用越来越有力，市场机制的影响也有增无减，从威权性的控制到刚柔并济的激励再到第三方治理的推动，这都反映出中国政府对于环境监管的重视以及治理方式的变革。因此，在系统梳理环境治理相关政策后，可以全面把握中国环境治理方式的转变，对于了解政策走向具有比较重要的意义和作用。

（3）针对党的十八大以后环境治理政策工具的创新进行了案例挖掘和实证研究

在以往的环境治理研究文献中，针对环境治理政策工具创新缺乏一套系统性的梳和评价，尤其是针对数字化治理平台的实证研究比较少。本研究综合使用案例分析和实证研究等定性、定量研究方法，从政治管控、法律规制、市场调控、公众参与、数字化平台建设等多维视角进行环境政策工具创新的案例挖掘和实证研究。包括自媒体平台的嵌入、环保非政府组织（NGO）的参与、中央环保督察的推动、环境公益诉讼的完善、环境治理数字化平台的运营与绩效评价等。从多维视角对环境治理政策工具的演变和创新进行全景描绘，以把握环境数字化治理的新特征、新态势。

（4）从公众参与的视角扩展了环境治理的研究维度和时代特色

以往关于环境治理的学术研究对公众参与的类型、作用关注较多，对于其内在影响机理关注较少。在技术治理视角下，公众参与的类型、范围、深度和广度都与以往有所不同。因此，在新的时代背景下以公众参与为切入点可以扩展环境治理的研究维度。同时，以大数据背景为切入点，重点研究新媒体、"互联网＋"时代中公众参与的途径、模式与效果，也使本研究具有鲜明的时代特色，所得出的结论也具有前瞻性。

以往关于公众参与环境治理效果的机制研究较少，并且分析单元和数据来源都比较单一，主要聚焦于省份层面。公众参与主要是"公众"在起作用，因此本书在第六章中基于微观视角，使用大样本调研数据，从公民的微观视角出发，探究公众参与环境治理效果的影响因素和内在机制。包括公民个体特征、污染态度、污染感知、环保意识、亲环境行为、媒介使用、对于政府环境治理的满意度、参与环境治理的意愿、参与环境治理的预期结果等。构建了一个严谨的"现状评价—困境剖析—原因机制—对策建议"的完整分析框架，弥补了以往文献在机制研究方面的一些不足。

（5）针对特定群体、行业和试点城市进行区别研究，有助于提出针对性对策建议

在特定群体方面，本书针对大学生群体的亲环境行为及其影响因素进行了专门的调研和实证研究。在特定行业方面，本书定量测度了民航业与大气污染的耦合协调度，并对民航业绿色发展的影响因素进行了实证分析。对于特定城市和区域，本书运用双重差分法针对低碳城市试点的政策效应进行了实证检验。这些有针对性的研究，也成为本书的特色和亮点之一。对于特定领域的从业者、管理者、环境治理的实践者具有一定的借鉴意义。

1.2.2 实践意义

（1）有利于推动环境治理体系的完善

党的二十大报告强调"中国式现代化是人与自然和谐共生的现代化"，构建"党委领导、政府主导、企业主体、社会组织和公众共同参与的现代环境治理体系"也是一直以来生态文明建设的奋斗目标。本研究在分析现状、梳理政策、评估政策工具作用的基础上探析环境数字化治理的路径和未来绿色发展的对策，有利于在大数据时代更好地运用信息技术发挥多元治理主体的作用，科学、合理地制定环境治理相关政策和法律法规，从而在一个综合性的分析框架内考虑多方利益相关者，更有效地指导实践，最终有利于推动环境治理体系和环境治理能力的现代化。

（2）有利于提升政府环境治理决策的科学性和有效性

生态环境治理数字化是推进环境治理体系和治理能力现代化的重要举措，也是整个社会进行数字化转型的重要组成部分。在今后的环境与治理数字化的实践中，其中一个重要的、有效的维度，便是政府监管和公众参与、社会监督的有机融合。本研究对多种政策工具的创新和数字化治理进行定性的案例研究和定量的系统评价，有利于梳理数字化和嵌入式背景下环境治理的成效，也可以推动政府或环保行政主管部门更多地依靠公众的智慧与力量，提升环境治理效果评估和决策的科学性和有效性。

（3）在了解现状的基础上推动公众参与环境治理实践的发展

在对环境治理政策工具和政策体系的创新过程进行梳理后，本研究将分析环境治理过程中公众参与的现状、效果、困境和影响因素，并通过问卷调查、深度访谈等方式，借助公民视角从微观层面进行研究，基于大样本数据探究其中内在的原因机制。由此得出结论和研究成果，有利于提升公众参与环境治理的有效性。与此同时，在大数据背景下结合新的时代特征进行全新的解读与剖析，有助于推动未来环境治理相关实践的发展。

1.3 本书的主要内容

本书包括八章内容。第 1 章绪论，阐释整体思路和框架体系。第 2 章对中国环境污染的时空特征进行定量分析，探析其时间变化趋势和空间演变规律。第 3 章对中国环境治理的政策进行系统梳理、分类和归纳总结。第 4 章结合新的时代特征和典型案例、环境政务微博爬虫数据分析党的十八大以来中国环境治理的新特点、新趋势，解读数字化和嵌入式治理背景下中国环境治理的新进程、新成效。第 5 章选取"十三五"时期以后环境治理的政策工具创新案例，对市场调控、政治管控、法律规制、公众参与等多种类型的环境政策工具及其治理效果进行实证研究。第 6 章对中国环境治理过程中的公众参与状况、行为、效果及其影响机理进行深入探究。第 7 章针对特定群体、行业和试点城市进行区别研究，包括大学生群体的亲环境行为、民航业绿色发展与环境治理、低碳试点城市的政策效应实证检验等。第 8 章提出未来发展的对策建议，探究数字化和嵌入式治理背景下中国环境治理的改进路径。

第2章

中国环境污染的时空特征

2.1 三种类型污染物的选择

长期以来，我国实施主要污染物总量控制制度。2015 年实施的《中华人民共和国环境保护法》第四十四条规定："国家实行重点污染物排放总量控制制度。重点污染物排放总量控制指标由国务院下达，省、自治区、直辖市人民政府分解落实。企业事业单位在执行国家和地方污染物排放标准的同时，应当遵守分解落实到本单位的重点污染物排放总量控制指标。"在"十一五"时期，国家总量控制指标为 COD 和 SO_2，"十二五"时期国家总量控制指标在此基础上增加了两项，包括 SO_2、COD、NH3 - N 和 NO_X。"十三五"期间，国家向各省下达主要污染物总量控制指标为：NO_X、SO_2、COD、NH3 - N，这 4 项指标均包括 2015 年基数、减排比例以及重点工程减排量。"十四五"期间，国家对主要污染物总量控制指标体系进行了调整，调整后的主要污染物减排指标包括 NO_X、挥发性有机物（VOCs）、COD、NH3 - N，这 4 项指标均以重点工程减排量形式下达，不再下达减排比例和基数。由此可见，国家总量控制指标主要是大气污染物、水污染物。由于在环境治理实践和我国的现代化进程中，固体废物污染与人们的生活息息相关，国家也实行固体废物污染环境防治目标责任制和考核评价制度，将固体废物污染环境防治目标完成情况纳入考核评价的内容。因此，本书在分析过程中选择大气、水、固体废物这三种类型的典型污染物进行研究。

2.1.1　大气污染物的选择

进入 21 世纪以后，中国政府更加关注大气污染的治理问题。在"环境保护十一五规划"中，确立了 SO_2 的总量控制目标，开始把大气污染物排放量作为各级地方政府政绩考核的重要指标。国务院 2007 年发布的《关于印发节能减排综合性工作方案的通知》指出，地方各级人民政府对本行政区域节能减排负总责，政府主要领导是第一责任人。其中，省级人民政府每年要向国务院报告节能减排目标责任的履行情况。并分别在 2008 年底和 2010 年底进行中期评估和终期考核。在"环境保护十二五规划"中，氮氧化物成为新增的大气考核指标，"十三五"规划中，环境总量控制约束性指标 SO_2 和 NO_x 依旧保留。由此可见大气污染治理的迫切性以及省级政府在环境治理工作中的重要地位。因此，为了契合环境治理的管理实践，本研究把被纳入考核指标的大气污染物作为研究对象，将分析单元设定在省份层面。由于西藏的缺失值太多，所以本书主要研究中国大陆除西藏以外的 30 个省份。

近年来在中国，煤炭仍然是最主要的能源消耗方式，大气污染物以烟尘、SO_2 为主，由于 SO_2 的危害极大，早在"十一五"规划中，SO_2 排放量就成为大气污染的约束型指标。在之后出台的《主要污染物总量减排考核办法》中，中国政府在对各省进行环保考核中增加了减少 SO_2 排放的任务。因此，在所有大气污染物中，SO_2 受到的政府监管力度最强（吴建南，2016）。在"十二五"规划中，NO_x 才正式被设置为考核指标。在此背景下，本研究把 SO_2 和 NO_x 排放量作为衡量大气污染的指标。2021 年 2 月 25 日，在生态环境部举行的新闻发布会上，时任大气环境司司长刘炳江指出，"十四五"空气质量约束性指标设置方面，将有细颗粒物（PM2.5）、优良天数、NO_x、VOCs 和基本消除重度污染天数这五项。这意味着，2021 年以后，VOCs 取代了原来的 SO_2 指标。为了便于进行纵向的时间对比，本研究数据的时间跨度为 2006～2020 年，包括"十一五""十二五""十三五"三个期间。

2.1.2 水污染物的选择

进入 21 世纪以来，中国政府采取了一系列措施对水污染进行治理。2008 年，修订后的《中华人民共和国水污染防治法》在法律层面确立了多种规制手段，比如制定国家水环境质量标准和水污染物排放标准、对重点水污染物排放推行总量控制目标、发放排污许可证、惩处违法排污者等。2015 年 2 月，国务院发布了《水污染防治行动计划》，从严格控制污染物排放、完善排污费征收和税收政策等多层面实施问责制。在法律保障、经济规制、总量控制等方面作出了宏观性的制度设计。同时鼓励对大江大河进行跨区域治理，激励各层级、各区域地方政府完成水污染物的总量控制目标。

对于水污染的具体控制指标，中国政府也明确进行了界定。在"环境保护十一五规划"中，确定了主要 COD 的排放总量和控制目标，在 2008 年和 2010 年分别对各省的 COD 进行中期评估和终期考核。在"十二五"规划中，NH3 - N 也成为一个正式的环保考核指标，在 2013 年和 2015 年底进行分阶段考核。因此，本研究把 COD 和 NH3 - N 作为衡量各省水污染的指标。为了便于进行对比分析，时间跨度也选择 2006～2020 年。

2.1.3 固体废物的选择

固体废物，是指在生产、生活和其他活动中产生的丧失原有利用价值或者虽未丧失利用价值但被抛弃或者放弃的固态、半固态和置于容器中的气态的物品、物质以及法律、行政法规规定纳入固体废物管理的物品、物质。经无害化加工处理，并且符合强制性国家产品质量标准，不会危害公众健康和生态安全，或者根据固体废物鉴别标准和鉴别程序认定为不属于固体废物的除外。我国的固体废物主要包括工业固体废物、生活垃圾、危险废物、建筑垃圾、农业固体废物等。

2020 年 4 月 29 日第十三届全国人民代表大会常务委员会第十七次会议第二次修订的《中华人民共和国固体废物污染环境防治法》明确规定，国家倡导简约适度、绿色低碳的生活方式，引导公众积极参与固体废物污染环境防治。国家实行固体废物污染环境防治目标责任制和考核评价制度，将固体废物污染环境防治目标完成情况纳入考核评价的内容。产生、收集、贮存、运输、利用、处置固体废物的单位和个人，应当采取措施，防止或者减少固体废物对环境的污染，对所造成的环境污染依法承担责任。生活垃圾分类坚持政府推动、全民参与、城乡统筹、因地制宜、简便易行的原则。

工业固体废物，是指在工业生产活动中产生的固体废物。生活垃圾，是指在日常生活中或者为日常生活提供服务的活动中产生的固体废物，以及法律、行政法规规定视为生活垃圾的固体废物。在生活、生产实践中，工业固体废物和生活垃圾是两种最主要的固体废物。考虑到数据可得性和固体废物的治理实践，本研究将工业固体废物产生量和生活垃圾清运量作为衡量固体废物的两个指标。为了便于对比分析，时间跨度也选择 2006 ~ 2020 年。

2.2　环境污染的时空特征分析

2.2.1　大气污染的时空特征分析

（1）SO₂ 的时空分布特征

本研究按照国家统计局官网的划分标准，把 30 个省份（由于西藏的缺失值较多，所以只分析除西藏之外的 30 个省份）划分为东、中、西三大区域，并计算出各个区域 SO_2 排放量的均值、标准差、最小值和最大值（见表 2.1）。在这 30 个省份中，排放量最大的省份是山东，排放量最小的省份是海南，二者虽然都位于东部地区，但是十五年排放量均值的差距非常大，山东是海南的 57.37 倍。在西部地区，排放量最大的是内蒙古，最小的是青海，二者的均值相差 93.76 万吨。在中部地区，排放量最大的是河南，最小的是吉林，二者的均值相差 65.77 万吨。综合来看，东部地区各省 SO_2 排放量的均值最小，其次是西部，中部地区的均值最大，这可能是由于中部地区有很多煤炭大省。但是，东部地区的标准差远远大于西部和中部地区，这说明东部地区各省的排放量存在十分明显的差异性。经计算可知，这30个省份的总体均值为56.56万吨，全国总体的标准误大于西部地区和中部地区、小于东部地区，这也进一步表明，东部区域各省的差异性最为明显。无论是省份之间的异质性还是区域之间的异质性，都给未来的治理工作带来很大的难度。

表 2.1 　　　　　　　2006～2020 年 30 个省份的 SO_2 排放量　　　单位：$10^4 t$

省份（代码）	均值	标准差	最小值	最大值	省份（代码）	均值	标准差	最小值	最大值
北京（1）	7.72	5.71	0.18	17.6	河南（16）	96.33	59.49	6.68	162.4
天津（2）	16.14	9.96	1.02	25.5	湖北（17）	48.26	24.44	9.72	76
河北（3）	101.26	48.06	16.17	154.5	湖南（18）	57.20	28.04	10.24	93.4
山西（4）	98.31	48.05	16.05	147.8	广东（19）	69.89	41.50	11.69	126.7
内蒙古（5）	106.31	49.34	27.39	155.7	广西（20）	51.15	34.86	8.78	99.4
辽宁（6）	83.78	37.89	20.64	125.9	海南（21）	2.25	1.02	0.59	3.41
吉林（7）	30.56	11.84	6.84	41.32	重庆（22）	48.71	28.70	6.75	86
黑龙江（8）	41.79	12.43	14.32	52.19	四川（23）	75.11	39.99	16.31	128.1
上海（9）	22.42	17.93	0.54	50.8	贵州（24）	87.34	41.92	17.74	146.5
江苏（10）	82.60	35.86	11.26	130.4	云南（25）	51.33	15.03	17.66	69.12
浙江（11）	50.56	26.72	5.15	85.9	陕西（26）	66.81	30.35	9.37	98.1
安徽（12）	42.51	16.05	10.86	58.4	甘肃（27）	44.92	17.81	8.58	62.39
福建（13）	30.72	14.01	7.88	46.9	青海（28）	12.55	3.67	4.01	15.67
江西（14）	46.06	17.27	10.25	63.4	宁夏（29）	31.02	10.31	7.16	41.04
山东（15）	129.09	63.42	19.33	196.2	新疆（30）	59.30	20.29	14.48	85.3

从数量上来看，各省的排放量具有一定程度的差异性。从时间变化趋势来看，大部分省份的 SO_2 排放量都呈现出波动性下降的趋势。这说明，整体来看，中国的大气污染治理和监管工作还是比较有效的，但是部分省份在 2011 年左右有增加的现象，这可能与环保考核的阶段性有关。由于某些污染物是显性的政绩指标，能够"看得到、摸得着、闻得见"。因此，

地方政府除了追求 GDP 增长的经济指标外，还会关心生态环保、社会发展等显性业绩。地方政府的"晋升锦标赛"也从一元竞争模式向二元竞争模式甚至多元竞争模式转变（左才，2017）。2010 年是"十一五"规划的收尾时期和考核阶段，所以一些省份为了在"晋升锦标赛"中获胜，加大了环境监管的力度，而 2011 年是"十二五"规划的起始年份，到了 2015 年的考核时期，大气污染物又骤然降低。在"十三五"时期，呈现出"断崖式"下跌的趋势。这说明，总体上来看 SO_2 的治理成效较好。因此，2021年生态环境部在设置"十四五"空气质量约束性指标时，将大气污染指标更新为 PM2.5、优良天数、NO_x、VOCs 和基本消除重度污染天数这五项。VOCs 替代了原来的 SO_2 指标，同时将继续强化 PM2.5 污染防治，加快补齐臭氧（O_3）污染治理短板，坚定不移地推进 NO_x 和 VOCs 协同减排，深入开展 VOCs 综合治理和源头替代，推动 PM2.5 与 O_3 浓度共同下降，实现协同控制。

（2）NO_x 的时空分布特征

表 2.2 为 2006～2020 年 30 个省份 NO_x 排放量的均值、标准差、最小值和最大值。整体来看，排放量最大的省份是山东，排放量最小的省份是海南，二者虽然都位于东部地区，但是 NO_x 排放量均值的差距非常大，山东是海南的 19.47 倍。在西部地区，排放量最大的是内蒙古，最小的是青海，差异也比较大，二者的均值相差 87.56 万吨。在中部地区，排放量最大的是河南，最小的是江西，二者的均值相差 70.03 万吨。综合来看，西部地区各省 NO_x 排放量的均值最小，其次是中部，东部地区的均值最大。这说明在经济发达的东部和中部地区，大气污染物排放量更多。但是东部地区的标准差远远大于西部和中部地区，这说明东部地区各省的排放量存在十分明显的差异性。经计算可知，这 30 个省份的总体均值为 58.16 万吨，全国总体的标准误大于西部地区和中部地区、小于东部地区，这也进一步表明，东部区域各省的差异性最为明显。这种明显的异质性，给各省、各区域大气污染的协同治理工作带来了很大的困扰。

表 2.2　　　　　　　2006～2020 年 30 个省份的 NO_X 排放量　　单位：10^4t

省份（代码）	均值	标准差	最小值	最大值	省份（代码）	均值	标准差	最小值	最大值
北京（1）	15.77	5.07	8.67	24.8	河南（16）	112.27	35.88	54.55	166.54
天津（2）	21.23	8.19	11.42	35.89	湖北（17）	51.13	9.44	35.63	66.96
河北（3）	127.89	30.81	76.97	180.11	湖南（18）	44.93	12.13	27.33	66.64
山西（4）	88.52	25.10	56.34	128.6	广东（19）	109.24	28.61	60.78	148.4
内蒙古（5）	97.90	33.35	47.56	142.19	广西（20）	37.03	8.95	23.2	50.43
辽宁（6）	81.60	13.64	57.96	106.28	海南（21）	6.97	2.31	4	10.34
吉林（7）	42.97	13.22	20.11	60.47	重庆（22）	27.04	7.75	16.7	40.26
黑龙江（8）	55.09	15.21	29.76	78.38	四川（23）	52.40	12.33	33	67.6
上海（9）	33.87	12.21	15.98	47.8	贵州（24）	49.75	43.29	18	189.49
江苏（10）	112.13	25.81	48.5	153.57	云南（25）	41.51	9.71	26.88	54.85
浙江（11）	66.71	19.55	38.04	94.6	陕西（26）	52.15	19.44	26.62	83.17
安徽（12）	65.54	16.57	46.43	95.91	甘肃（27）	31.32	10.71	19.2	48.09
福建（13）	35.54	7.65	25.82	49.45	青海（28）	10.34	2.26	7.1	13.45
江西（14）	42.24	11.94	27.6	61.23	宁夏（29）	27.46	12.90	12.06	45.82
山东（15）	135.68	29.02	62.47	179.03	新疆（30）	60.07	18.83	28.59	88.69

从时间变化趋势来看，大部分省份的 NO_X 排放量都呈现出波动性下降的趋势。波动的时间节点是 2011 年前后，2006～2007 年以及 2011～2012 年，污染物排放量都出现小幅增长的趋势。这些时间节点，与各省份党代会的召开周期是一致的。与此同时，也可以发现在"十一五"规划和"十二五"规划实施的初期，NO_X 排放量比较多，在规划实施的后期进入环保考核时段，NO_X 排放量比较少，说明环境污染受到政治周期、五年规划的双重影响（王红建，2017）。部分省份在的 NO_X 排放量在 2006～2010 年缓慢增加，在 2011 年达到峰值，随后又开始下降，这是由于"十一五"规划时期，NO_X 尚未成为环保考核指标，到了"十二五"规划实施时期，才正式被纳入环保考核体系。在"十三五"时期，大部分省份的 NO_X 也在减少。同时也应该认识到，中国各省份和各区域之间的大气污染演变趋势都存在一定的空间异质性。

2.2.2　水污染的时空特征分析

（1）COD 的时空分布特征

表 2.3 为 2006～2020 年 30 个省份 COD 排放量的均值、标准差、最小值和最大值。整体而言，均值最大的是广东，均值最小的是青海。前者位于东部沿海地区，后者位于西北内陆地区，二者排放量均值的差距非常大，广东是青海的 13.89 倍，相差 109.6 万吨。在中部地区，排放量最大的是河南，最小的是山西，二者的均值相差 54.8 万吨。在西部地区，排放量最大的是四川，最小的是青海，二者的均值相差 75.8 万吨。在东部地区，排放量最大的是广东，排放量最小的是海南，二者的均值相差 105.86 万吨。综合来看，西部地区各省 COD 排放量的均值最小，其次是东部，中部地区的均值最大。经计算可知，总体均值为 56.47 万吨，全国总体的标准误大于西部地区和中部地区、小于东部地区，这表明，东部区域各省的差异性最为明显。这与各个省份的经济发展状况、产业结构有很大的关系。在东部地区，经济发达、工业占主导的省份水污染物排放量较多，比如山东省的主导产业主要集中在石油化工领域，所以 COD 的排放量位居全国之首，而经济不太发达的省份水污染物排放量明显就比较少，比如以第三产业为经济增长极和主要支柱的海南，COD 的排放就很少。各省 COD 排放量的分布特征和演变趋势都表明，水污染会受到地理位置、自然条件、社会经济因素、政府环境规制等因素的共同作用，各省经济社会、政府管理等因素发展的不均衡导致 COD 排放量分布的不均衡。

表 2.3　　　　　2006～2020 年 30 个省份的 COD 排放量　　　单位：10^4 t

省份（代码）	均值	标准差	最小值	最大值	省份（代码）	均值	标准差	最小值	最大值
北京（1）	11.45	5.11	4.25	19.3	辽宁（6）	80.07	44.00	13.11	134.3
天津（2）	15.46	6.30	3.78	23.6	吉林（7）	48.99	23.27	17.45	82.5
河北（3）	86.06	42.92	22.38	138.9	黑龙江（8）	84.56	54.17	24.82	157.7
山西（4）	38.33	14.98	10.92	61.98	上海（9）	20.47	7.04	7.29	30.2
内蒙古（5）	48.22	32.23	5.89	91.9	江苏（10）	99.28	21.80	74.42	142.14

续表

省份（代码）	均值	标准差	最小值	最大值	省份（代码）	均值	标准差	最小值	最大值
浙江（11）	58.12	13.88	41.86	81.8	海南（21）	12.24	6.19	4.49	19.99
安徽（12）	69.65	27.56	41.1	118.6	重庆（22）	25.04	13.69	5.15	41.68
福建（13）	47.77	14.96	25.16	67.9	四川（23）	84.30	38.74	32.56	130.46
江西（14）	60.24	21.06	31.68	101.48	贵州（24）	29.38	25.58	12.09	116.78
山东（15）	111.71	63.89	27.57	198.2	云南（25）	43.48	14.61	26.8	68.6
河南（16）	93.13	45.75	25.19	144.57	陕西（26）	39.53	12.27	18.73	55.8
湖北（17）	85.64	44.90	26.76	180.29	甘肃（27）	29.31	14.47	13.24	59.54
湖南（18）	97.05	35.72	30.7	144.57	青海（28）	8.50	1.59	5.75	10.5
广东（19）	118.10	47.72	63.48	188.45	宁夏（29）	17.00	4.96	10.02	23.4
广西（20）	74.72	29.42	30.55	111.9	新疆（30）	46.11	20.49	19.87	69.34

从时间变化趋势来看，大部分省份的 COD 排放量呈现出先增加后减少再增加的趋势。这些省份的 COD 排放量在 2011～2012 年达到峰值，随后开始下降，在 2020 年又开始增加。这与国民经济计划实施的周期以及环保考核的阶段性有关。2010 年、2015 年是环保考核的末尾年，2006 年、2011 年、2020 年前后是国民经济计划出台时期，也是环保考核的起始点。到了 2015 年的考核时期，大部分省份的 COD 小于 2011 年的排放量而高于 2006 年的排放量。这也在一定程度上说明，COD 的排放量在"十二五"规划时期猛超"十一五"时期，这与各省的经济发展、人口增长、工业化进程都息息相关，COD 排放量的变化不仅会受到政府环境规制的影响，还会受到各种社会经济因素的影响。值得注意的是，在"十三五"时期，个别省份的 COD 排放量呈现波动性上升的趋势。这可能是由于 2011 年调整统计口径后，统计范围中增加了农业源 COD、NH3 - N、总磷、总氮等污染物，2015～2020 年，我国化肥使用量、畜禽养殖量处于增长态势，农业源 COD、NH3 - N、总磷、总氮的产生量仍处于上升态势或维持高位，且由于农业源污染物难以控制，导致 COD 排放总量出现了增加的趋势。

（2）NH3 - N 的时空分布特征

表2.4 为 2006～2020 年 30 个省份 NH3 - N 排放量的描述性统计分析结果。综合来看，排放量最大的是广东，排放量最小的是青海。前者位于东部沿海地区，后者位于西北内陆地区，两个省份 NH3 - N 的排放量均值存在非常大的差距，广东是青海的 19.26 倍，相差 12.07 万吨。在中部地区，排放量最大的是湖南，最小的是吉林，二者的均值相差 6.44 万吨。在西部地区，排放量最大的是四川，最小的是青海，二者的均值相差 7.26 万吨。在东部地区，排放量最大的是广东，最小的是海南，二者的均值相差 11.66 万吨。整体而言，西部地区的 NH3 - N 排放量低于中部和东部地区，西部地区的均值最小，其次是东部，中部地区的均值最大。经计算可知，总体均值为 5.22 万吨，全国总体的标准误大于西部地区和中部地区、小于东部地区，东部区域各省的差异性最为明显。以上数据分析结果表明，各省份、各区域的 NH3 - N 排放量存在明显的差异性。具体来说，东部沿海地区的 NH3 - N 排放量高于西部内陆地区。就区域而言，东部地区和中部地区的均值高于全国均值，西部地区的均值低于全国均值。

表2.4　　　　　2006～2020 年 30 个省份的 NH3 - N 排放量　　　　单位：10^4t

省份（代码）	均值	标准差	最小值	最大值	省份（代码）	均值	标准差	最小值	最大值
北京（1）	1.18	0.68	0.28	2.1	江苏（10）	10.14	3.70	5.19	15.7
天津（2）	1.51	0.90	0.17	2.6	浙江（11）	7.00	2.98	3.1	11.5
河北（3）	6.65	3.26	1.83	11.4	安徽（12）	6.85	2.62	4.26	11
山西（4）	3.84	1.67	1.12	5.9	福建（13）	5.28	2.96	1.56	9.5
内蒙古（5）	3.23	1.79	0.34	5.4	江西（14）	5.56	2.58	2.68	9.3
辽宁（6）	6.40	3.54	0.96	11.1	山东（15）	9.38	5.30	2.34	17.3
吉林（7）	3.47	1.62	0.96	5.8	河南（16）	8.83	4.59	2.06	15.4
黑龙江（8）	5.69	2.48	2.33	9.6	湖北（17）	8.55	5.09	2.25	22.41
上海（9）	3.44	1.30	0.3	5	湖南（18）	9.91	4.76	2.97	16.5

续表

省份（代码）	均值	标准差	最小值	最大值	省份（代码）	均值	标准差	最小值	最大值
广东（19）	12.87	6.91	4.48	23.09	云南（25）	3.75	1.72	1.9	5.9
广西（20）	5.69	2.38	2.26	8.39	陕西（26）	3.86	1.69	1.64	6.3
海南（21）	1.21	0.76	0.47	2.29	甘肃（27）	2.75	1.16	0.65	4.3
重庆（22）	2.89	1.90	0.49	5.5	青海（28）	0.80	0.20	0.35	1
四川（23）	8.06	4.39	3.25	14.37	宁夏（29）	1.12	0.50	0.34	1.8
贵州（24）	2.43	1.09	1.32	3.98	新疆（30）	3.25	1.09	2.27	4.72

从时间变化趋势来看，大部分省份的 NH3 – N 排放量呈现出先增加后减少的趋势。这些省份在 2011 年达到峰值，随后开始下降。这与 COD 在 2011 年的变化趋势是一致的，也在一定程度上说明，水污染治理效果存在的波动性与环保考核、政治周期是吻合的。"十二五"时期的排放量虽然有下降趋势，但是显著高于"十一五"时期的排放量，这与"十二五""十三五"时期飞速发展的工业化、城镇化进程有关，同时也可以看到，各省 NH3 – N 排放量的时空变化趋势都有自己的特征，存在时空维度上的差异性。中国各省份和各区域之间的水污染演变趋势存在一定的空间异质性。

2.2.3 固体废物污染的时空特征分析

表 2.5 为 2006 ~ 2020 年 30 个省份工业固体废物产生量的描述性统计分析结果。综合来看，工业固体废物产生量均值最大的是河北，排放量最小的是海南。虽然二者都属于东部地区的省份，但是工业固体废物产生量的均值存在非常大的差距，河北是海南的 84.92 倍，相差 31967.1 万吨。在中部地区，工业固体废物产生量最大的是山西，最小的是吉林，二者的均值相差 25539.65 万吨，差异较大。在西部地区，工业固体废物产生量的均值最大的是云南，最小的是宁夏，一个位于西南边陲，一个位于西北内陆，二者的均值相差 9605.51 万吨。整体而言，西部地区的工业固体废物产生量低于中部和东部地区。以上数据分析结果表明，各省份、各区域的

工业固体废物产生量存在明显的差异性。具体来说，东部地区的工业固体废物产生量高于西部内陆地区。就区域而言，东部地区和中部地区的均值高于全国均值，西部地区的均值低于全国均值。

从数量上来看，2006～2020 年各省工业固体废物产生量存在明显差异。从时间变化趋势来看，约 1/3 的省份工业固体废物产生量呈现出先增加后减少的趋势。总体来看，各省份"十三五"时期的排放量虽然有下降趋势，但是总量显著高于"十一五"时期和"十二五"时期，这与"十三五"时期以后飞速发展的工业化、城镇化进程有关，同时也可以看到，各省工业固体废物产生量的时空变化趋势都有自己的特征，存在时空维度上的差异性。中国各省份和各区域之间的工业固体废物产生量演变趋势都存在一定的空间异质性。

表 2.6 为 2006～2020 年中国大陆 30 个省份生活垃圾清运量的描述性统计分析结果。综合来看，排放量最大的是广东，排放量最小的是青海。前者位于东南沿海，后者位于西北内陆，广东的生活垃圾清运量均值是青海的 27.75 倍，差距较大。在中部地区，生活垃圾清运量均值最大的是河南，最小的是江西，河南是人口大省，因此生活垃圾清运量较多。在西部地区，生活垃圾清运量均值最大的是四川，最小的是青海，一个位于西南地区，一个位于西北内陆，二者的均值相差较大。整体而言，西部地区的生活垃圾清运量低于中部和东部地区。以上数据分析结果表明，各省份、各区域的生活垃圾清运量存在明显的差异性。具体来说，东部地区的生活垃圾清运量高于西部内陆地区。就区域而言，东部地区和中部地区的均值高于全国均值，西部地区的均值低于全国均值。

从数量上来看，2006～2020 年各省生活垃圾清运量存在明显差异。从时间变化趋势来看，大部分省份的生活垃圾清运量呈现出逐年增加的趋势。这也在一定程度上说明，在中国的现代化和城镇化进程中，生活垃圾越来越多，需要进行治理。同时也可以看到，各省生活垃圾清运量的时空变化趋势都存在时间差异性和空间异质性。

表 2.5　2006～2020 年 30 个省份的工业固体废物产生量　　单位：10^4 t

省份（代码）	均值	标准差	最小值	最大值	省份（代码）	均值	标准差	最小值	最大值
北京（1）	960.61	295.86	415	1356	河南（16）	14441.67	4581.50	7464	24965
天津（2）	1649.57	191.33	1292	1968	湖北（17）	7890.13	2548.08	4315	13368
河北（3）	32348.09	9824.82	14229	45576	湖南（18）	5608.99	1929.08	815.92	8486.74
山西（4）	30081.75	13206.83	11817	52037	广东（19）	6062.16	1876.44	3057	10111
内蒙古（5）	23829.74	10673.52	8710	42671	广西（20）	7278.04	1884.80	3894	10278
辽宁（6）	22409.14	5850.94	13013	32434	海南（21）	380.91	169.01	147	714
吉林（7）	4542.10	932.47	2802	6222	重庆（22）	2634.84	433.49	1764	3299.18
黑龙江（8）	6135.29	1324.96	3914	8754	四川（23）	12672.44	3106.85	7600	18722
上海（9）	2020.31	284.07	1630	2448.4	贵州（24）	8273.43	2133.22	5827	12734
江苏（10）	10245.29	1955.43	7195	13610	云南（25）	12754.16	4099.09	5972	17473
浙江（11）	4292.42	565.19	3096	5656	陕西（26）	8051.67	2474.22	4794	12894
安徽（12）	10760.98	2833.20	5028	14068	甘肃（27）	4908.78	1450.64	2591	6671.17
福建（13）	6267.73	1710.42	4238	9418	青海（28）	9281.23	6307.12	882	16082
江西（14）	10641.35	1855.86	7393	13049	宁夏（29）	3148.65	1724.11	799	6738
山东（15）	19950.81	6558.58	11011	32129	新疆（30）	6400.81	3262.57	1581	11794

表2.6　2006~2020年30个省份的生活垃圾清运量

单位：10⁴t

省份（代码）	均值	标准差	最小值	最大值	省份（代码）	均值	标准差	最小值	最大值
北京（1）	742.97	145.41	538.2	1011.2	河南（16）	855.48	151.83	679.46	1134.6
天津（2）	225.05	55.85	155.2	306.9	湖北（17）	794.74	116.80	673.24	987.4
河北（3）	670.73	73.94	577.4	802.2	湖南（18）	624.96	115.85	505.22	824.5
山西（4）	427.41	49.78	354.07	500.4	广东（19）	2300.84	511.56	1648.2	3347.3
内蒙古（5）	354.36	22.24	324.6	394.5	广西（20）	338.85	104.96	220.6	519.6
辽宁（6）	880.40	73.92	755.5	993.3	海南（21）	146.50	65.85	50.9	256.5
吉林（7）	509.30	33.05	464.2	568.16	重庆（22）	384.00	147.72	200.52	628.5
黑龙江（8）	691.26	184.91	497.6	1006.2	四川（23）	786.25	212.11	527.1	1168.6
上海（9）	707.96	68.05	608.4	868.1	贵州（24）	260.10	63.44	181.1	364.6
江苏（10）	1312.98	357.17	851.3	1870.5	云南（25）	345.20	82.40	218.3	487.5
浙江（11）	1149.80	285.10	687.7	1530.2	陕西（26）	451.56	111.90	290	650.2
安徽（12）	497.40	91.67	400.24	660.7	甘肃（27）	267.59	9.25	253	281.2
福建（13）	583.54	208.66	318.4	967.1	青海（28）	82.92	17.78	59.8	116.2
江西（14）	354.74	96.37	249.24	542.6	宁夏（29）	110.99	16.52	70.42	132.2
山东（15）	1228.96	327.44	945	1786.8	新疆（30）	347.23	32.35	292.58	390.7

2.3　环境污染的空间特征分析

2.3.1　大气污染的空间特征分析

（1）SO_2 的空间特征

以往文献将空间集聚类型主要分为四种形式，包括 "High – High"（H – H）、"High – Low"（H – L）、"Low – High"（L – H）、"Low – Low"（L – L），分别表示 "高—高" "高—低" "低—高" "低—低" 集聚。通过分析发现，我国 SO_2 的省份分布呈现出显著的 "H – H" 集聚性，集中于山东、河北、河南、山西、陕西。这些省份在东部、中部和西部地区均有分布，但是主要集中在中东部，这是因为这些省份聚集着大量的城市人口和工业基地，工业的高速发展、煤炭等燃料的大量使用，都导致这些地区面临严峻的大气污染形势。而且这些省份大部分相邻，说明 SO_2 污染具有 "空间溢出" 效应、"高—高" 集聚以及 "块状" 集聚特征。30 个省份 SO_2 污染呈现出显著的空间正相关性，即污染程度高的区域与污染程度高的区域、污染程度低的区域与污染程度低的区域在空间上相互聚集在一起，空间依赖现象和空间集聚效应十分明显。如果一个地区的 SO_2 污染得不到很好控制，就会扩散到相邻地区，影响其他省份的空气质量。

（2）NO_X 的空间特征

通过分析发现，中国各省 NO_X 排放量呈现出显著的空间正相关性，高排量的省份与高排放的省份聚集在一起，低排量的省份与低排量的省份聚集在一起，"高—高" 集聚、"块状" 集聚特征非常明显。这意味着，我国大部分省区的 NO_X 排放量与其邻近省区表现出相似的特征。NO_X 排放量较多的省份，其相邻省区往往也是排量较大的省份。NO_X 排放量较少的省份，其相邻省区的排放量一般也比较小。说明 NO_X 具有空间集聚性，并且集聚效应越来越明显，局部地区 "高—高" 集聚的省份在增多。2006 ~ 2020 年，有 5 个省份呈现出显著的 "高—高" 集聚性，分别是山东、河北、河南、山西、陕西。四川省呈现出"低—低"的集聚特征,这说明在西南地区聚集着 NO_X 排放量较小的省份。新疆呈现出"高—低"的集聚特征, NO_X 排放量高于周边省份。这与新疆的经济发展、能源开发、工业化进程有着非常密切的关系,新疆近年来发展迅速且能源消耗也以传统的化石能源为主,导致大气污染程度加剧。总体来看,山东为我国 NO_X 主要排放地区之一。 NO_X 排放量排名靠前的行业主要是电力及热力的生产和供应业、非金属矿物制品业、黑色金属冶炼及压延加工业。这三类行业占统计行业 NO_X 排放量的81.4%。排污总量与多方面因素有关,比如自然条件、资源禀赋、生活方式等,也与经济发展方式、产业结构有直接关系,因此导致山东各项大气污染物排放总量均居前列。整体来看,全国大气污染源的数量,基本上呈现由东向西逐步减少的分布态势。

2.3.2　水污染的空间特征分析

(1) COD 的空间特征

通过对 COD 的空间特征分析发现,中国各省 COD 排放量呈现出正向的空间相关性和"条带状"集聚状态,高排量的省份与高排放的省份聚集在一起,低排量的省份与低排量的省份聚集在一起,区域集聚特征非常明显。我国大部分省区的 COD 排放量存在显著的空间正向关系。COD 排放量较多的省份,其相邻省区的排量往往也比较大;COD 排放量较少的省份,其相邻省区的排放量一般也比较少。这种空间相关特征的存在表明中国的水污染也具有一定的集聚性。因此,在进行环境治理时,要充分考虑到这种"扎堆集聚"的效应,进行跨区域之间的协同共治。2006 年有 5 个省份呈现出显著的"H—H"集聚性,分别是山东、安徽、江西、湖南、广西。2020 年有 5 个省份呈现出显著的"H—H"集聚性,分别是山东、河南、湖北、湖南、广东。四川呈现出"H—L"的集聚特征,这说明在西南地区,四川的 COD 排放量比周边地区多。贵州与四川、广西、湖南相邻,却呈现出"L—H"的集聚特征,这说明贵州的 COD 排放量比周边省份少。新疆呈现出"L—L"的集聚特征,说明西北部各省的 COD 排放量都比较少,呈现"低—低"集聚的状态。一方面,这与西北地区干旱的地理环境和自然因素有关，另一方面，也与这些省份的经济发展状况、产业结构有关。

（2）NH3 - N 的空间特征

2006～2020 年中国各省 NH3 - N 排放量也具有正向的空间相关性，区域集聚特征非常明显，一些区域具有"高—高"集聚和"条带状"集聚的特征。比较典型的区域是广东、山东及其周边省份。山东及其周边地区分属于黄河流域、淮河流域及海河流域，石油化工产业发达，因此 NH3 - N 的排放量比较大。广东及其周边地区分属于珠江水系，近年来经济发展速度加快，有大量的水电站和工业企业，水污染源主要来自于工业废水。COD 和 NH3 - N 的主要来源都是生活废水，广东的水系较发达、人口数量较多。因此，其周边地区的 NH3 - N 排放量比较多。

2.3.3 固体废物的空间特征分析

（1）工业固体废物产生量的空间特征

通过分析发现，2006～2020 年 30 个省份工业固体废物产生量的区域集聚特征非常明显，具有正向的空间相关性，一些省份具有典型的"高—高"集聚和"块状"集聚的特征。其中工业固体废物产生量较高的省份是山西、内蒙古、河北、山东和辽宁，这主要与当地工业布局有关。如河北、辽宁、山西、内蒙古等省份矿藏资源开采或重化工业密集，其一般工业固体废物产生量通常较多。一般工业固体废物主要源自电力、热力生产和供应业，黑色金属冶炼及压延加工业，非金属矿物制品业，有色金属冶炼及压延加工业，化学原料及化学制品制造业，造纸及纸制品业，煤炭开采和洗选业，纺织业，黑色金属矿采选业，有色金属矿采选业。因此，这些省份在未来的固体废物治理过程中，要注意调整产业结构，同时要注意区域间的密切协作。

（2）生活垃圾清运量的空间特征

通过分析发现，2006～2020 年 30 个省份生活垃圾清运量的区域集聚特征非常明显，具有正向的空间相关性，一些省份具有典型的"高—高"集聚和"块状"集聚的特征。与中国的城市群集聚状态和人口集聚状况相一致。经济发达的沿海地区生活垃圾清运量大，西部欠发达地区生活垃圾清运量相对较小。值得注意的是，一些东部沿海地区虽然生活垃圾清运量比较大，但是对应的垃圾无害化处理能力也比较强。通过查找资料和数据发现，分省市来看，2020 年广东城市生活垃圾无害化处理场（厂）共计 118 座，占中国城市生活垃圾无害化处理场（厂）座总数的 9.17%，占比最大；山东城市生活垃圾无害化处理场（厂）共计 97 座，占总数的 7.54%；江苏城市生活垃圾无害化处理场（厂）共计 85 座，占总数的 6.60%；浙江城市生活垃圾无害化处理场（厂）共计 76 座，占总数的 5.91%；湖北城市生活垃圾无害化处理场（厂）共计 63 座，占总数的 4.90%。因此，在未来的环境治理过程中，针对生活垃圾的处理要注意根据区域治理能力鼓励多元主体的参与，提升生活垃圾无害化处理能力。

2.4　环境污染的治理现状与未来展望

（1）时间维度上的"波动性"折射出的治理困境和未来展望

大气污染物和水污染物的时空演变特征都表明环境污染物排放量存在波动性下降的趋势，并且受到五年规划与环保考核周期、政治周期的多重影响。对于工业固体废弃物和生活垃圾清运量而言，二者未纳入总量控制的约束性指标体系。所以从"十一五"到"十三五"期间，二者的总量整体呈现增加的态势。这说明在各级政府进行环境政策目标分解和政策执行的过程中，存在"目标"导向和"指标"导向。这与我们的财政分权和绩效考核体系是相关的，20 世纪 80 年代初，中国开始进行财政分权的改革和尝试，中央政府将财政收支等权力逐渐下放到地方政府，地方政府拥有了更多的自主权。同时中央政府建立了以地区经济发展为核心的绩效考核体制，这种考核机制的主要目的是为了促进地区经济的快速发展，但是在财政分权和"晋升锦标赛"的压力下，地方政府往往会在国民经济计划实施的初期放松环境规制，先谋求经济总量的增长。当临近环保考核时，再进行突击性的环境治理，以完成环保考核任务。这种有针对性的迎评策略虽然在末期也会收到一定的治理效果，但是也会导致地方政府在执行中央出台的环保政策时出现目标偏差和执行偏差（郑石明，2016）。此外，不同指标的变化特征也存在明显的差异性。在大气污染物中，SO_2 排放量的下降趋势比 NO_x 的下降趋势明显。在水污染物中，COD 排放量的下降趋势比 NH3 - N 的下降趋势明显。这是由于 SO_2 和 COD 在"十一五"和"十二五"时期都是约束性指标，各地政府迫于环保考核压力，一直关注这两个指标，而 NO_x 和 NH3 - N 在"十一五"时期是非约束性指标，到了"十二五"时期才成为约束性指标，并且治理效果也不及 SO_2 和 COD。我国环保考核的关键事件见表 2.7。一些地方政府只迎合考核指标而忽视整体生态功能提升的功利性治理方式往往不利于环境质量的整体性提升。此外，随着环境政策体系的完善，一些污染物的排量会持续呈现下降趋势，但是环境规制政策的实施和目标的实现，需要各层级政府的通力配合，才能防止政策执行过程中出现"合作困境"。因此，要综合研究多层级、多因素的影响，才能找出正确的治理之道。2021 年 11 月，中共中央国务院印发《关于深入打好污染防治攻坚战的意见》（以下简称《意见》）。《意见》指出，到 2025 年，生态环境持续改善，主要污染物排放总量持续下降，单位国内生产总值二氧化碳排放比 2020 年下降 18%，地级及以上城市 PM2.5 浓度下降 10%，空气质量优良天数比率达到 87.5%，地表水 Ⅰ～Ⅲ类水体比例达到 85%，近岸海域水质优良（一、二类）比例达到 79% 左右，重污染天气、城市黑臭水体基本消除，土壤污染风险得到有效管控，固体废物和新污染物治理能力明显增强，生态系统质量和稳定性持续提升，生态环境治理体系更加完善，生态文明建设实现新进步。到 2035 年，广泛形成绿色生产生活方式，碳排放达峰后稳中有降，生态环境根本好转，美丽中国建设目标基本实现。

政绩诉求将迫使各地政府将有限的资源配置到能够带来晋升机会的领域中，而见效慢的环境污染治理却需要很长的周期（于文超等，2015），所以在环境考核指标未确立之前，往往会出现牺牲环境而"以 GDP 论英雄"的现象。早在"九五"期间就正式制定总量控制制度，2005 年以后，环保考核在地方官员晋升中也已经成为一项"硬指标"（孙伟增等，2014）。

表 2.7　　　　　　　　　　　　环保考核的演变与关键事件

时间	关键事件
2005 年	国务院倡议各级政府"将环境保护引入干部考核体系中，把考核情况作为一个奖惩依据，在评优创先活动中推行环保一票否决制"
2007 年	国务院《关于印发节能减排综合性工作方案的通知》要求"把节能减排指标完成情况纳入各级政府的综合评价体系，推行问责制和一票否决制"
2010 年	"十一五"规划的终结年份，12 月，原环境保护部（以下简称"环保部"，2018 年 3 月 13 日，十三届全国人大一次会议在北京举行第四次全体会议。表决通过了关于国务院机构改革方案的决定，批准成立生态环境部，不再保留环境保护部。）召开了"十一五"主要污染物总量减排核查核算的视频会议，宣布开始对各省"十一五"减排任务完成情况进行考核
2011 年	"十二五"规划的起始年份，8 月，原环保部联合发改委、统计局等部门完成了各地区"十一五"主要污染物总量减排情况的考核工作。10 月，各省开始陆续召开党代会进行换届
2012 年	十八大召开，勾画了"五位一体"的顶层设计。生态文明建设和环境污染防治工作得到了更大程度的重视
2013 年	中组部下发《关于改进地方党政领导班子和领导干部政绩考核工作的通知》，指出"政绩考核要坚持科学发展导向、对限制开发区域不再考核 GDP 指标"
2015 年	"十二五"规划的终结年份，6 月，原环保部完成了 2014 年度各地区主要污染物总量减排核查工作，并对《"十二五"主要污染物总量减排目标责任书》的进展进行了核查。结果发现，COD 和 SO_2 已提前完成"十二五"的预期任务，NO_X 减排取得很大进步，NH3 - N 也即将完成设定目标。但是各地的完成情况不太均衡。东部地区的大多数省份提前超额完成任务，而西部地区的一些省份进度比较缓慢
2020 年	2020 年 12 月 29 日，生态环境部举行新闻发布会并通报，"十三五"规划纲要确定的生态领域九项约束性指标超额完成。我国污染防治攻坚战阶段性目标已圆满完成，其中长江干流全面达到 II 类水质
2021 年	"十四五"期间，国家将继续实施主要污染物总量控制制度，将 COD、NH3 - N、NO_X、挥发性有机物 4 项污染物作为约束性指标进行考核。对总量减排核算方法和核算要求进行了调整，主要考核重点工程减排量。审核方式也发生了较大变化，国家建设了生态环境主要污染物重点减排工程调度系统，通过减排系统开展调度与核算
2022 年	国务院办公厅印发《新污染物治理行动方案》，并明确在"十四五"期间对一批重点管控新污染物开展专项治理

但是，由于经济目标也占很大的比重，一些地方政府在上任初期为了促进经济的发展会放松对环境的管制，在中后期则采取十分严厉的手段以便在短期内实现环境治理目标。这种方式是非常不可取的，不利于长远的和整体性的政策目标的实现。还有一些地方政府领导在上任初期或者国民规划刚开始的第一年，优先发展经济，采取先污染、后治理的策略（潘越等，2017）。到了临近环保考核的时期，再采取"运动式"的手段进行突击性的环境治理。这些"以 GDP 为中心"的政绩观和"随机应变"的应对策略往往会导致环保政策执行过程中的目标偏差。因此，需要进行常态化治理，加强法治化保障，在总量控制的同时真正改善环境质量。"十三五"期间生态文明建设顶层设计制度体系基本建立，推动形成生态环境保护"大格局"。中央生态环境保护督察等制度落地见效，全面加强"党政同责、一岗双责"领导的机制。排污许可、生态环境保护综合行政执法、生态环境损害赔偿与责任追究等制度相继出台。生态文明建设目标评价考核、河湖长制、省以下环保机构监测监察执法垂直管理等改革加快推进。污染防治攻坚战进展顺利，环境治理力度持续加大。深入实施大气、水、土壤污染防治三大行动计划。党中央印发了《关于全面加强生态环境保护 坚决打好污染防治攻坚战的意见》，出台了《打赢蓝天保卫战三年行动计划》等专项行动计划，污染防治七大标志性战役进展顺利，生态环境质量持续改善，有力促进了高质量发展。进入"十四五"时期以后，生态环境保护规划了四个方面的任务：加快推动绿色低碳发展、持续改善环境质量、提升生态系统质量和稳定性、全面提高资源利用效率。完成这些任务更加需要运用多种政策工具进行跨层级、跨主体的合作。

（2）不同污染类型的异质性折射出的治理困境和未来展望

多种类型的污染物的时空演变特征存在明显的差异，这给跨部门之间的综合整治带了很多难题。对于政府部门来说，一般会比较重视与人民生活密切相关、治理效果明显的污染。在此背景下，容易造成各种污染类型甚至各种职能部门出现"畸形发展"，出现环境治理领域的"马太效应"，即"好的越来越好，差的越来越差"。一方面，应该看到近些年来我国大气污染治理取得了一些明显成效，但是另一方面，也应该看到水污染、固体废物污染以及其他类型的污染仍然面临着非常严峻的形势。另外，在政府部门设置方面，一些职能部门仍需进行改革和完善。目前在面对一些综合、复杂的环境问题时，往往会出现部门间推诿、扯皮现象。因此，在未来应该注意实现跨部门之间的合作与融合。"十三五"期间以改善环境质量为核心，围绕水、气、土、固等领域环境管理需求，积极地推动生态环境法规标准体系建设和重大法治、重大改革紧密融合，进一步加快生态环境标准制订、修订步伐，持续推进生态环境损害赔偿制度的改革落地，构建了与污染防治攻坚战相适应的法规标准框架，取得了积极进展。具体体现在三个方面：

①全力推进生态环境法律制修订工作。先后完成了环境保护税法、水污染防治法、核安全法、土壤污染防治法、固体废物污染防治法、生物安全法、环境噪声污染防治法等生态环境领域的法律制订、修订工作。

②持续健全相关标准体系。截至2020年10月，"十三五"期间我们完成制修订并发布国家生态环境标准551项，包括4项环境质量标准、37项污染物排放标准、8项环境基础标准、305项环境监测标准、197项环境管理技术规范。其中配套"大气十条"① 的实施，发布了122项涉气标准。配套"水十条"② 的实施，发布了107项涉水标准。配套"土十条"③ 的实施，发布了49项涉土标准和40项固体废物标准。

③生态环境损害赔偿制度改革取得阶段性成果。2017年底，中央办公厅、国务院办公厅印发《生态环境损害赔偿制度改革方案》，在全国部署试行开展生态环境损害赔偿制度改革工作。这项工作纳入了中央生态环境保护督察。最高人民法院2019年发布了《关于审理生态环境损害赔偿案件的若干规定（试行）》，生态环境损害责任写入了民法典，生态环境损害赔偿制度初见成效。截至2020年9月，全国共办理生态环境损害赔偿案件1674件。

以上成效的取得，离不开各部门的通力合作，在未来，针对不同类型

① "大气十条"指大气污染防治行动计划。
② "水十条"指水污染防治行动计划。
③ "土十条"指土壤污染防治行动计划。

的污染物，应建立污染物治理跨部门协调机制、跨部门合作治理制度。

（3）环境污染的空间效应折射出的跨区域合作治理困境

环境污染的空间效应包括空间异质性和空间集聚性，本章的研究结果表明，三种类型的污染物具有明显的空间异质性和空间相关性，各省份、各区域目前的经济、社会、环境发展状况非常不均衡，这在一定程度上给跨区域合作治理带来诸多难题。一般而言，东部地区的大部分省份污染物排放量大，治理手段也比较先进，而西部地区的大部分省份污染物排放量小，治理方式也比较落后。在"十三五"期间，虽然各省都超额完成了污染防治任务，但是幅度有大有小，各区域环境污染治理能力不平衡。东部地区省份多是大幅度超额完成，而西部地区总体落后。这与各区域的经济发展水平、资源禀赋有很大的关系。在实践过程中，东部地区某些省份由于经济发展水平高、市场环境比较完善、政府环境规制政策比较严厉，甚至出现了向西部地区进行污染产业转移的现象（林伯强等，2014）。在同一个区域内，省份之间也存在明显的差异性。例如同属于东部地区的京津冀三省，虽然地理位置相邻，但是北京的环境治理能力明显高于河北和天津，河北的污染物排放量高于北京和天津，这就导致环境治理实践中出现跨区域合作的"短板"和"漏斗"。在这种背景下，由于环境污染存在空间相关性，如果某一省份加大环境治理力度且在短期内取得明显的效果，但是其相邻省份是重污染区域，那么也会存在"污染扩散"的可能，从长远来看，不利于整体性环境治理效果的提升。

我国在环境跨区域合作治理方面进行了有益探索，2015年京津冀三地生态环境部门签署了《京津冀区域环境保护率先突破合作框架协议》，以大气、水、土壤污染防治为重点，以统一立法、统一规划、统一标准、统一监测、协同治污等为突破口，联防联控，共同改善区域生态环境质量。2022年初，三地生态环境部门联合制定了《关于加强京津冀生态环境联建联防联治工作的通知》，成立京津冀生态环境联建联防联治工作协调小组，推动区域层面生态环境保护的重要目标、重大任务落地，协商解决跨省（市）重大生态环境问题。2022年6月，北京市生态环境局、天津市生态环境局、河北省生态环境厅联合召开京津冀生态环境联建联防联治工作协调小组工作会议，并联合签署《"十四五"时期京津冀生态环境联建联防联治合作框架协议》、审议通过了《京津冀生态环境联建联防联治 2022 年工作要点》，进一步拓宽协同领域、延伸协同深度，齐心协力推动区域生态环境质量持续改善，均取得了明显成效。长三角的区域协同治理也是一个典型"样板"，2019 年 11 月，经国务院批复，国家发改委正式公布《长三角生态绿色一体化发展示范区总体方案》，提出共建绿色一体化发展示范区。2019 年 12 月出台的《长江三角洲区域一体化发展规划纲要》提出，"完善跨流域跨区域生态补偿机制，建立健全开发地区、受益地区与保护地区横向生态补偿机制，探索建立污染赔偿机制"。2020 年，发布《示范区生态环境管理"三统一"制度建设行动方案》，达成生态环境标准统一、环境监测统一和环境监管执法统一；2021 年，发布《长三角生态绿色一体化发展示范区先行启动区规划建设导则》，从生态空间、生态景观、生态环境三个方面建构示范区生态环境保护管控指标体系，成为我国首个跨省域规划建设导则，实现"一套标准管品质"。区域各方在环境治理一体化方面取得了很大的进展，在体制机制构建、污染防治、横向生态补偿、跨境联合共治等方面都成绩斐然。因此，跨省份、跨区域的协同治理仍然是未来中国环境治理一大趋势。未来不仅要强调区域经济的一体化，也要重视区域环境治理的协同化。各地政府不能仅仅关注本辖区内的环境污染治理状况，还要注意周边省份的环境污染情况，与周围省份保持沟通与协作。

第3章

中国环境治理的政策梳理

3.1 政府规制的必要性以及政府与市场关系

环境污染具有外部性，所以需要依靠政府进行治理和防控。在国内的政府管理工作中，"政府监管"一词频繁出现，而在国外，通常使用的是"政府规制"的概念。国外学者普遍认为，政府规制的原因和背景是市场失灵。环境规制指的是政府为了有效解决环境污染带来的外部性问题，使用一系列政策工具推动外部性的内部化，进而对市场主体的活动进行调节，减少和防治环境污染，推动经济、环境、社会的可持续发展的一系列行为。国外很多学者认为，政府在环境规制过程中，只有处理好与市场多元主体的关系才能充分发挥多种政策工具的效果。长期以来，政府与市场的关系一直是学术界和理论界的热点话题，在经济发展和资源配置过程中，政府与市场是两种重要的机制，各自充当着十分重要的角色。在环境监管过程中，政府"有形之手"和市场"无形之手"都发挥着举足轻重的作用。在理论层面，政府与市场关系的学术探究主要经历了三个时期：①自由放任主义时期：1776年，亚当·斯密在《国富论》中指出，市场是一只"看不见的手"，在竞争机制和价格机制的作用下支配经济活动。因此，自由放任市场机制发挥作用即可，不需要政府进行干预（徐平华，2014）。②政府干预理论时期：1929年的资本主义经济危机席卷各国，使得学术界和社会各界的人士开始意识到市场机制的缺陷和市场失灵的严重危害，因此理论和实践都需要进一步进行修正，开始有学者呼吁政府对市场干预，在各国实践中，政府主要通过出台财政政策和货币政策对市场经济活动进行调控和干预（张思锋等，2015）。人们开始认识到政府的作用，呼吁利用政府之手拯救市场失灵。③新自由主义时期：20 世纪 70 年代在西方各国普遍出现的"滞涨"危机，使政府干预理论饱受质疑，"新自由主义"开始崛起，人们开始重新呼唤自由大市场，避免政府进行干预。

通过对这些理论的演进过程进行梳理可以发现，政府与市场的关系随着社会经济环境的变化而变化，二者的关系也会影响环境政策工具的发展变化。在环境治理的过程中，既不能单一地偏重市场机制的作用，也不能单纯的仅靠政府发挥作用。一方面，市场机制仍然在资源配置中发挥着决定性的作用。各种主体的排污活动的基本出发点都是为了谋求自身利益的最大化，因而才会产生各种污染现象。在此背景下，就应该结合市场机制的作用，激励市场主体主动使用清洁技术，降低污染。另一方面，市场机制有其自身的局限性，市场失灵现象的普遍存在，要求政府进行监管，在提供公共服务、进行市场监管、财税政策引导等方面发挥作用，利用多种方式消除经济活动对于环境产生的不利影响。此外，还应该发挥社会公众的作用，多种主体不是孤立存在的，而应该是相互配合、相互影响的。在这些理论思想的指导下，西方国家环境规制的政策工具也是非常多元的，从单一的命令控制型、法律规制型发展到市场激励型、公众参与型等多种类型。

3.2　政府规制中的多种政策工具梳理

政策工具是政府规制所使用的方式和方法，在西方国家，政府进行环境规制的手段和工具十分多样，不同的政策工具也具有不同的特点，命令控制型环境规制工具通常容易操作、见效快，但是实施成本比较高（Tietenberg，2004）。一些西方学者认为市场化的环境政策工具能够避免信息不对称问题，降低监管成本（Managi，2006）。还有学者认为通过构建排污权交易制度就是一种比较科学的市场激励型政策工具，可以通过经济激励方式提升市场主体保护环境的积极性，实现良好的治理效果（Tietenberg，2003）。在中国这样的单一制国家，环境污染受到的政府监管作用更加强烈，因此，各种环境政策工具的发展历程、作用效果等都是值得研究的问题。在新中国成立之初的很长一段时间内，中国的环境治理工作没有得到应有的重视，环境监管的体制机制尚未建立。1972 年 6 月举办的联合国人类环境会议发布了《人类环境宣言》，世界各国由此展开了一系列环境治理行动。由于中国的第一届环境保护会议是在 1973 年举办的，本研究将主要梳理1973 年以来中国环境政策工具的演进脉络和发展趋势，以确定目前国内主要环境规制政策工具的类型。

3.2.1 环境治理投资

环境污染的治理需要政府投入大量的人力、物力、财力，环境治理投资指的是政府为了保护生态环境、降低污染所投入的资金，也是国内外学者普遍关注的一种环境治理政策工具。综合来看，世界各国的环境治理投资主体都是比较多元的，除政府外，还包括企业、个人、公益组织、社会团体等。在中国，政府有组织、有计划地进行环境治理投资始于 1973 年以后。1974 年 5 月国务院环境保护领导小组成立，统筹负责全国的环境污染投资（杨洪刚，2009）。1973～1982 年，中国实行的是计划经济体制，因此环境治理投资额几乎全部由政府财政负担。由于投资主体单一，并且中国的经济发展比较缓慢，给政府带来了较大的财政负担，政府环境治理投资额非常少，效果也不太好。20 世纪 80 年代初，中国政府开始运用多种手段征集环境治理资金，使环境治理投资的主体变得多元化，初步形成了政府主导、企业参与、社会支持的局面，1982 年中国的环境治理投资达到了 28.7 亿元。1994 年的分税制改革使得地方政府对于环境治理投资的额度减少，而中央则通过转移支付的方式增加了环境治理投资。总体来看，环境治理投资的数量是在不断增加的。

联合国根据可持续发展理论提出了各国环境治理投资占 GDP 比重需要

高于 0.8% ~ 1.0% 的标准，从国际经验来看，当环境污染治理投资占 GDP 的比例在 1% ~ 1.5% 时，可以控制环境恶化的趋势；当比例达到 2% ~ 3% 时，环境可以有效得到改善。21 世纪以来，世界各国环境投资额及其占 GDP 的比重都是不断增加的（黄茂兴等，2013）。

2000 ~ 2022 年，中国的环境治理投资额呈现出快速增长的趋势，但是环境治理投资额占 GDP 的比重波动性比较大。2000 年环境治理投资额占 GDP 的比重为 1.01%，2001 年略有降低，此后均大于 1%。比值大于 1.5% 的年份有 5 年，分别是 2008 年、2009 年、2010 年、2012 年、2013 年，均为"十一五"规划和"十二五"规划时期的年份。2010 年环境治理投资额占 GDP 的比重达到峰值，为 1.85%。从 2013 年开始，环境治理投资额的绝对值虽然仍然在增加，但是其占 GDP 的比重却在降低。2020 年全国环境污染治理投资总额为 10638.9 亿元，占 GDP 的 1.0%，占全社会固定资产投资总额的 2.0%。2021 年，全国环境污染治理投资减少至 9491.8 亿元，占 GDP 的 0.8%，较"十三五"末期降低 0.2 个百分点。进入"十四五"时期以后，我国生态环境治理任重道远，环境污染治理投资力度仍需加大。

3.2.2　命令控制型政策工具

命令控制型政策工具是以国家强制力作为后盾，运用刚性手段迫使排污主体节能减排，实现绿色发展的一种政策工具，也是中国环境治理过程中最常见、存续时间最长的监管方式。具体包括：发布环境标准、发放排污许可证、对涉及环境污染的项目和行为进行管制、推行"三同时"政策、发布环境类的行政命令等（张天悦，2014）。现行的环境标准主要包括污染防治标准、卫生标准和技术标准等。污染物防治标准通常是指关于大气污染、水污染、噪声污染、固体废物污染等的环境标准，1973 年我国发布的首个环境标准《工业"三废"排放试行标准》就是典型的污染防治标准（王凯军等，2013）。此后根据经济社会发展和环境保护的需要，陆续发布了大气污染、噪声污染、固体废物污染、土壤保护、环境影响评价等方面的环境标准。技术标准主要包括环保产品技术要求、环境保护工程技术规范等。卫生标准中比较有代表性的是 1979 年发布的《工业企业设计卫生标准》，该标准规定了 34 项有害气体的最高容许浓度，成为衡量大气污染的重要参考范本（张国宁等，2016）。

"命令—管控"过程中衍生出的"运动式治理"模式颇具中国特色，这种非常规化、临时性的治理手段往往具有涉及范围广、设定标准严、执行速度快、惩罚力度大的特点（李辉，2017），因此通常可以在短期内收到显而易见的效果，达到立竿见影的预期目标。以 2014 年的"APEC 蓝"为例，为了保证亚太经合组织（APEC）第二十二次领导人非正式会议召开期间北京的空气质量，环保部从 2014 年 10 月 20 日开始下派 15 个督查组对北京、天津、河北、山西、内蒙古、山东 6 省份的 24 个重点地市进行了多次督察。11 月，上述 6 省份的环保监测部门开始进行联防联控，采取了机动车限行、企业停限产、工地停工等一系列措施，在短期内取得了大气污染治理的卓越成效，但是这是一种非常规的治理方式，是环境威权主义的体现（贺璇，2016），也是一种"从严、从重、从快"的被动治理模式（黄扬，2023），不可能也不应该成为长期性的常态化的治理手段。由此可见，在中国命令控制型政策工具是基于国家强制力发挥作用的，这种"短平快"的方式短期内虽然会屡见奇效，但是灵活性可能比较差。

2015 年以后，比较典型的命令控制型政策工具是环保督察。2015 年 7 月，中央全面深化改革领导小组第十四次会议审议通过《环境保护督察方案（试行）》，明确建立环保督察机制。截止到 2017 年，环保督察已实现对 31 个省的全面督察。此后，还展开了广泛的"回头看"行动和多轮、多批环保督察。2018 年 3 月 13 日公布的《国务院机构改革方案》明确，中央将组建生态环境部，推行更加严厉的环境保护制度，以全覆盖、零容忍的态度进行更大范围内的环境督察和专项行动。在 2022 年，31 个省（区、市）完成第二轮第六批中央生态环境保护督察，极大改善了各地市的环境质量。

3.2.3　市场激励型政策工具

市场激励型的环境政策工具是政府借助市场机制将环境污染的外部成

本内在化以消除或减少污染的一种制度安排，主要包括环境税费、排污权交易、各种补贴等（李冬琴，2018）。根据实际的运行机制，可以把市场激励型的政策工具划分为两大类：一类是政府直接进行惩罚或者奖励，由于环境污染具有很强的外部性，因此需要政府运用一系列经济手段消除或者减少环境污染的负外部性。在具体的实践过程中，污染企业所承担的外部成本主要体现为缴纳排污费、环境税等。而为了鼓励企业使用清洁技术，政府也会发放补贴进行激励，包括特殊行业的税收优惠和财政补贴、生态补偿制度等（黄新华等，2018）。另一类是在市场机制本身的作用下，排污者之间进行交易，比较具有代表性的政策工具就是排污权交易制度。

环境税指的是政府为了限制和约束污染排放行为而征收的专门性税种，目前部分发达国家征收的环境税主要有 SO_2 排放税、水污染税、垃圾处理税等（杨若愚，2020）。排污权交易指的是根据所能承载的环境容量，设定区域污染物的可排放总量，并将其量化为排污许可指标，面向排污主体进行初始分配，由此形成的排污权可以在具有不同边际治污成本的排污主体之间进行交易，可以通过在市场上进行排污权买卖来调控排污许可指标的实际使用量（刘豫，2014）。与西方国家相比，中国在环境治理过程中使用的经济手段还比较少，起步也比较晚，制度体系都不太健全，主要使用的政策工具是进行排污费征收，但是中国政府近年来也在不断推行新政策，通过借鉴西方国家的经验运用市场化手段进行环境污染的防治。随着 2018 年《中华人民共和国环境保护税法》的施行，环境保护税正式开征。这是中国环境税费改革迈出的重要一步，具有里程碑意义。征收机关由环保部门变成地方税务部门，将以往的排污费改为环保税。这些市场化手段的运用对于促进产业结构调整、推进经济绿色发展和减少环境污染等都具有重要的意义（徐文成等，2019）。

3.2.4 公众参与型政策工具

在环境治理的过程中，公众参与的权利来源于环境权。1972 年联合国人类环境会议发布的《人类环境宣言》第一次在世界范围内明确每一个体都享有环境权并负有保护和改善环境的义务。1992 年召开的世界环境发展大会通过的《里约宣言》再次强调了人类享有环境权，并确立了可持续发展的指导方针。如今，世界各国普遍承认公民的环境权并开始重视发挥公众参与的作用。环境权既包括事实上的权利，又包括流程上的权利，涵盖了知情权、决策权、参与权、求偿权等权益（胡静，2017）。在计划经济时代，公众参与在中国环境治理过程中发挥的作用很不明显，"全能政府"包办所有公共事务，人民的自主权很小。早期的公众参与是在政治动员下"被动"地参与，例如新中国成立初期为了改善卫生环境，防治和预防疾病，提升人们的健康水平，在北京召开的第一届全国卫生工作会议引发了一场全国性的改善卫生环境的运动，但这种"爱国卫生运动"带有极强的政治色彩，并不能称之为真正意义上的公众参与。在环境治理领域，实质性的公众参与起步和发展于 21 世纪。2001 年 6 月环保举报热线"12369"开通，公众可以通过信访、电话投诉等途径反映环境问题，表达环境诉求（朱旭峰等，2007）。早期的这种参与是公民个人的"单打独斗"，尚未发展为群体性的环境运动。2005 年 4 月浙江画水镇化工污染引发的群体性事件和 2007 年厦门 PX 项目引发的"散步"事件引起社会各界的广泛关注，也表明公众开始由被动参与环境保护走向主动参与环境保护。1996 年以来，环境群体性事件的年增速达到 29%，这种新形势的变化要求必须用法律法规明确规定和保障公众参与的权利（彭小兵等，2014）。

在中国，公众参与在法律上得到明确确认最早体现在"环评"中，2006 年 2 月《环境影响评价公众参与暂行办法》的发布标志着"环评项目"中的公众参与有了正式的法律依据（闫国东等，2010）。2018 年 4 月，新成立的生态环境部审议通过了新的《环境影响评价公众参与办法》，在更大范围内保障了"环评"中公民的知情权、参与权。在"十一五"规划实施期间，公民的环境知情权、监督权通过立法的形式得到了保障。2008年《政府信息公开条例》和《环境信息公开办法（试行）》接连发布，要求政府部门及时公开环境监管信息。2014 年发布的《关于推进环境保护公众参与的指导意见》在内容、程序、途径和渠道等方面保障了公众参与环境治理的权利。2015 年原环保部颁布了《环境保护公众参与办法》，新《环境保护法》也对"信息公开和公众参与"作出了专门的、更细致的规定，保障公民的参与权。环保微信公众号的设立，也使得公众参与的渠道大大扩宽，反映诉求也更加便捷。针对排污企业，国家也出台了信息公开的法律法规，在 2018 年颁布的《排污许可管理办法》中，对排污企业及环保部门都规定了信息公开的相关义务。

3.2.5　法律规制型政策工具

环境治理离不开法制保障，世界上环境立法起步最早的国家是工业革命时期的英国，具有单行法、基本法和综合法并存的特征（刘金科等，2018）。中国的环境行政机构设立于 1973 年，但是直到 1979 年，才发布第一部有关环境的基本法——《中华人民共和国环境保护法（试行）》，此后陆续出台了关于水污染、大气污染防治的专门法。在试行了十余年后，正式的《中华人民共和国环境保护法》由第七届全国人民代表大会常务委员会第十一次会议于 1989 年 12 月 26 日通过并执行。我国早期的环境法大多是针对个别问题被动地出台单一的法律法规，立法思维比较短视，内容比较零碎，缺乏全局性和整体性的立法理念，《中华人民共和国水污染防治法》和《中华人民共和国大气污染防治法》也经历了多次修订和重新审议。目前执行的最新的《中华人民共和国环境保护法》是 2014 年修订的，《中华人民共和国水污染防治法》是 2017 年修订的（陈海嵩，2018），《中华人民共和国大气污染防治法》是 2018 年修订的，2020 年 4 月全国人大常委会修订了《固体废物污染环境防治法》。这些都证明，我国环境治理将从"以治为主"变为"以防为主"，环境立法也由单一的防治到综合性治理和整体性保护。目前，全国范围内的环境立法是由全国人大代表常务委员会审议通过的，并且根据经济社会发展的变化和需要不断进行修正。地方性的环境保护法律由地方人大根据本地需求审议通过，但是由于地方的立法权受到限制，地方性环保类法规非常少并且规制范围非常有限。东部沿海地区各省份的地方性环保法律法规数量明显比西北内陆各省份的数量多。在内容方面，地方性环保立法主要围绕水、大气、固体废物、土壤、噪声等多种污染物类型。

习近平总书记在二十大报告中强调，必须牢固树立和践行绿水青山就是金山银山的理念，站在人与自然和谐共生的高度谋划发展。中国式现代化是人与自然和谐共生的现代化，2022 年出台和实施的与生态环境息息相关的新政法规主要包括：《危险废物转移管理办法》《"十四五"土壤、地下水和农村生态环境保护规划》《"十四五"生态保护监管规划》《生态环境损害赔偿管理规定》《中华人民共和国噪声污染防治法》《湿地保护法》《黄河生态保护治理攻坚战行动方案》《危险废物管理计划和管理台账制定技术导则》等。以上一系列法律、法规、规制、制度、标准的出台和实施，都标志着我国环境治理法治化的进程在进一步提升。

3.2.6 环保提案的提出、采纳与执行

环保提案由谁提出、是否被采纳、是否有效，代表着环境事务决策权的行使和效果。在我国，只有人大和政协才有资格提出环保议案，各级人大在召开会议时，只要符合法定的要求就可以在职权范围内提出、讨论和协商环保提案（胡凌艳，2016）。政协委员也可以根据经济社会发展的需要提出环保议题，虽然议题的产生、通过过程较长，有时甚至因为得不到足够的重视不了了之，但是进入 21 世纪以后，环保提案的远见卓识也不容小觑。例如，从 1995 年开始，梁从诫等政协委员就在全国政协会议上倡议首钢搬迁，虽然在当时并未直接推动首钢的搬迁，但是十多年后，首钢的搬迁也印证了一些环保提案的高瞻远瞩。2005 年梁从诫、敬一丹等政协委员还提交了《关于尽快建立健全环保公益诉讼法的提案》（别涛，2006），在当时引发了一些社会关注，并且推动了中国环境公益诉讼制度的建立。早在 2008 年，征收环境税就成为全国人大的第一号环保提案，2016 年底《环境保护税法》得以审议通过，2018 年开始实施（李华，2018）。

此外，公众或者社会组织也可以向人大代表或者政协代表反映自身的环保诉求，把"非制度化"的环保需求变成"制度化"的环保提案。但是目前公众与人大代表或者政协委员直接进行沟通的渠道还比较有限（李子豪，2017）。中共"十七大"第一次确立了"建设生态文明"的理念，近年来，人大和政协的环保提案数量也在不断增加（石莹，2016）。环保提案的办结率也越来越高，2017 年原环保部承办"两会"环保提案 852 件，

其中人大建议 538 件、政协提案 314 件。2019 年，新成立的生态环境部共承办"两会"环保提案 818 件，其中人大建议 500 件，政协提案 318 件。2022 年生态环境部共办理"两会"环保提案 1294 件，包括人大建议 818 件，政协提案 476 件，总量同比增长 26.4%。从建议提案内容看，涉及碳达峰碳中和领域建议提案最多，占承办总数的 20% 以上。同时，"两会"聚焦深入打好污染防治攻坚战，围绕重点区域、重点流域的绿色低碳发展、协同治理、生态修复与补偿等方面提出较多建设性意见建议。此外，对生物多样性保护、农村污染治理、新污染物治理等给予较多关注。各地区、各省份的"两会"中收到的环保提案也会根据职责范围分发到环保局进行回复和落实，这反映了人大和政协代表对于环保问题的关注，也体现了民众环保诉求的增加。

3.2.7　社会组织与第三方治理

社会组织在弥补"市场失灵"和"政府治理盲区"的过程中发挥着不可替代的作用。在环境治理的过程中，社会组织和第三方机构发挥着非常重要的监督和服务功能，环保组织是环境污染第三方治理的重要社会力量（李翠英等，2018）。中国的环保组织萌芽较晚，1978 年创办的中国环境科学学会，是我国首个由政府部门牵头创设的环保组织，这类组织受到政府干预比较多，活动自由度比较小。知识分子、各界环保人士在我国环保 NGO 发展的过程中起着非常重要的作用（徐嵩龄，1997），人大、政协提出的一些具有前瞻性的议案都源于 NGO 在环保实践中发现的问题。但是在早期，我国的环保组织发育非常不完善，力量也很有限。很多环保组织面临着资金匮乏、人才缺乏等困境（孙荣，2012），一些环保组织甚至由于内部管理出现问题而被注销。

原环保部于 2010 年颁布了《关于培育引导环保社会组织有序发展的指导意见》，充分肯定了环保组织的作用和价值（汪燕辉，2019）。2013 年以后，我国陆续修订或发布了一系列关于社会组织改革的规章制度，为环保组织、第三方机构的培育、发展和成长提供了政策层面的依据。2015 年 1 月，最高法对外发布《最高人民法院关于审理环境民事公益诉讼案件适用法律若干问题的解释》（以下简称《解释》），对当年刚刚实施的新《环保法》以及修改后的《民事诉讼法》中环境公益诉讼进行具体规定。《解释》还明确规定，社会组织可跨行政区域提起环境民事公益诉讼，以克服地方保护主义。此外，民众因环境污染、破坏生态行为受到人身或者财产损害的，也可以借助公益诉讼进行索赔。此后，各类环保组织逐渐在一些重大、突发环境事件中发挥出越来越活跃的作用。例如，2015 年"自然之友"等环保组织就福建南平非法采矿造成的生态损害事件提起公益诉讼并获胜，是我国首个环境公益诉讼案，也产生了广泛的社会影响。但是在全国范围内，环保组织提起公益诉讼面临的限制条件仍然比较多。《中华人民共和国环境保护法》第五十八条规定，只有"依法在设区的市级以上人民政府民政部门登记；专门从事环境保护公益活动连续五年以上且无违法记录"的社会组织才可以提起环境公益诉讼。环境公益诉讼取证难、鉴定成本高、耗时长，都成为环保组织提起诉讼的"拦路虎"。因此，需要进一步对环保组织和诸多社会主体参与环境治理的制度、体系进行系统性改进和完善。2021 年 1 月 1 日起正式施行的《民法典》第一千二百三十四条规定，违反国家规定造成生态环境损害，生态环境能够修复的，国家规定的机关或者法律规定的组织有权请求侵权人在合理期限内承担修复责任。侵权人在期限内未修复的，国家规定的机关或者法律规定的组织可以自行或者委托他人进行修复，所需费用由侵权人负担。第一千二百三十五条规定，违反国家规定造成生态环境损害的，国家规定的机关或者法律规定的组织有权请求侵权人赔偿下列损失和费用：（1）生态环境受到损害至修复完成期间服务功能丧失导致的损失；（2）生态环境功能永久性损害造成的损失；（3）生态环境损害调查、鉴定评估等费用；（4）清除污染、修复生态环境费用；（5）防止损害的发生和扩大所支出的合理费用。这些规定进一步细化和确立了环境公益侵权责任的具体规则，为环境公益诉讼提供了坚实的法律基础，具有里程碑意义。

第 4 章

数字化和嵌入式治理背景下
中国环境治理的进程

　　本章主要使用案例分析的方法，梳理"十三五"时期及其以后环境治理的新进展、新成效。2016 年发布的《中华人民共和国国民经济和社会发展第十三个五年规划纲要》（以下简称《纲要》）提出，要加大环境综合治理力度，创新环境治理理念和方式，实行最严格的环境保护制度，强化排污者主体责任，形成政府、企业、公众共治的环境治理体系，实现环境质量总体改善。2016 年 11 月 24 日，《"十三五"生态环境保护规划》由国务院印发并实施。在此背景下，各地都在探索环境治理的新路径，在数字化政府建设和嵌入式治理背景下，环保 NGO、公众的力量逐渐凸显，新媒体、"互联网＋"平台的使用也使得环境治理面临着新的治理局面。本章对河北、浙江、甘肃三地 2016 年以后的环境治理典型案例进行分析，以把握新的治理特征。

4.1　渗坑污染治理的困境与出路：环保
　　　组织和媒体舆论场域的推动

　　2017 年 4 月 18 日，重庆两江志愿服务发展中心（以下简称"两江环保"）在微信公众号"两江环保"发布了一篇题为《华北地区发现 17 万平方米超级工业污水渗坑》的文章，披露河北大城县南赵扶镇和天津等地发现多处污水渗坑，对当地环境造成威胁。触目惊心的图片引发了大量公众和媒体的关注，该事件迅速借助互联网平台进行舆论发酵，得到中央和当地政府的高度重视。随即，当地有关政府部门回应：两处大坑均为多年挖土形成，渗坑污染是由旺村镇村民李某某叔侄将废酸倾倒进坑塘所致。2013 年 5 月，县公安局已对该案立案，后将犯罪嫌疑人抓获。废酸倾倒事件发生后，大城县政府组织相关单位对污染水体进行了治理，但治理工作一直未完成，导致该事件被推上风口浪尖。

4.1.1 内有阻力："市场失灵"和"政府缺位"的双重困境

"两江环保"披露：一个面积不大的小乡镇，目前存在两处污水渗坑，分别为原南赵扶砖厂渗坑和原化肥厂渗坑。主要是由于村内砖厂、化肥厂多年取土和村民挖土、排污形成，前些年还时常出现异地企业在此偷排废水的现象。20 世纪 70 年代村民集资建起了砖厂，当时土地尚未分田到户，村大队便把大片土地划给砖厂挖土用来烧红砖，坑塘由此而来。村民白建强说，那时刚刚改革开放没多久，很多人手里攒了钱以后就开始谋划建房子的事情，都想把原来的土坯房换成砖瓦房。比较结实又有面子，红砖的销路很好。另一位不愿透露具体姓名的村民介绍说，20 世纪 70~80 年代，红砖的需求量比较大，建砖厂很赚钱，周边几个村子的人只要建房子就来我们这里买砖，很多附近村子里的壮劳力也来打工。那些年，砖厂和化肥厂都是村里的重点发展企业，为了拉动 GDP，就近解决村民的就业问题，村里和县里甚至都比较看好这两个厂子，由于当时各方面都鼓励发展乡镇企业，并且两个厂子确实能带动经济发展，当时也没想到会造成这么严重的污染问题。

2015 年砖厂关闭，留下了一片废墟和多年取土形成的大坑，最深处可达 10 米。在渗坑东岸凹进去的平地上，一些散煤堆在院子里，制砖的挤泥机已经废弃，厂区后面有几间废弃的工人宿舍。村民白建强曾参与砖厂的建设，他皱着眉头说："现在看来，（建砖厂）弊大于利，根本没有实际效益，还挖了这么大坑，给子孙后代留下这么大后遗症。"白建强和妻子是在渗坑附近生活的唯一人家，由于在附近承包了一大片耕地把他们留在了这里。如今砖厂、化肥厂都已经不在了，历史遗留问题却迟迟没有解决。

　　至于原来化肥厂所在地的那块渗坑，形成时间更长，化肥厂也比砖厂倒闭得早。村民张宏说，20 世纪 70 年代，化肥厂就建成了，主要生产磷肥，后来，化肥厂转型成了化工厂、镀锌厂，在 2010 年左右才彻底关闭。"反正现在土地都是国家的，企业用了几年以后就走了。这两个大坑自从砖厂和化肥厂倒闭以后就再也没人管理了，这才导致一些人肆无忌惮地往里面倒废酸。"据他回忆，20 世纪七八十年代时，工厂和村民都没有环保的概念，谁也没有想到会出现今天的局面。2000 年左右，几位村民才开始向环保部门反映地下水的问题。有多名村民还向环保局举报，化肥厂排放的臭气曾经熏死过附近的庄稼苗，村民路过也会呼吸困难。还有村民反映，工厂倒闭后，有人去捡生产线的废管道卖钱，结果中毒了。而且工厂堆的污泥也不能触碰，一旦触碰皮肤就会过敏。2007 年前后，有村民夏季收麦子的时候去化肥厂附近的水坑游泳，后来身上长满了疹子，就再也不敢去了。但是当时地方官比较重视 GDP 发展，环保方面的立法也不完善，此类事件并没有引起太多的关注。现在这两个坑虽然危害很大，但是没人管，村里人也不知道该怎么办。直到被曝光，深坑的面积越来越大。

　　一些知情的村民说，其实大坑变成渗坑的一个主要原因是附近的村民帮助企业往里倾倒废酸。前些年外地的工厂为处理污水，以每车 3000 元的价格雇人找大坑，往砖厂、化肥厂的坑里倒废酸，一个晚上能倒好几车。大约 2013 年，旺村镇村民李某某叔侄将大量废酸倾倒在坑中。后来附近的村民将他们举报到环保局，最后公安部门介入，对排污者进行追责。此外，治理资金也是一个很大的问题。砖厂、化肥厂的渗坑从 2014 ~ 2016 年进行了两次治理，但两次均出现水质反弹，没有收到预期效果。据公开报道信息显示，当时县里出资请廊坊碧水源环保设备有限公司来村里治理，耗费了大量的人力、物力和财力，但是两次均未达到治理要求。2016 年 9 月，大城县政府将碧水源公司起诉至大城县人民法院。随后，2016 年底，大城县政府将两个渗坑治理工程列入 2017 年县政府重点工程，预算 3848 万元，但是资金不能一步到位。渗坑治理时间长、成本高，如果治理，钱从哪里来呢？等中央财政拨款，还是靠自己筹资？这些治理难题一直以来都困扰着当地政府。

4.1.2 外有活力：社会监督与大众舆论

不管怎样，毋庸置疑的是，这次看似偶然的华北渗坑污染事件，揭开了渗坑问题的"冰山一角"。事实上，若不是此次民间环保组织"两江环保"的"意外发现"，存在多年的大渗坑也不会进入公众视野。细细深究下去，此次污染渗坑问题的发现，其实并非偶然，其中的关键人物是一个名叫向春的年轻人。

2004 年，就读于西南农业大学生物科学的四川人向春突发奇想地选择了辍学当兵。2 年的部队生涯，使这位 80 后的小伙子成长为一名优秀的狙击手。2006 年退伍后，有着生物科学教育背景的向春加入了重庆市绿色志愿者联合会。2010 年，29 岁的向春离开联合会，创办"两江环保"，决心致力于一线工业污染的调研与披露。向春对"污染渗坑"的关注始于三年之前，而这次发现超大污染渗坑正是偶然中的必然。

据他介绍说，两江环保是一家专注工业污染防治的非营利性环保组织，以基础调查、诉讼调查、专题调查的方式，通过对源头到末端全方位的环境污染调查分析，运用行政、司法、传媒、市场等手段推动污染源治理和减排，减少超标排放、偷排等环境违法问题，降低环境治理成本，改善环境质量。

2017 年 3 月 21 日，两江环保的工作人员前往河北滹沱河流域考察生态环境，途径大城县时，在卫星地图上看到附近一处农田的水体颜色异常，而且面积巨大，于是前去查看，结果发现那里是一片很大的渗坑群落，附近还有另外两处渗坑及三处工业废渣堆。据附近居民介绍，这一堆堆像小山一样的废渣是一些人从 2015 年底开始陆陆续续倾倒在此处的，夏天有很大的腥臭味，让人"无法开窗"。3 月 22 日，向春乘坐高铁去北京出差，路过天津市静海区时偶然向窗外张望，结果意外发现一处颜色异常的大水坑，并记录了地理位置。3 月 28 日，他又专程前去查看了一次，pH 试纸测试的结果显示为"强酸"。之后两江环保又派人前往河北大城县南赵扶镇，结果不出意料地发现，这个不知名的小镇里的两处大坑也处于严重污染的状态。4 月 17 日，两江环保向环保部、河北省环保厅、天津市环保局、廊坊市大城县环保局，以及天津市静海县环保局寄出举报信，希望告知相关政府职能部门渗坑污染的情况，并了解污染问题的成因和以往的整改计划，以推动治污工作的开展。4 月 18 日下午，两江环保又在微信公众号对外发布长文，披露了这三处工业废水渗坑的情况。4 月 19 日，环保部发布三次通报，宣布分别与河北省人民政府、天津市政府成立渗坑联合调查组，初步查明两江环保举报的问题属实。

文章发出后，迅速引发社会各界和各方人士的关注，各类媒体的大量转载、报导使得有关消息在更大范围内扩散开来。天津市静海区环保局主动与两江环保取得联系，希望能就渗坑问题进行沟通。向春说："我们本来没有什么期待，没想到影响会这么大。后来很多媒体都介入了，环保部也发了声明。"此后的一周时间内，国内大型媒体网站都深入报道了大城县的渗坑污染事件，包括腾讯新闻、新浪新闻、网易新闻、新华网等。不可否认的是，社会舆论和大众媒体在此次事件的消息披露、信息扩散、公众参与、环保监督过程中发挥着十分重要的作用。

2017 年 5 月 26 日，在"慈善＋"2017 跨界公益论坛上，举报"华北渗坑"的民间环保人士向春获得爱佑创新公益 100 万元人民币奖励。颁奖评语写道："他年轻有为，他追求不断创新，他运用互联网思维做公益，他相信先进的科技能够帮助解决社会问题，他通过微观和宏观相结合进行多种类污染源取证，通过大数据技术应用在环保公益领域取得了不错的成绩。"获奖后的向春说："并不一定要让大家记住我们，如果我们的工作能对环境改善带来很大的价值，这是我们最欣慰的事情。环境污染是一种负外部性很强的经济活动，它的危害范围很广、持续时间也很长，一般而言，治理周期会非常漫长。因此，需要更多的人发出声音，这样，才能够引起足够的重视。"现在，圈外的人对于这个名字可能依然陌生，但圈内人早已熟知这个围猎污染源的"狙击手"。如今，他和他的团队还在持续运用新媒体平台和大数据技术深度参与环境治理。

4.1.3 上有推力：环保部等部门"自上而下"的问责

2017 年 4 月 19 日上午，一篇题为《华北地区发现 17 万平方米超级工业污水渗坑》的文章迅速引发大量的转载和关注，不到一天的时间，阅读数量已超过 8 万，点赞数量超过 1300 个。同一时刻，环保部与河北省政府组成了联合调查组赴南赵扶镇渗坑现场，分坑采集了 14 个水样，并采集南赵扶村 2 口饮用水井水样各 1 个，对 PH、铅、镉、总铬、砷等重金属污染物进行监测。环保部从 4 月 19 日下午开始一连发布三条消息，以使大众及时了解事件的进展。

4 月 19 日 14 时许，环保部发布消息称，针对媒体报道的河北等地发现多处污水渗坑问题，环保部会同河北省政府立即组成联合调查组，赶赴现场进行调查，有关调查情况将及时向社会公开。当日傍晚 18 点，环保部再次发布消息称，经过联合现场调查，已经初步查明廊坊市大城县渗坑污染问题基本属实。联合调查组要求大城县政府及相关部门立即对渗坑水体、土壤及周边地下水开展监测，并制定整治方案，环保部也对相关渗坑污染问题挂牌督办。在重压之下，19 日晚间 21 时许，大城县人民政府也公开发布了《关于南赵扶渗坑治理工作情况的说明》。当日晚 22 时许，环保部第三次发布消息，通报了环保部和天津市政府联合调查组对静海区渗坑污染问题进行的现场调查。大城县也成立了以县长为组长，分管副县长为副组长，环保、公安和有关乡镇干部为成员的渗坑治理领导小组，加快推进渗坑治理工作，并积极联系国内顶尖治理公司对污染水体进行研究。

2017 年 4 月 21 日，环保部办公厅印发的《关于对河北省大城县渗坑污染问题挂牌督办的通知》向河北省环保厅提出如下要求：督促大城县人民政府立即制定科学的治理方案，切实做好渗坑治理工作，在解决媒体反映渗坑问题的基础上，举一反三，在全县（区）范围内开展排查，强化污染治理，严厉打击违法倾倒行为；加强对地下水、底泥和周边土壤的检测，并根据检测结果细化治理措施，确保治理不留死角、不留隐患；及时公布检测结果和治理进度，接受媒体和社会监督；对当地人民政府及其相关部门履职情况开展调查，依法追究有关人员责任。并要求河北省环保厅于 2017 年 7 月 31 日前完成督办事项。

与此同时，廊坊市也启动问责程序，大城县主管副县长、环保局长和环境执法队长、南赵扶镇镇长和主管领导均接受停职检查。在此基础上，廊坊市纪委展开调查，对相关责任人严肃追究责任。"渗坑排污是一种危害极大的违法行为，新环保法第四十二条明确规定，严禁通过暗管、渗井、渗坑等逃避监管的方式违法排污，同时，还对这些行为的责任追究作出了明确规定。"天津大学法学院院长孙佑海认为，环保部、廊坊市相关部门的追责工作十分及时并且有法可依，必须查清污染从何而来，厘清责任严惩不贷才能还村民一个公道。

时任联合调查组负责人、环保部环境监察局副局长闫景军表示，环保部对相关渗坑污染问题非常重视，要求天津、河北相关地方限期制定整治方案，加快治理进度，严惩违法犯罪行为。根据当地的调查判断，污染来自废酸和电镀废液，这些废物又来自哪里？闫景军说，前些年，河北大城附近有不少小电镀企业，水体里的电镀废液来自这些企业的非法倾倒。天津、河北霸州等地还聚集着不少钢厂加工企业，在废旧钢厂加工过程中，酸洗是不可或缺的工序。废酸被偷排至此，黄褐色水体大多是三氧化二铁和四氧化三铁的颜色，而含铁离子更高的水体则呈现黑色。"一吨废酸的处理成本几千元，违法倾倒造成至少几十万方水的污染，还有土壤和地下水的修复，需要的成本至少几千万元，得不偿失。"因此，闫景军再三强调，必须依法严厉打击这样的行为。

4.1.4　下有压力：当地群众的呼声和村民的监督

事实上，从 2013 年开始，当地的村民就急切地渴望政府尽快治理渗坑。本村井水和地下水"有毒"，当时就已成为村民们的共识，绝大多数村民不敢饮用本村的井水。他们每天早晨定点去南边村落的深井打水，一些村民购置了饮水机，从水厂直接购买两块五一桶的桶装水，还有一些村民花费数千元购买了净化器。周围的村民也不敢取水灌溉，庄稼长势全靠雨水，看天吃饭。"这个水怎么可能浇地？浇到脑袋上脑袋都没毛了。"村民白建强说，他已经七八年不灌溉了。不仅作物不用水，人也不吃本地水。"吃的水是去邻村水厂买的灌装水，两块五一桶。"他指着饮水机说，他还贷款打了一口 360 米的深井，平时取水来洗衣服。"之前我们自己打的水井出的水颜色都不对，齁咸，炒菜不用放盐。"一位 50 岁左右的张姓大姐说，以前他们并没十分在意，后来与她年龄相仿的几个村民得了癌症之后，她才意识到问题的严重性，花费 2990 元购买了净水器。她还补充说，如今村里患癌的年龄越来越年轻化，肯定与水有关系，现在村子里十五六岁的、二十多岁的孩子都有得癌症的。许多村民称，除了癌症，村里得偏瘫的也很多。"这已经习以为常了，谁家得病了，不是癌症就是血管堵了。"一位村民说。

2013 年左右，一些有责任心的村民开始自发组织起来"抗击污染，保护环境"。白建强参与了村民组织"抓罐车小队"，他在大坑附近插上"养鱼"的牌子，半夜驱赶过好几次前来偷倒污水的罐车，也抓到过现行。据官方通报，旺村镇马六郎村的李永奎、李锡展两人于 2011～2012 年将从外地拉来的废酸倒进坑塘。2013 年 8 月，大城警方将李锡展抓获归案。据其供述，他们倾倒的废酸分别为 3 吨和 3.1 吨。根据 2013 年最高法和最高检关于环境污染刑事案件的司法解释，非法排放、倾倒、处置危险废物 3 吨以上，就会因构成污染环境罪而受到刑罚处罚。

过了 2017 年的农历春节，河北省廊坊市大城县南赵扶村有村民就因罹患癌症死亡。在村卫生院医生王峰的记忆里，让他印象深刻的是有两个十多岁的孩子，一个死于骨癌、一个死于鼻咽癌。村民张老汉说，他的弟弟就在 54 岁时死于食道癌。"都没有家族病史，得鼻咽癌的孩子的爷爷 80 多岁还活着呢。小孩的病肯定和村里的环境污染有关系。"一个在津保路边售卖风湿膏药的老中医如是说。

如今，村子里的人越来越关注健康问题和环境问题。对于政府的治理工作，他们也有了越来越多的期望和诉求。不少村民表示，现在不能治标不治本了，要从源头上切断利益链条并且追究违法者的责任才行。"不然根本管不住，上游企业、介绍人、报信人、倾倒者这一大串都应该打击，不能只打击最后那一个环节。"另外，治理好渗坑污染以后，如何恢复村里地下水和井水的水质也是一个重大难题。很多村民都认为，为了下一代孩子们的健康着想，必须将渗坑治理好。一些以前不爱看新闻的村民也开始主动用手机和电脑联网看新闻，大家都非常关注最后的处理结果。

4.1.5　利益相关者视角下的事件演进过程分析

（1）事前：政府监管缺位、市场失灵与公众参与不足的三重困境

在"渗坑事件"爆发前，利益相关者面临着政府监管缺位、市场失灵与公众参与不足的三重困境，因而导致渗坑经过多次治理后仍然发生"反弹"现象，环境污染问题得不到有效解决。上级部门（当时的环保部）在事发前处于"不知情"的状态，而地方政府则存在监管不力的问题。企业处于监管的"真空"环境中，想方设法通过各种渠道钻空子，或明或暗地往渗坑中倾倒废酸。面对企业的排污现象，当地有关部门都存在不同程度的监管漏洞。在此背景下，南赵扶镇的村民心有余而力不足，虽然少数村民自发组织了"抓罐车小队"，但是并没有产生实质性效果，公众参与的力量非常弱。

（2）事中：第三条道路——新媒体平台推动下的社会舆论监督和公众参与

在"渗坑事件"爆发时，毋庸置疑的是，"两江环保"这个社会组织起到了十分关键的作用，其在微信公众号所发布的曝光文章是此次事件的起点和爆发点。文章披露了渗坑污染的详细情况，包括地点、面积、水质等，不仅引起社会各界的关注，引发了环保部的重视，也使各方主体都能够大致了解渗坑污染的程度，为环保部的快速决策和地方政府的应急管理提供了很多的有效信息。在此背景下，环保部第一时间成立调查组奔赴到大城县并进行了情况核实，大城县政府也启动了应急响应措施。

大众媒体的报道和监督起到了推波助澜的作用，对于大众舆论也产生了很重要的影响，具有一定的舆论引导作用。人民网、新华网、网易、腾讯等大型官方和社会媒体都在第一时间对该事件进行了报道，并及时发布治理工作的进展情况，这些都起到了积极的舆论引导作用。

当地居民是直接利害相关者，在"渗坑事件"爆发时也发挥了十分重要的作用，他们积极配合政府部门的调查工作，并时刻关注调查结果的发布，这对于渗坑治理工作的进一步开展具有十分有利的促进作用。

（3）事后：多维度、立体化的全方位治理格局

在"渗坑事件"爆发后，上级政府部门（环保部）迅速启动问责机制，并展开挂牌督办工作，形成了一股强有力的"推力"，大城县政府主动配合调查工作并制定了治理方案，真正发挥了环境监管的作用。

当地村民也时刻关注治理工作的进展情况并广泛参与和主动监督，这对于治理工作的有序、有效开展十分有益。在经过媒体的后续跟踪报导后，渗坑治理问题得到了社会各界人士的广泛关注，很多专家学者也积极建言献策，形成了多元化、立体化的全方位治理格局。

4.1.6 未来，路在何方？

2017年5月31日，大城县政府官网发布《大城县渗坑治理方案（简本）》。此方案由清华大学、环境保护部环境规划院编制完成。方案提出，在未来，大城县渗坑治理可以考虑分两阶段实施开展。在应急治理阶段，渗坑废水经应急处理后实现 pH 中性、重金属达标、COD 和 NH3 – N 基本达到相关排放水质。后期治理阶段，渗坑采取人工湿地等生态恢复措施，确保水质长期持续好转。

2017年6月，博大环境集团股份有限公司（以下简称"博天环境"）以竞争性磋商（政府采购方式）取得南赵扶镇渗坑污染应急治理项目，预计总金额6000多万元。博天环境的项目负责人表示，渗坑会对周边环境造成长期污染，这意味着治理渗坑除了处理污水，还需要对受污染的土壤进行修复。为保障受污染区域周边水环境安全，博天环境通过资料收集、现场踏勘、人员访谈等途径，结合实地检测和大量的小试及中试，制定了切实有效的治理方案。治理内容包括低浓度废水治理、高浓度废水治理及土壤底泥及废水处理后产生的污泥治理。

到2017年11月，通过采取增加施工机械、多点作业、倒班施工等措施，基本完成污水处理，土壤修复工作也取得重大胜利。2020年，大城县所隶属的廊坊市被确定为全国重点河流水生态环境保护"十四五"规划编制10个试点城市之一。在廊坊市2021年水污染防治重点工作实施方案工作目标中，继续强调要全面消除城市建成区黑臭水体。但是，值得注意的是，类似的渗坑污染事件并非只发生在河北，这次被环保组织披露的也仅是"冰山一角"。据统计，仅在环保诉讼案件中，近几年涉及"渗坑"这个关键词的判决，在我国 20 多个省份都有出现，并且大部分与水污染有关。而渗坑污染对当地政府和环保部门来说一直都是"难啃的骨头"。仅污水处理就需要一年半到两年时间，土壤和地下水的修复周期更长，快则 3~5 年，慢则 5~7 年。其中需要的资金投入更是天文数字，以 17 万平方米的污水渗坑为例，要想完全恢复生态面貌，花费可能超过 2 亿元。除去相关肇事者赔偿的百万元生态修复费，渗坑治理的绝大部分费用还要靠政府财政承担。

渗坑污染事件背后有很多问题值得深思，到底应该怎样平衡经济发展与环境保护之间的关系？在未来，如何彻底杜绝类似现象的发生仍然是相关部门需要思考的问题。

4.2　环境监管中的"无形之手"和"有形之手"：余村的绿色发展之路

安吉县地处浙江西北部，湖州市辖县之一，北靠天目山，面向沪宁杭。这里有山有水，物产丰饶。余村是安吉县下辖的一个小乡村，三面环山，一条小溪穿村而过。村里石灰岩品质优良，是长三角建筑石料的主要供应地。2005 年，这个靠山吃山、靠水吃水、凭借卖石头发家致富的小村庄却迎来了一次转机。2005 年 8 月，时任浙江省委书记的习近平同志来到余村考察并首次明确提出"绿水青山就是金山银山"，强调不要以环境为代价去推动经济增长。

如今，余村已经成为中国"美丽乡村"的发源地，它所在的安吉县也被视为"两山"实践示范县、"两山"理论发源地。当年余村关闭石矿的时候，老百姓也曾犹豫过。没想到如今余村的旅游年收入已达到 1500 万元，是 10 年前卖石头的 5 倍之多。2018 年，时任余村村委会主任潘文革在接受采访时忆起往事，也感慨万千："习近平总书记来考察时说，余村发展生态旅游经济，这条路子是可持续发展的路子，要坚定不移地走下去。十几年来，我们余村的百姓牢记习总书记的嘱托，把停矿山、关水泥厂重新换来的蓝天白云、绿水青山作为良好的资源，招引项目，发展旅游和生态农业，所以成效也非常明显。其实我们也没有什么秘诀，尊重市场规律，激励群众的创新创业热情，政府积极引导、顺势而为，就一定会实现绿色发展。"。

生态兴则文明兴，生态衰则文明衰。事实上，推进绿色发展、建设生态文明一直以来都是党中央持续推进的一项核心任务。2017 年，习近平总书记在党的十九大报告中指出，要加快建立绿色生产和消费的法律制度和政策导向，建立健全绿色低碳循环发展的经济体系，着力解决突出环境问题。坚持全民共治、源头防治，提高污染排放标准，强化排污者责任，健全环保信用评价、信息强制性披露、严惩重罚等制度。构建政府为主导、企业为主体、社会组织和公众共同参与的环境治理体系。改革生态环境监管体制，坚决制止和惩处破坏生态环境行为。2022 年，党的二十大报告指出"要统筹产业结构调整、污染治理、生态保护、应对气候变化，协同推进降碳、减污、扩绿、增长，推进生态优先、节约集约、绿色低碳发展"。绿色发展的实现不仅需要强有力的政府监管，还需要走市场化道路，正确处理好政府与市场的关系，余村的绿色发展之路也离不开市场"无形之手"的调节和政府"有形之手"的调控。

4.2.1 市场"无形之手"：从"靠山吃山"到"经济生态化"

（1）矿山和水泥厂都不如青山和绿水好

自 20 世纪七八十年代起，改革开放的春风吹遍大江南北，市场经济的浪潮激励无数弄潮儿大显身手。在此背景下，余村兴起了开矿采石、办水泥厂的热潮，村集体经济年收入曾高达 300 多万元，是安吉有名的富裕村。30 多年前，还是初中生的潘文革在作文里这样写道："水泥厂上空，升起了黑色烟雾，像是一朵黑玫瑰正在优雅地绽放……"今天说起来，潘文革哑然失笑："我们当时觉得水泥厂带来了好生活，就应该被歌颂、赞美。"然而，经年累月的开采，让这片曾经的"江南清丽地"因此蒙尘：淤泥沉积，部分河床在 35 年内抬高了 2 米；昔日"桃花流水鳜鱼肥"的溪水，部分断面"比黄河水还要浑浊"。因为矿山、水泥厂的污染，余村常年笼罩在烟尘中，竹林黄了，竹笋小了，连千百年的银杏树也不结果了。村民们不敢开窗、无处晾衣，甚至还因生产事故致死致残。1998 年，国务院将安吉列为太湖水污染治理重点区域，并发出警示。2005 年，临近拍摄地"大竹海"的余村毅然关停了每年能给村集体带来 300 万元效益的三个石灰矿。关了矿山、水泥厂，村集体经济年收入从 300 多万元下降到 20 多万元，到底该怎么发展经济呢？

村民胡加兴曾经是矿山上一名拖拉车运输司机。自从矿山关停后，先后打零工、做生意，但生活总不得意。2007 年，胡加兴在宁波奉化旅游时，看到一个小村庄利用小溪开发漂流运动，感到蛮新鲜有趣。"安吉有山有水，条件绝对不比那里差。"胡加兴这样想。之后，他又去考察了好几次，甚至还带上了县旅游局领导和村干部。在得到了他们的支持后，胡加兴出钱请人进一步清理溪道、加固堤岸，还特别设计了溪道坡度的落差。短短几个月时间，就有 1 万多名游客前来体验漂流，收回了 100 万元的投资资金。

如今，胡加兴的皮筏艇已经增加到 200 条，每年来荷花山漂流的游客超过 5 万人，营业额高达 220 多万元。像胡加兴这样，深刻体会到村庄的"绿色蜕变"，把绿叶子变成钞票子的人其实还有很多。多年前，外出求学归来的本村人胡亮租下了村里几座破败的老房子，将其改造成民宿，民宿的设计采用极简主义风格，石头泥巴糊的墙，老式瓦片屋顶，原木和竹子做成的书桌和床，环保、怀旧，散发着淡淡的乡愁，引得城里人纷至沓来。价格最高的一间民宿对面就是苍翠欲滴的巍巍青山，呼吸入肺的是饱含负氧离子的新鲜空气。因此价格虽然是城里设施豪华的五星级酒店价格的两倍还多，但是仍然颇受欢迎，一房难求。有一位外地客人，一年之内连续来了十几次。2017 年全年的入住率高达 90% 以上。

学建筑出身的胡亮在总结自己的致富之道时说"村民希望进城，而城里人却希望出城，寻找乡愁，呼吸清新空气。这里能让都市人远离城市的喧嚣、最大程度地放飞心灵。每年靠经营民宿获得的收入中，至少四成卖的是生态，四成卖的是服务，只有两成卖的是房间的硬件设施。"生意好的时候，他还借机出售土特产，村口那片过去堆放垃圾的樟树林如今是游客最喜欢的休憩地之一，他在那里设了一个销售土特产的摊点，生意出奇的兴隆。看到效果不错，他开始借助互联网和淘宝的平台出售余村的土特产、旅游纪念品和明信片，一个月的营业额高达10多万元。

村里人已经深刻认识到，余村的绿水青山就是大家的金山银山，与其"靠山吃山""占山毁山"不如"护山兴山""守山振山"。正如潘文革所说："我们既不能靠山吃山消耗宝贵的生态资源，也不能守山望山无所作。只有真正将叶子变成票子，让美丽环境真正转变成实实在在的美丽经济，让百姓在生态建设的过程中获得效益，才能从根本上调动百姓的积极性，使生态建设成为百姓的自发行为和自觉行动。"

（2）从传统农业和采矿业向生态农业和绿色旅游业的转变

余村自然资源和矿产资源都非常丰盛，因坐拥优质的石灰岩资源，1976年，余村为解决温饱问题，就地取材，开山取石办石灰窑，石灰渣可制成砖头，又开办了砖厂。改革开放初期，余村成为安吉县规模最大的石灰石开采区。20世纪80~90年代村里80%的村民从事与矿山有关的工作，依靠村里的3座矿山和1家水泥厂，村集体经济收入一度达到300多万元。1987年，年仅16周岁的俞金宝刚刚初中毕业，就和村里很多人一样，加入矿山开采的大军中。一开始，他在石灰窑烧石灰，每个月工资60元。1993年开始，俞金宝考了驾照，成了矿山上的一名司机，每天把四五车矿石运到水泥厂。"那时，水泥厂烟囱的烟，把整个村子弄得都是灰蒙蒙的，我农庄对面这座山，竹叶全部都熏掉了。开矿的时候，矿石飞出去，附近的竹子全部被打破。住在旁边的人家屋顶瓦片被打破也是常有的事。"俞金宝回忆。

到了20世纪末，随着市场竞争的加剧和挖掘技术的改良，矿产品价格持续走低，余村的采矿业也受到了很大的冲击。来自各方的压力，让余村开始试图寻找新的发展路径。村集体投入300多万元，建设龙庆园景区，但是大环境遭到破坏，景区建成后的效益差强人意。时任村委会主任的潘文革说可能是由于"当时旅游市场还没形成，时机还不成熟。"一方面，当时余村周边的旅游消费市场很小，余村的名气也仅限于采矿业而非旅游业，很多旅游资源还没有开发出来。另一方面，由于村里的很多人一窝蜂地往矿厂跑，所以很少有人专门以务农为生，并且由此带来的环境问题也不利于其他产业的发展。村里的水都被污染了，村民不敢用井水，有时候种点地浇水都要从外面引水灌溉。空气质量也不好，本村人都觉得"呛得慌"，更别提吸引游客了。2000年，由李安执导的《卧虎藏龙》荣获奥斯卡最佳外语片等4项大奖，影片的拍摄地、中国竹乡安吉一举成名，慕名前来万里竹海参观的游客络绎不绝，当地居民切身感受到绿水青山的价值。2003~2005年余村痛下决心，将3座矿山全部关闭，水泥厂也随之停业。村里大刀阔斧进行重新规划，修复生态环境，小村被划为生态旅游、生态居住、生态工业三个区块定位发展。对于村民如何致富，也走出了两条路子：发展生态农业和绿色旅游业，兴起了大量农家乐。

如今，很多村民都开始利用现代农业技术致富，并利用得天独厚的自然条件搞起了第三产业。俞金宝的农庄里除了20亩葡萄园，还有烧烤园、垂钓鱼塘，还在农庄隔壁建造好自己的民宿，总共有五个房间，聘请专门的管家进行日常管理。"现在生意好的时候一天能有过万元的收入，一点也不比当初在矿上收益差。有了自己的农庄，收入也还可以，我已经心满意足了，接下来就想想怎么去经营好它。"俞金宝说。

潘春林是余村第一个开农家乐的村民，之前他种过大棚蔬菜，也从事过开拖拉机运矿石。矿山关停后，他在村委会的支持下承包了一些水田，在种水稻的同时养"稻花鱼"。别人家的鱼每斤批发价3元，他的鱼因为获得了有机鱼认证，每斤卖到9元还供不应求。尝到了生态的甜头，他又通过土地流转承包了茶园和竹园，成立了2个农业合作社，走起了"农业生态化、生态产业化、产品电商化、电商富民化"的道路，生活发生了翻天覆地的变化。

余村旅游资源丰富、人居优势突出。村内有被誉为"江南银杏王"的千年古银杏树、"活化石"之称的百岁娃娃鱼、古代工矿遗址和古溶洞景观、生态环境优良的"冷水洞"等，还有古庵"龙庆庵"等。2005~2018年的这13年中，余村从事旅游的村民从28人增加到近400人。2016年，余村还成功创建国家级3A景区，2017年余村所在的天荒坪镇获评"全国森林康养基地"。目前，余村每年的游客超过30万人次，全村经济总收入近 3 亿元，村民年人均纯收入达 3 万多元。

4.2.2　政府"有形之手"：从"GDP 为首"到"生态立县"

（1）从"有所不为"到"有所为"

2005 年之前的余村也是安吉的一个缩影。当时，安吉有不少矿山、水泥、造纸、竹拉丝等高污染企业，一度被国家列为太湖水污染治理重点区域。当年开采石矿，余村每年有几百万元的纯收入，是安吉名副其实的首富村。但村民也深受其害，开矿要用炸药，村里经常是惊天动地的爆炸声，竹林上空飞沙走石，河里的水成了白泥浆，整个村子都是灰头土脸。是关闭石矿保护生态，还是硬着头皮继续开矿？如果关闭石矿，拿什么发展经济？当时的安吉县政府领导和余村所在的天荒坪镇领导都一筹莫展。

2005 年的夏天，恰逢时任浙江省委书记的习近平同志来到余村考察，他首次提出的"绿水青山就是金山银山"，为余村人、也为安吉人指明了方向，由此也坚定了余村人走绿色生态发展路子的决心。

"说实话，当初真的不知道该怎么办，关停砖厂和水泥厂的时候，其实阻力很大。后来，在习近平总书记给予的鼓励和支持下，村委会开始谋划未来的路子该怎么走。当初并没有一个十分系统的规划，只能摸着石头过河，走一步算一步。"时任村支书的鲍新民在回忆起当初的情形时，仍然很有感触。他表示，在他任期间，根本就没想到会取得现今如此辉煌的成果。

潘文革上任后，县政府和省政府都出台了十分明确的纲领性文件，大力推动环境治理工作，号召发展生态经济和绿色产业。他开始带领村干部进行比较详尽的规划。他们的重点任务有两个：一个是治理环境，把余村恢复到原来山清水秀的状态；另一个是发展生态经济，实现绿色发展。他们把目光定位在生态农业和旅游业，后来的一系列实践都证明，这个规划是正确且明智的。

在获得上级政府的财政支持和采取多方面的措施后，千疮百孔的矿山得以修复，如今仅留下一处打造"矿山公园"；在"两山"重要思想指引下，余村的生态经济之路越走越宽，当地结合天荒坪镇美丽乡村建设，对原来的水泥厂进行进一步改造提升，打造成为一个生态公园，这一系列举措都达到了"花大钱办大事"的效果，余村实现了从"卖石头"到"卖风景"的华丽转身，如今，又逐步实现了卖"风景＋文化"，余村就此摆脱传统主业的束缚，在绿水青山中成功转型。

余村是安吉的缩影，但并不是安吉的全部。因为余村依托绿水青山所改变的，只是一个村落自行发展的路子，而安吉所改变的，则是县域全盘的布局，包括旅游、产业、城镇化体系建设、外来项目落地等。"所有这些改变的根基，在山水、在环境、在生态。"安吉农业和农村工作办公室副主任任强军说。改革开放后，安吉也急于丢掉"穷帽子"，但发展工业过程留下的后遗症，让安吉历届党委、政府痛定思痛，并最终决定将"生态立县"一张蓝图绘到底。在治污的同时，从 2003 年开始，安吉全面立足生态推进县域的多元化发展。这些年，安吉领导班子一任接着一任干，既保护了绿水青山，又做大了金山银山：为保护环境，2006 年摘下首个"国家生态县"桂冠；2005 年以来 GDP 年均增长 12.5%，地方财政收入年均增长 20.4%，人均可支配收入远远高于浙江省平均水平。

如今，余村已经成为美丽乡村的一张亮丽名片，也为安吉县乃至浙江省的环境治理和生态发展树立了新的标杆。安吉也成为浙江省首批美丽乡村建设示范县，在获奖的 6 个县中，安吉综合成绩排名第一。同时，安吉也是迄今为止全国唯一一个拥有"联合国人居奖"殊荣的县级城市，并成为美丽乡村建设的发源地，获得了"美丽乡村国家标准第一起草单位""全国首批美丽乡村创建先进县""全国首批生态文明建设试点地区""中国首个生态县""全国首批休闲农业与乡村旅游示范县"等诸多荣誉，成为全省 4A 级景区数最多的县，余村的绿色发展之路已经在安吉得到广泛认可和普遍推广。

（2）从"倒逼"到"引导"

沿着清冽的余村溪溯流而上，荷花山漂流欢笑满谷，农家乐、民宿游客盈门。余村坚定践行"两山"重要思想，不但护美了绿水青山，也做大了金山银山，从省级贫困县到全国百强县，从偏僻山区县到美丽乡村建设示范县，安吉一张蓝图绘到底、一任接着一任干，把"绿水青山就是金山银山"作为区域发展的根本遵循，让"绿水青山就是金山银山"成为覆盖城乡的美丽风景、全民共享的幸福源泉，而这一切成果的取得与政府的引导息息相关，也是政府积极扶持的结果。

在走生态绿色发展的过程中，政府在初期主要采取强制措施，"倒逼"企业采用清洁技术，2003~2005年余村关掉了大批污染企业，安吉县的矿山从274个压缩到17个，因环保因素否决投资项目150个以上，包括某跨国企业一个年税收可达10亿元的造纸项目，但是到了2005年以后，余村的干部发现一味地关停企业不是办法，让村民享受环境治理带来的成果的同时还是要发展经济，村委会在与上级政府沟通后开始采取一系列引导措施。砖厂、水泥厂被拆除后，厂址复垦，不能复垦的则摇身一变成为了房车露营基地。鼓励村民发展生态农业、创办农家乐和进行自主创业，给予财政政策的扶持和税收政策的优惠，在有关政策的支持下，潘文革和村干部开始帮助村民开办农家乐，村干部进行规划和合理布点，还主动帮助村民筹集启动资金，村民有了动力，农家乐得以红红火火的经营。县政府和村委会还主动预留一部分基金完善硬件设施和基础设施，积极修公路、装路灯、装宽带，优化公共服务。现在，村民运用电商平台销售土特产、创办农家乐都可以获得一部分的无息贷款和小额补贴。政府还出台一系列扶持政策扶持两大主要亮点农产品：毛竹和白茶，不仅投入大量的资金对农民进行技术指导、提供肥料，还建立了自己的品牌。

余村村委会在鼓励发展生态农业、进行宏观谋划时抓住了当地天然的馈赠——漫山遍野的毛竹。"安吉竹产量仅占全国1.8%，但毛竹衍生出的总产值却占到了全国竹产业的20%，余村的毛竹产量很高、长势喜人、产品多样，占了全县的半壁江山。"潘文革对此颇为自豪，他说，全县有竹产品企业2000余家，11万人从事与竹子相关的产业，涉及生活方方面面的竹制品多达3000多个品种，余村的毛竹产业在全县是数一数二的。余村人对毛竹进行深加工，使毛竹的竹梢、竹根、竹叶和竹杆都做到了物尽其用，还在县政府的扶持下建立了自己的品牌，大大提升了附加值，为此，毛竹的身价翻了不只十倍。虽然全县限制一年砍伐毛竹5000万株以下，但是余村的毛竹现在不是靠数量取胜，而是靠质量和附加值取胜，因此会发展得越来越好。

除了毛竹，余村的另外一株"摇钱树"，就是白茶。对于当地农民来说，茶叶劳作期短，一亩白茶的效益是种植毛竹的 10 倍，但考虑茶叶管理过程不可避免会涉及农药、化肥等，安吉县政府划定白茶禁垦区，10 万亩成为种植面积总限，严禁毁竹种茶。余村村委会也单独划出一部分土质适宜白茶生长的土地，专门种茶，并且禁止村民擅自毁林开荒。来此观光的旅客不仅可以来茶园参观，还可以在茶园附近买到余村自产自销的白茶。在这样的合理布局下，当地的茶叶种植不仅没有阻碍竹林的扩张，反而增添了旅游业的亮点，在改善生态环境的同时实现了农产品的升值和增值。

如今，"余村效应"已经辐射到整个安吉县，借助"两山"思想诞生地、中国美丽乡村发源地这两张金名片，已经撬动生态经济的红利，安吉"金山银山"效益的显现：县金融中心大楼吸引入驻 64 家以金融产业为主的国内知名企业；"两山"创客小镇主打信息经济创业项目，面向美丽乡村智慧应用、资源环境科技、产业转型升级研发 3 类项目；总投资 170 亿元的"上影安吉影视产业园·新奇世界文化旅游区"，总投资 70 亿元的 Hello Kitty 主题乐园，亚洲最大的安吉欢乐风暴乐园，JW 万豪、君澜等顶级品牌酒店相继开业或引进建设……浸润于绿水青山之中，安吉就是一轴画卷，这画里是安吉人自得的安逸，也是安吉在"两山"路上，舒展给世界的一个绿色奇迹。

现在，余村已经在村小学的课程中加入了一门重要的内容，即生态环境教育，真正做到了"保护环境，从娃娃抓起"，还定期发布大气质量指数和村内企业的环境业绩指标，不仅吸引了村民监督，还使来往的游客更加安心。人改变了环境，环境又反过来改变了人。从最初的"被动做"到今天的"主动为"，如今的余村白墙黛瓦、一尘不染，村里村外见不到一张废纸屑、一个烟头。生态红利进一步催生了生态自觉，农村脏乱差的生活陋习、公众恣意破坏山水植被的行为得到了彻底改变，不仅收到了环境监管的实效，经济、社会也得到了良性发展。

4.2.3 对比与思考："无形之手"和"有形之手"的作用与影响

（1）环境监管之前的"无形之手"和"有形之手"

在政府进行环境监管之前，市场的"无形之手"在余村发挥着十分重要的作用。余村凭借石灰石、水资源等十分丰富的自然资源，及优越的自然条件，在发展传统采矿业方面占据得天独厚的价格优势，并且20世纪80～90年代正是我国工业和制造业高速发展的时期，也是城镇化加速发展的时期，采矿业、水泥厂、砖厂的崛起也是市场的必然选择，周边的市场需求也很旺盛，在市场机制的作用下，余村一度取得了惊人的财富，甚至连续多年成为远近闻名的"首富村"。再加上很多矿产、砖厂都是集体所有制企业，市场风险很小。因此，采矿业发展十分迅速，水泥厂、砖厂等高耗能、高污染企业的盈利空间也非常大，成为余村的主要经济命脉。

但是，"市场之手"也有其无法避免的缺陷和局限性（见表4.1），市场经济主体具有天然的趋利性和盲目性，市场调节具有短期性、滞后性、盲目性和不确定性，因而存在体制性缺陷。采矿业等污染产业的发展使余村收获了眼前利益，但是由此带来的环境污染等一系列负面效应使余村丧失了更多的长远利益。并且环境污染具有很强的"负外部性"，在综合考虑多方利益的情况下，市场主体绝不会主动治理污染，污染者所承担的成本远小于社会承担的成本，仅受自身成本约束的污染者终将使污染超过环境的耐受值。这就会产生"市场失灵"的现象。在此背景下，就要求政府进行干预和监管。

表4.1　　　　　　　　　　环境监管之前的"无形之手"

市场机制的作用	优越性	局限性
价格机制	余村自身的矿产资源丰富，具有得天独厚的价格优势	资源是不可再生的，环境是无价的
供求机制	由于城镇化和工业化发展的加速，周边地区对石灰石、水泥、砖瓦等需求很大	房屋的可用期一般都比较长，周边市场上的需求越来越少

续表

市场机制的作用	优越性	局限性
竞争机制	周边的采矿企业、水泥厂、砖厂比较少，具有一定的竞争优势	后来国家多次出台整治砖窑、矿厂的文件并且对太湖进行治理，导致砖厂、水泥厂无力与其他地区的大型企业进行竞争
风险机制	由于余村的很多矿产、砖厂都是集体所有制企业，市场风险很小	很多集体所有制企业和国有企业进行改制，改制后的私企不仅实力减弱，而且无力承担巨大的市场风险

但是，在环境污染刚刚开始的时候，政府并没有及时采取措施，余村的村干部和安吉县政府一时间都束手无策，"有形之手"没有发挥应有的作用。直到 2001 年，县政府确立了"生态立县"的理念，2003 年又提出了创建全国首个生态县的目标。余村便关停了几家污染十分严重的矿山和水泥厂，当时余村村委会甚至还遇到了很大的阻力，也不知道关停以后村子未来要走向何方，2005 年时任浙江省委书记的习近平同志为余村的环境监管工作带来了新的转机，此后通过县政府和村委会坚持不懈的努力，余村一步一个脚印，走上了绿色发展之路。下面将对政府采取监管措施之后的"有形之手"进行详细分析。

（2）环境监管之后的"无形之手"和"有形之手"

在政府进行环境监管之后，"有形之手"开始在余村发挥重要作用，并逐渐影响"无形之手"（见表 4.2）。余村村委会在初期主要采用"倒逼"的手段，关停一系列高污染、高能耗、高排放的企业、厂矿，遏制环境污染的继续扩散，并在短期内取得了很好的效果。但是仅仅关停企业而不采取其他措施是不行的，如果直接砍掉"市场之手"会导致经济面临停滞不前的状态。余村的经济在一段时间内得不到复苏，村委会开始逐步展开一系列的尝试。

在中期，借助安吉县政府的财政力量和浙江省的一系列扶持政策，余村开始使用市场激励型的环境监管手段。首先是采用积极的财政政策，花大钱、集中力量办大事，先后在原来的矿区和水泥厂的位置兴建了矿山公园和生态公园。其次是发挥财税政策的调控作用，鼓励村民发展生态农业和旅游产业，对开办农家乐、进行自主创业的村民给予财政补贴和税收优惠，采取多种方式帮助村民进行贷款融资筹集启动资金，让"市场之手"在"政府之手"的调节下发挥正确且有益的作用。最后，村委会还采取诸多措施优化公共服务、完善基础设施建设，完善了宽带网络，建立了公共WIFI，还完善了村里的公路网，这一系列措施都刺激了电商和旅游业的发展，形成了完善的生态农业和绿色旅游业的产业链，生态经济体系得以建立，实现了"绿水青山就是金山银山"的美好畅想，走上经济社会发展与生态环境保护双赢的绿色发展之路（尹怀斌，2017）。

表4.2 环境监管之后的"有形之手"

时期	手段和方式	效果和影响
初期	行政——管控型的手段为主，强制关停污染企业	环境污染在短期内得到控制，但是经济发展遇到瓶颈。市场"无形之手"的负面作用得到消除，但是正面作用也发挥不出来
中期	主要进行引导和扶持，以市场激励型的政策为主，较少使用管制命令型的政策手段	环境得到进一步改善，生态经济体系也得以建立，走向绿色发展之路，政府"有形之手"与市场"无形之手"完美结合
后期	出台实施公众参与型政策，环境监管方式更加多样化、立体化	公众广泛参与到环境治理过程中，主动监督，共享成果，形成"政府—市场—公众"的合作治理模式

注：本表中的政策分类参考和借鉴了张坤民等（2007）的观点，把环境监管政策主要分为命令控制型政策、经济激励型政策、公众参与型政策三类。

党的十九大报告指出，要让人民共享发展成果。环境监管的最终目的是促进和实现人与自然的和谐发展，因此环境治理离不开公众的参与。近年来，余村开始推行公众参与型的环境治理政策，以便在绿色发展之路上越行越远、越走越好。如在村小学的课程中加入生态环境教育相关内容，实现"保护环境，从娃娃抓起"、定期发布大气质量指数和村内企业的环境业绩指标，让村民和游客监督等。这些措施都产生了良好的社会效益，也说明在"政府之手"和"市场之手"之外，还存在着第三只手——"社会之手"，只有合理布局、处理好政府、市场、社会三者之间的关系，在加强政府监管的同时，发挥市场的正向作用，积极引导公众进行广泛的参与，才能使环境治理工作收到良好的效果，从而实现可持续发展。

4.2.4　未来，何去何从？

2005 年 8 月 15 日，时任浙江省委书记的习近平同志在考察余村时提出的"两山"理论，为余村乃至浙江指明了科学、绿色、可持续的发展方向。十几年后的今天，继"生态文明建设"写入宪法后，大量明晰、可操作的生态环境保护细节，出现在十九大报告和各地的"十三五"规划方案中。"绿水青山就是金山银山"的发展理念，被细化为多方面的具体部署。尊重市场规律，激励群众的创新创业热情，政府积极引导、顺势而为。时任村委会主任潘文革说，在余村的环境监管和生态文明建设过程中，政府始终秉承着"授人以鱼不如授人以渔"的理念，始终定位于指导与服务，从做好配套服务、加大优惠力度、提高科技水平、优化产业结构、打造特色产业上下功夫，在保护生态基础上为大众找到符合实际的致富路径，真正实现了"绿水青山就是金山银山"的美好畅想。

把蓝图交给群众、把愿景交给群众，政府有为而不包办，让政府和市场"两只手"良性互动、互为补充。正因如此，余村的生态文明建设和生态经济走向了绿色发展之道，业态丰盈，形态丰富。也正因如此，政府的环境治理工作更大程度地调动了全民的积极性，形成了全民参与、社会协同、惠及全民的良性循环。习近平总书记在十九大报告中指出，要构建政府为主导、企业为主体、社会组织和公众共同参与的环境治理体系（陈卫东等，2018）。必须让人民群众共享发展成果，满足人民的美好生活需求。2018 年 5 月 18 日，全国生态环境保护大会在北京召开，习近平总书记强调，要自觉把经济社会发展同生态文明建设统筹起来，充分发挥党的领导和我国社会主义制度能够集中力量办大事的政治优势，充分利用改革开放40 年来积累的坚实物质基础，加大力度推进生态文明建设，把解决突出生态环境问题作为民生优先领域，提高环境治理水平，充分运用市场化手段，全面推动绿色发展。

2022 年召开的党的二十大强调"大自然是人类赖以生存发展的基本条

件。尊重自然、顺应自然、保护自然，是全面建设社会主义现代化国家的内在要求。必须牢固树立和践行绿水青山就是金山银山的理念，站在人与自然和谐共生的高度谋划发展"。因此，生态环境是关系党的使命宗旨的重大政治问题，也是关系民生的重大社会问题。在未来，要建立"史上最严"的环境监管机制，像保护眼睛一样保护生态环境，像对待生命一样对待生态环境，坚持贯彻创新、协调、绿色、开放、共享的发展理念，实现生态惠民、生态利民、生态为民，正确处理好政府与市场的关系，鼓励公众广泛参与到环境治理过程中，实现治理成果的全民共享。

4.3 环境监管过程中的"局中人"博弈：以祁连山生态治理为例

"失我祁连山，使我六畜不再息"，这是古人对于祁连山重要性认识的真实写照。祁连山不仅是我国西部重要生态安全屏障，是黄河流域重要水源产流地，也是我国生物多样性保护优先区域，国家早在 1988 年就批准设立了甘肃祁连山国家级自然保护区。作为西北地区最主要的涵养水源区，祁连山自然保护区成为整个河西走廊的"生命通道"，其重要性不言而喻。2017 年 1 月 6 日，元旦刚过，中央电视台新闻中心首席环保记者陈允涛和专家团队在祁连山自然保护区目睹并报道了这样的现象：零散分布的水电企业，在处理各种工业废物的时候，竟然把黑河这条滋润整个河西走廊的母亲河当成了"下水道"和"垃圾场"。保护区内矿产资源开发活动非常频繁，大大小小的矿井与山坡上的天然林近在咫尺，采煤的传送带、轨道车、变电站等设施随处可见。不仅如此，周边企业还有一些偷排、偷放污染物，违规运行、违法运行的问题。导致祁连山片区的植被、水源、土壤等生态系统都遭到了严重破坏。此时，离中央第七环保督察组 2016 年 12 月 31 日离开仅仅不到一周的时间，在整改期间这样违法直排，实在是触目惊心。随即，陈允涛和团队成员发布了新闻稿件对此事进行了详细报道。

事实上，早在 2014 年 10 月，为了规范生态监管工作，明确职责和保护范围，国务院就对祁连山国家级自然保护区进行了划界，明晰了区域范围和边界。2015 年 9 月，环保部会同国家林业局针对祁连山保护区生态环境问题，对甘肃省林业厅、张掖市政府进行公开约谈。2016 年 5 月，甘肃省曾经组织对祁连山生态环境问题整治情况开展督查，但未查处典型违法违规项目，草草形成督查报告后就不了了之。由于环保部的约谈没有引起甘肃省的足够重视，约谈整治方案瞒报、漏报 31 个探采矿项目，生态修复和整治工作进展缓慢，截至 2016 年底仍有 72 处生产设施未按要求清理到位。

2017 年 1 月 16 日，陈允涛连线中央电视台，详细认真地汇报了他近十天内在祁连山的所见所闻。这则题为"祁连山生态破坏调查：母亲河成下水道、垃圾场"的专题新闻报导得到了中央领导、环保部、社会各界的广泛关注。随后的 1 月 21 日，中央电视台在《焦点访谈》栏目播放的题为"祁连山——谁在制造生态疮疤"的专题节目更是得到了来自各方的强烈反响。祁连山的环境治理工作随即得到中央的高度重视。2 月 12 日至 3 月 3 日，由党中央、国务院有关部门组成中央督查组就此开展专项督查。2017 年 7 月 20 日，《焦点访谈》又以题为"祁连山——像对待生命一样对待生态环境"，对事件始末、治理过程进行了汇报。与此同时，中央政治局常委会会议也听取了督查情况汇报，对甘肃祁连山国家级自然保护区生态环境破坏典型案例进行了深刻剖析，并对有关责任人作出严肃处理。

这场环境治理的"持久战"整整持续了两年多的时间，为何在中央电视台报导之前面临着治理效果不彰的困境呢？在报导后各方利益相关者又作出了怎样的应对？本研究将结合此案例，对各方主体的博弈过程展开深入分析。

4.3.1　祁连山环境治理过程中的"局中人"

(1)"利剑出鞘"的中央政府和环保部门

2015 年环保部通过卫星遥感监测对祁连山进行检查的影像资料显示，祁连山北坡甘肃祁连山国家级自然保护区内违法违规开发矿产资源等活动频繁，破坏生态的问题十分突出。时任环保部自然生态保护司保护区处处长房志介绍："2015 年我们对 100 个国家级自然保护区用相对高新的卫星进行了专项遥感，发现了 12 个问题比较严重的保护区，公开约谈其中 6 家，其中甘肃祁连山国家级自然保护区就是第一家被约谈的。"

2015 年 9 月，环保部会同国家林业局就祁连山保护区生态问题，对甘肃省林业厅、张掖市政府进行公开约谈，甘肃省没有引起足够重视，约谈整治方案瞒报、漏报 31 个探采矿项目，生态修复和整治工作进展缓慢。约谈后，甘肃省政府着手开始整改，虽然做了一些工作，但情况并没有明显改善，约谈时提到的问题，很多没有落实，有些违规的项目依然在运行。为此，在 2016 年底，中央环保督察组对甘肃省的生态环境进行了全方位的督查，发现旧的问题没整改好，仍有 72 处生产设施未按要求清理到位，并且新的问题又暴露了出来。

中央环保督察组当时重点围绕三个问题进行督查和监管。第一个问题是祁连山保护区里面违规开发矿产资源的活动，第二个问题是部分水电设施的违规建设和违规运行对生态造成的破坏问题，第三个问题是祁连山保护区的周边企业还有一些偷排、偷放污染物，违规运行、违法运行的问题。督察组进驻祁连山保护区的那段时间对这些问题都进行了核实和排除，并且责令当地政府整改，但是没想到督察组刚离开甘肃没多久就出现了"反弹"，那些违规企业根本没有被关闭。督察组认为，在祁连山生态环境问题整改落实中，甘肃省普遍存在以文件落实整改、以会议推进工作、以批示代替检查的情况，发现问题不去抓、不去处理，或者抓了一下追责也不到位，不敢较真碰硬、怕得罪人，甚至弄虚作假、包庇纵容。

为了尽快扭转这种违法破坏生态环境的局面，2017 年的 2 月，中央决定由党中央、国务院有关部门组成中央督查组再次进驻祁连山，进行 20 天的专项督查。这次督查还重点就生态环境破坏背后的原因进行了深入分析，对相关单位、人员的责任进行了调查取证。中央对祁连山生态环境保护问题进行专项督查后，相关责任单位和责任人被严肃问责，2017 年 6 月，甘肃省制定了整改落实方案。房志表示，自然保护区是生态保护的高压线、红线区，谁都不能动，谁都不能碰，真正保护好。之后环保部开展了"绿盾 2017"专项行动，狠抓落实，敢于碰硬。

（2）"随机应变"的违规企业

因矿藏富集，祁连山被称为中国的"乌拉尔"，乌拉尔是自由女神像铜的来源地，而祁连山不仅分布着大量的铜矿资源，还有丰富的煤矿、铁矿、金矿和水电资源。改革开放以来，以小煤矿为主的矿山探采不断发展。1988年，祁连山国家级自然保护区建立，在甘肃境内涉及武威、金昌、张掖3市8县（区）。但保护区的设立未能阻止开矿的步伐。在开矿高峰期的1997年，仅张掖市就有770家采矿企业在保护区内。矿山开采造成山体破损、地表塌陷、矿石弃渣等问题，保护区内仅张掖段就有4500公顷植被遭破坏，280平方公里矿区需要恢复治理。

2014年10月，国务院批复甘肃祁连山国家级自然保护区划界，明确要求探采矿、小水电全面停批，矿山企业逐步退出，虽然大面积掠夺式开发基本停止，但保护区内的矿产企业还在生产。《自然保护区管理条例》规定，无论是核心区、缓冲区还是实验区，都不允许矿产开发，已有的要进行拆除。2015年9月，环保部约谈张掖市政府时指出，保护区内矿产资源开发活动明显，保护区内所有工矿企业都应立即停产取缔或逐步退出生产。约谈一年后，环保部卫星中心在对甘肃祁连山国家级自然保护区的人类活动变化情况进行跟踪遥感监测时，仍然发现多处工矿用地规模发生了扩大。

2017年4月，中央第七环保督察组在对祁连山国家级自然保护区进行督察后，排查出违规项目近200个，其中一些部门的违规审批造成了重大环境隐患，仍然有部分项目整改不到位。保护区设置的144宗探矿权、采矿权中，有14宗是在2014年国务院明确保护区划界后违法违规审批延续的。此次通报更点明，这14宗里有3宗涉及核心区、4宗涉及缓冲区，造成保护区局部植被破坏，水土流失，地表塌陷。开矿集中于祁连山北麓的张掖市肃南县，其中规模比较大的矿厂如表4.3所示。这些违规矿厂之所以在之前的督查工作中没有被发现，或者发现后仍然维持生产运营，甚至有规模扩张的趋势，是因为企业事先得到消息，采取"你进我退"的灵活机动策略，在督察组进驻保护区期间停工，等到督察组离开保护区便会恢复生产状态。

表 4.3   在祁连山自然保护区内违规运营的矿厂

名称	地点	运营状况
大海铜矿	跨保护区核心区缓冲区实验区和外围保护地带	2013 年以来一直停工，探矿证到期后，甘肃省国土资源厅延续该矿权设置期限自 2015 年 4 月 9 日至 2017 年 4 月 8 日
凯博煤炭公司马蹄煤矿	缓冲区和实验区	2008 年投产以来共形成煤炭堆场 10 余处，导致近 2 平方公里地表植被破坏
青羊铁矿	实验区	2014 年 5 月获得省国土资源厅延续探矿权后在实验区内进行探矿活动，破坏植被 3.34 公顷
甘肃九条岭煤矿	实验区	1954 年成立的一家省属国有煤矿，2014~2015 年，13 处小煤矿被关闭，但在 2017 年 2 月仍保留 1 处生产矿井
马营沟煤矿下泉沟矿井	实验区	矿区 1 号井正常工作，井下还有很多设备，还新修了工人用房

    事发时在祁连山区域黑河、石羊河、疏勒河等流域还分布着大量水电企业，大大小小的 150 多座水电站中，有 42 座位于保护区内，存在违规审批、未批先建、手续不全等问题，因水电站在设计、建设、运行中对生态流量考虑不足，导致下游河段出现减水甚至断流现象，水生态系统遭到严重破坏。此外，周边部分企业环保投入严重不足，污染治理设施缺乏，偷排偷放现象屡禁不止。

    作为西北地区最主要的涵养水源区，祁连山挡住了来自北方的风沙，祁连山自然保护区成为整个河西走廊的"生命通道"，其重要性不言而喻，而黑河是保护区内最主要的水源，当时在这条河上架起了近 10 座水电站，大部分采取拦坝建库，用山洞进行引流的方式来发电，彻底改变了水流的走向，按照《自然保护区条例》和《环评法》的要求，水电项目在运行中都必须向原有河道下泄一定的生态水，但在实际运营中，为了尽可能多地用水发电，一些水电站"随机应变"，对于法律规定放生态水的要求置若罔闻。在祁连山里，最大的工业项目就是水电站，作为清洁能源，保护区内水电项目更应当保护好水源，但很多水电站为了节省成本而不放生态水，除此之外，河道边还经常出现焚烧垃圾的情况，从残留物判断，这是国家严令禁止的危险废物，导致周围的水源遭到严重污染。一些水电企业在处理各种工业废物时，俨然把黑河这条滋润整个河西走廊的母亲河当成了"下水道"和"垃圾场"。

甘肃省最大的水电企业——龙二水电站就坐落在保护区内，水电站的工作人员表示，自运营以来从未接到过放生态水的通知，所以员工不能私自乱放，否则就是违反公司规定。但在 2016 年底，这家公司却突然要求值班员放生态水，而放水的日期恰恰就是中央环保督察组来到甘肃之后。此外，在小孤山水电站也出现了类似的情况，一位当时参与督察的干部在接受采访时表示：如果对该水电站运行记录进行核对，可以发现所谓的放水的"那几天"也恰好就是中央环保督察组来现场检查的日子。等到督察组一走，水电站工作人员便再也没有接到过放生态水的通知。此后，当地环保部门确实有工作人员打电话再次问过生态水的事情，但并没有再派人来实地考察，被企业负责人草草敷衍了过去。上有政策，下有对策，企业负责人"相机行事"，在工作组巡查时便事先通知工人，巡查人员离开后一切又恢复原样。

（3）"重拳出击"的大众媒体和公众监督

可以说，中央电视台的一系列报道在推动事件的发展过程中起着十分关键的作用。2017 年 1 月中旬，中央电视台新闻频道的报道直接引起了社会各界对于祁连山生态环境问题的广泛关注，并得到了中央政府的高度重视。2017 年 1 月 21 日，中央电视台在《焦点访谈》栏目对祁连山生态问题进行了专题报导，这部时长约 15 分钟，题为"祁连山——谁在制造生态疮疤"的短片，不仅披露了祁连山的生态疮痕，也揭开了当地环境治理的伤疤。越来越多的人了解到祁连山生态事件的始末，开始深入探究祁连山生态问题久治不愈的根源。对此习近平总书记多次作出批示，要求抓紧整改。2017 年 2 月，党中央、国务院有关部门组成中央督查组再次进驻祁连山进行环境整改工作。其他各大有影响力的新闻平台和大众媒体也进行了实时报道和跟踪调查，人民网、新华社、网易新闻、凤凰网、中新网、新浪财经等大众媒体都对祁连山的生态环境治理事件进行了曝光。

此后，新华社等公众媒体也开始派遣记者深入祁连山进行实地报道和跟踪访谈。这样的舆论环境使得"躲猫猫"的当事人再也不敢欺上瞒下，只得上报真实信息，中央督察组的工作也进一步展开。媒体这样描述该地区当时的生态问题：无休止探矿采矿、掠夺性放牧、旅游开发项目未批先建、小水电项目陆续上马等行为，让脆弱的祁连山生态不堪重负，一些局部破坏已不可逆转，背后暗藏巨大生态"黑洞"。2017 年 4 月，中央环保督察组指出，大规模无序采探矿活动，造成祁连山地表植被破坏、水土流失加剧、地表塌陷等问题突出。在此背景下，当地村民也开始关注与自己生存环境息息相关的生态污染事件，一位住在水电站附近的居民说，自从水电站被限期整改之后，他就一直关注着水电站的"动静"。

此后，在大众媒体、社会公众的呼声中和周边村民的监督下，当地政府进行了深刻反思，中央督察组的通报措辞也越来越严厉，诸如"落实党中央决策部署不坚决不彻底""在立法层面为破坏生态行为'放水'""不作为、乱作为，监管层层失守""不担当、不碰硬，整改落实不力"等，都使"局中人"在生态之痛中苏醒。据《甘肃日报》2017 年 6 月 24 日的报道，6 月 23 日甘肃省委、省政府召开全省祁连山自然保护区生态环境问题整改工作领导干部会议，会上传达了《中共中央办公厅国务院办公厅关于甘肃祁连山国家级自然保护区生态环境问题督查处理情况及其教训的通报》精神。

2017 年 7 月 20 日，时隔半年，央视新闻向社会公开了中央的通报，当天的《焦点访谈》栏目也做了题为"祁连山——像对待生命一样对待生态环境"的跟踪报道，展示了整个事件的发展历程。给社会各界的关注者一个十分真实而负责任的答复：中央对祁连山生态环境保护问题专项督查过后，相关责任单位和责任人被严肃问责，甘肃省 2017 年 6 月制定了整改落实方案。到当年 7 月，保护区内矿权中，有 143 宗已经停产停工，42 座水电站中，33 座已建成的水电站严格按要求下泄生态流量，并建好了实时在线监控和预警监督管理系统，缓冲区的违规矿井也被拆除。另外，其他生态环境整治修复工作也在进行当中。可见，大众媒体在环境治理过程中无疑发挥着越来越重要的作用。

4.3.2　未来，路在何方？

2017 年 7 月 20 日，中央办公厅、国务院办公厅就甘肃祁连山国家级自然保护区生态环境问题的通报对外公布。通报措辞严厉，甘肃省多名官员被问责。这场被称为"史上最严"的环保问责风暴也引发了涉事地干部群众的深刻反思。甘肃省明确表示，在 2017 年全面停止祁连山保护区核心区、缓冲区内所有探采矿、水电建设、旅游资源开发等生产和经营活动。2018 年底前所有探采矿活动全面清理退出，2020 年前全面消除自然保护区内矿山地质环境问题。对祁连山区域范围内 159 座水电建设项目进行全面排查，关闭关停违规企业，并实施生态恢复。将中央和省级财政下达的山水林田湖建设、天然林保护等项目即有专项投资和转移支付资金，优先向祁连山自然保护区倾斜。

2017 年 7 月底，新华社记者范培坤从北京出发，驱车 2000 余公里，深入祁连山，实地探访生态破坏地带，与沿线市县干部座谈交流，明显感受到，督查带来"猛击一掌的警醒"，让各地关停整肃态度更加坚决、绿色发展转型目标愈加明确。这是他两年中第八次来到祁连山，处处看到的是不同于以往的景象：违规企业被全面整改，所到之处的矿山探采项目已全面关停，水电站新安装摄像头 24 小时监控生态水下泄情况，各类旅游项目已停业整顿。不少在当地工作生活多年的干部群众说，这是祁连山半个世纪以来最大规模的生态治理运动。从"遮遮掩掩"到"主动揭短"，从"能保就保"到"坚决关停"，从"凑合发展"到"杜绝污染"，未来，祁连山的环境治理将面临着光明的前景。祁连山生态问题教训深刻，其由乱到治，必将成为我国生态文明建设的典型样本。

然而，祁连山事件其实只是"冰山一角"。近年来的环境污染事件频出，已经一次又一次敲响了警钟。为严厉打击涉及自然保护区的各类违法违规行为，2017 年 7 月底，环保部、国土资源部、国家林业局等部门决定在全国开展国家级自然保护区监督检查专项行动——"绿盾 2017"，全面排查了全国 446 个国家级自然保护区，严肃查处自然保护区各类违法违规活动，重点排查采矿、采砂、工矿企业和保护区核心区缓冲区内旅游开发、水电开发等对生态环境影响较大的生产活动。祁连山国家公园祁连片区也相继开展了"绿盾""昆仑 2022"等专项执法工作，坚决遏制和严厉打击各类破坏生态资源违法犯罪行为。2022 年召开的二十大指出，要"推动绿色发展，促进人与自然和谐共生"。但是宏观政策的"落地"仍然面临着诸多问题，不仅需要"壮士断腕"的决心，更需要灵活运用多种监管方式化解顽症。地方政府应该如何实现经济与环境的协调发展？应该如何设计更加合理的环境监管机制？在未来，如何彻底杜绝类似"祁连山生态事件"的发生仍然是相关部门需要思考的问题。

4.4　环境数字化治理平台运行状况实证研究：以政务微博为例

　　2022 年 6 月 23 日，国务院印发《关于加强数字政府建设的指导意见》，明确以数字政府建设全面引领驱动数字化发展等七方面重点任务，提出：到 2025 年，与政府治理能力现代化相适应的数字政府顶层设计更加完善、统筹协调机制更加健全，政府数字化履职能力、安全保障、制度规则、数据资源、平台支撑等数字政府体系框架基本形成，政府履职数字化、智能化水平显著提升，政府决策科学化、社会治理精准化、公共服务高效化取得重要进展，数字政府建设在服务党和国家重大战略、促进经济社会高质量发展、建设人民满意的服务型政府等方面发挥重要作用。到 2035 年，与国家治理体系和治理能力现代化相适应的数字政府体系框架更加成熟完备，整体协同、敏捷高效、智能精准、开放透明、公平普惠的数字政府基本建成，为基本实现社会主义现代化提供有力支撑。

　　在环境数字化治理过程中，常见的方式就是政务微博和政务微信的使用。生态环境部开通了专门的政务新媒体发布平台——生态环境部微信公众号，自开通以来，保持全年 365 天、每天 24 小时持续更新，第一时间对外发布重大生态环境信息，成为媒体、公众获取信息的重要窗口。2020 年生态环境部微信公众号发布信息 4213 篇、总阅读量 1400 万次，并以微信公众号为基础辐射全网，开通"抖音号""网易号"等 11 个政务新媒体账号，形成传播矩阵。这些账号积极践行"我为群众办实事"，努力收集了解群众诉求，推动解决群众关心的生态环境问题。及时发布权威生态环境信息，切实保障群众环境知情权；畅通交流沟通渠道，推动解决群众关心的生态环境问题；开展网络舆论引导，弘扬生态环境正能量；开展社会宣传，促进提升公众环境意识。同时，各省份也相继开通了政务微博和政务微信，有些省份和城市还设立了"生态日"，搭建环境治理政务抖音等多种政民互动平台，倾听民众环境诉求，运用多种数字化平台促进多元主体参与、提升环境治理绩效。在政务新媒体的应用方面，各省也非常重视，2022 年度国家统计局发布的政府网站与政务新媒体检查情况显示：2022年，全年网站检查平均得分 90.6 分，相比上年提高 4.2 分。全年优秀等级的网站共 5 家，分别是天津总队、江苏总队、河南总队、广东总队、西安队网站，全年平均分在 100 分以上；浙江总队、湖南国调信息网、兵团总队网站全年平均分在 90 分以上；新疆总队网站全年平均分在 80 分以上；其他网站还有较大进步空间。同时也发现诸多问题，一是内容保障机制有待健全。部分网站仍然存在信息不更新、互动不回应等问题。二是数据发布解读水平有待提升。部分网站解读形式比较单一，以文字解读居多，结合图表、图示较少。三是新媒体矩阵发展两极分化，"信息搬运工"现象犹存，内容整合能力有待提升。总的来说，政务新媒体的发展是一场持久战，敏锐的运营意识和积极的用户活跃度缺一不可。

4.4.1　政务微博影响力分析

微博以其交互性、时效性、广泛性等特点备受年轻人青睐，有着广泛的受众度，成为年轻人了解时政新闻、社会热点的重要平台，作为一个信息分享与获取平台，它也为公众提供了自由和开放的交流空间。继 2011 年"政务微博元年"之后，我国政务微博也取得了快速发展，各级政府部门、机构都开通了政务微博，将政务与新媒体相结合不仅促进了政务的进一步公开，而且促进了公众参与。"微博问政"作为电子政务的新兴力量不仅可以提升政府的公信力，还可以保障公众的参与权、表达权，成为政民互动的重要渠道。

4.4.2 政务微博评价指标体系构建

为了更好地评价各个环境政务微博的运营状况，对微博的页面要素进行挖掘和归纳，观察各个政务微博的关注度和活跃度。关注度体现在粉丝数、评论数、转发数，活跃度体现在微博数和原创数。关注度是指微博用户对该博主的关注程度，也可以体现出微博用户与博主的互动情况，政务微博作为各省环境部门发布相关环境信息的主要平台，成为微博用户了解环境信息反映环境情况，监督政府行为的重要窗口，因此，从粉丝数、评论数、转发数和点赞数四个方面可以反映出来其政务微博的关注度。活跃度是指某一时间段内政务微博的活跃程度，主要可以从更博频率、使用频率来体现，使用频率越高、更新频率越高，则活跃度越高。各省环境微博的实时更新，保持活跃，都能够活跃账号，提高粉丝的关注，保障微博内容的可读性避免粉丝流失，提升政务微博影响力。

本研究关于政务微博评价指标体系的构建包括 2 个一级指标和 6 个二级指标，一级指标包括关注度和活跃度，二级指标包括粉丝数、转发数、评论数、点赞数、微博数和原创数。环境政务微博影响力评价指标体系及相应指标阐释如表 4.4 所示。

表 4.4 环境政务微博指标评价体系

一级指标	二级指标	指标阐释
关注度 （A）	粉丝数（A_1）	政务微博被关注的数量，反映了微博的人气程度和群众基础
	转发数（A_2）	微博用户转发政务微博的数量，体现微博传播的广度
	评论数（A_3）	微博用户评论政务微博的数量，体现政民互动的情况和信息传播深度
	点赞数（A_4）	微博用户对政务微博内容的认可程度，体现传播效度
活跃度 （B）	微博数（B_1）	政务微博博主发布信息的数量，体现信息容量和活跃程度
	原创数（B_2）	发布信息中该微博博主的首创内容而非转载内容数量，体现创新程度和运营的成熟度

4.4.3　样本选取与数据收集

我国有关环境的政务微博数量庞大，包括中央层面、省份层面、城市层面等。本研究选取了31个省份的环境政务微博，并以2022年4月1～7日为研究时段进行数据采集和汇总，使用SPSS软件数据进行分析。由于西藏生态环境微博在该时段内没有更新状态，所以，为了数据的有效性剔除了西藏的该部分数据，本研究统计的微博数据均来自新浪微博，样本信息如表4.5所示。

表4.5　　　　　　　31个省份环境政务微博运营数据

名称	粉丝数（万人）	转发数（条）	评论数（条）	点赞数（个）	微博数（条）	原创数（条）
四川生态环境	12.6	3477	594	721	64	61
贵州省生态环境厅	3.5	19	10	10	38	23
云南省生态环境厅	8.5	165	32	63	33	33
重庆生态环境	182.1	2120	19	10	107	105
陕西生态环境	119.2	94	9	10	91	88
甘肃生态环境	16	136	3	12	92	42
青海生态环境	8.4	56	7	26	32	26
西藏生态环境保护	7.4	0	0	0	0	0
宁夏生态环境	2.2	16	0	0	33	33
新疆生态环境厅	4.2	20	5	19	13	9
北京生态环境	266.1	59	8	21	33	19
天津生态环境	53.7	12	0	1	24	11
山西省生态环境厅	18.3	11	0	0	26	8
河北生态环境发布	20.5	182	1	5	46	24
内蒙古生态环境	13.5	191	9	30	31	20
河南环境	8.5	74	0	5	33	31
湖北生态环境	10.1	19	3	12	101	78
湖南省生态环境厅	9.3	40	1	54	18	12

续表

名称	粉丝数 （万人）	转发数 （条）	评论数 （条）	点赞数 （个）	微博数 （条）	原创数 （条）
南粤绿声	15.2	15	9	4	22	22
广西生态环境	3.4	8	5	30	79	21
海南生态环境发布	10.1	17	18	10	10	10
黑龙江省生态环境厅	3.7	82	8	66	16	12
吉林生态环境	4.8	46	8	3	47	30
辽宁生态环境	5.4	7	1	6	6	6
上海环境	83	80	8	10	138	130
江苏生态环境	229.4	446	21	70	116	1116
浙江生态环境	119.8	28	3	2	31	26
安徽生态环境	19.2	3	8	2	55	20
福建生态环境	8.1	21	0	0	38	32
江西生态环境	7	145	79	108	63	36
山东环境	82.8	420	204	180	390	280

4.4.4 运用因子分析方法评价环境政务微博影响力

（1）指标相关性及适用性检验

在开展因子分析之前，为了确定数据的相关性和适用性需要运用 KMO 检验法和 Bartlett 球形检验法对样本进行适用性及指标相关性检验。KMO 检验法和 Bartlett 球形检验法是用来检验原始变量是否适用因子分析的两个重要检验方法。KMO 检验法用于检验样本数据的适用性，Bartlett 球形检验方法用于检验指标之间的独立性。表 4.6 的分析结果显示 KMO 值为 0.608，大于 0.6，在可接受范围内，显著性水平 $p = 0.000 < 0.05$，拒绝指标间不相关的原假设，表明变量之间不完全独立，相关性显著。综上所述，KMO 检验和 Bartlett 球形检验法分析结果表明本研究数据适合做因子分析。

表 4. 6 **KMO 和 Bartlett 检验**

取样足够度的 KMO 度量		0. 608
Bartlett 的 球形检验	近似卡方	222. 405
	df	15
	Sig	0. 000

（2） 提取公因子

通常因子分析按照特征值大于 1、主成分相对应的累计贡献率大于 80% 的标准提取公因子。从表 4.7 可以看出，公因子 1 和公因子 2 的特征值分别为 3.124 和 1.167，均大于 1，两个公因子的方差贡献率分别为 52.073% 和 29.458%，且提取公因子的累计方差贡献率达 81.53%，即两个公因子反映原始变量 81.531% 的信息量，说明公因子基本上可以反映原始数据，丢失信息较少。

表 4. 7 旋转后公因子载荷矩阵、特征值、贡献率和累计贡献率

指标	公因子 1	公因子 2
粉丝数（A_1）	0. 215	0. 494
转发数（A_2）	0. 842	− 0. 343
评论数（A_3）	0. 912	− 0. 37
点赞数（A_4）	0. 878	− 0. 441
微博数（B_1）	0. 598	0. 736
原创数（B_2）	0. 641	0. 73
特征值	3. 124	1. 167
贡献率（%）	52. 073	29. 458
累计贡献率（%）	52. 073	81. 531

公因子 1 在各变量上的系数均为正，且在转发数、评论数、点赞数三个指标都有较高载荷。粉丝数、转发数、评论数和点赞数体现了公众与政务微博的互动交流和账号的关注度，因此，将公因子 1 命名为"互动因

子"。公因子2在微博数和原创数上具有较高载荷，微博数、原创数体现了各省环境政务微博对环境信息相关公共服务的公开程度和账号活跃度，因此，可以将公因子2命名为"活跃因子"。

（3）因子分析结果讨论

根据原始变量得分系数，利用回归的方法计算各公因子得分。以两个公因子的方差贡献率52.073%和29.458%作为公因子得分的权数，构建政务微博的影响力综合评价因子得分函数：$F1 \times 0.52073 + F2 \times 0.29458$。根据各省政务微博影响力综合评价因子得分排名。结果如表4.8所示。

表4.8　　　各省份环境政务微博影响力综合评价得分情况

名称	互动因子（F1）		活跃因子（F2）		综合得分（F）	综合排名
	得分	排名	得分	排名		
山东环境	2.57102	2	3.2505	1	2.29634	1
四川生态环境	4.11527	1	−3.14855	30	1.215445	2
重庆生态环境	1.05005	3	0.87915	5	0.805773	3
江苏生态环境	0.6477	4	1.49777	2	0.77849	4
上海环境	0.26497	5	1.1327	3	0.471649	5
陕西生态环境	0.09767	7	0.97424	4	0.337851	6
湖北生态环境	−0.05804	8	0.55521	7	0.133331	7
北京生态环境	−0.16503	9	0.68722	6	0.116505	8
江西生态环境	0.12848	6	−0.35105	21	−0.03651	9
甘肃生态环境	−0.18068	11	0.16763	9	−0.04471	10
浙江生态环境	−0.35127	14	0.20427	8	−0.12274	11
广西生态环境	−0.29672	12	−0.06197	10	−0.17277	12
云南省生态环境厅	−0.17201	10	−0.37643	24	−0.20046	13
河北生态环境发布	−0.35593	15	−0.15787	14	−0.23185	14
安徽生态环境	−0.40306	18	−0.09943	11	−0.23918	15
吉林生态环境	−0.38313	16	−0.14166	13	−0.24124	16
福建生态环境	−0.43323	22	−0.1391	12	−0.26657	17
河南环境	−0.41958	20	−0.19801	16	−0.27682	18

续表

名称	互动因子（F1）		活跃因子（F2）		综合得分（F）	综合排名
	得分	排名	得分	排名		
内蒙古生态环境	− 0.34088	13	− 0.3678	23	− 0.28585	19
宁夏生态环境	− 0.45057	24	− 0.18285	15	− 0.28849	20
青海生态环境	− 0.40336	19	− 0.28902	19	− 0.29518	21
贵州省生态环境厅	− 0.42476	21	− 0.26164	18	− 0.29826	22
天津生态环境	− 0.50605	26	− 0.19812	17	− 0.32188	23
南粤绿声	− 0.49028	25	− 0.35652	22	− 0.36033	24
黑龙江省生态环境厅	− 0.38776	17	− 0.59084	29	− 0.37597	25
湖南省生态环境厅	− 0.43629	23	− 0.51006	25	− 0.37744	26
山西省生态环境厅	− 0.5487	29	− 0.34637	20	− 0.38776	27
海南生态环境发布	− 0.52205	27	− 0.51159	26	− 0.42255	28
新疆生态环境厅	− 0.53706	28	− 0.51822	27	− 0.43232	29
辽宁生态环境	− 0.6087	30	− 0.54158	28	− 0.47651	30

根据互动因子 F1 得分和排名可知，前五名的政务微博分别为四川生态环境、山东环境、重庆生态环境、江苏生态环境、上海环境。这五家环境政务微博与公众的互动交流程度以及公众对其的关注程度都较高，有利于促进公众参与环境政务的积极性，保障公民的参与知情权，从而提升政府的公信力，更能通过政务微博的线上互动树立服务型政府的亲民形象。

根据活跃因子 F2 得分和排名可知，前五名的政务微博分别为山东环境、江苏生态环境、上海环境、陕西生态环境、重庆生态环境，表明这五家政务微博在更新微博频率、发布微博量方面积极性较高，说明这五个省份在维护环境微博运营方面是非常重视的，有利于微博内容的传播也有利于树立负责任的政府形象。

从综合评价得分排名来看，山东环境、四川生态环境、重庆生态环境、江苏生态环境、上海环境位居前五名，说明这五个省份在环境微博运营建设方面的综合表现整体上优于其他省份。综合评分排名较后的省份是黑龙江省生态环境厅、湖南省生态环境厅、山西省生态环境厅、海南生态环境发布、新疆生态环境厅、辽宁生态环境，无论是互动因子评分排名还是活跃因子评分排名多居于较低水平，说明这五家环境政务微博影响力较弱，需要进一步加强对环境政务微博的管理和用户关系建设。

4.4.5　环境政务微博政民互动现状总结

通过表 4.8 可以看出，综合评分为正值的省份仅有 8 个，其余均为负值，在正向分值中，分数也都呈现偏低现象。经观察所有账号设置情况可以得出，大多环境政务微博账号的粉丝数和每条微博的评论数、转发数和点赞数完全不呈正向比例，存在大量"僵尸粉"，虽然账号活跃度较好，但账号互动度都呈现较低水平。经观察，综合评分排名较低省份的环境微博账号活跃度也较差，且账号发布内容呈现出单一化和转发内容较多，内容缺乏创新，缺少专门人员管理。

4.4.6　环境微信公众号影响力分析

政务微信是指党政机关、事业单位及社会团体与公众互动沟通、公开推送消息、提供公共服务的政府媒介。政府、事业单位需要对公众号进行运营与维护，通过视频、文字、图片等形式向公众公布信息，公众可以通过留言互动或者通过后台参与渠道互动。

与微博平台相比，微信平台不如微博信息传播范围广、受众面宽、舆论导向性强，并且微信文章发布有条数限制，但是政务微信可以通过后台功能设置促进政民互动，而且微信文章的设置可以灵活选择图片、文字、视频等形式。政务微信呈现以下特点：第一，精准性、发布信息及时且准确，相较于微博和短视频的阅读方式，微信公众号文章信息更加全面和更能被及时推送到关注用户手中且不易被淹没，可以随时通过后台功能模块对往期文章进行查阅。因此，微信公众号的信息传达率是非常高的，可以精准定位用户进行针对性宣传。第二，具有隐私性，注重维护个人隐私，与政务微博和短视频平台相比，微信公众号的互动仅仅属于"一对一"的政务平台与关注用户交流互动，不会引发隐私泄露问题，使公民意愿和参政信息得到有效维护，对于网民提出的咨询问题，政府可以"一对一"解决,对于咨询较多的问题,还可以在后台进行统一回复。第三,能够形成良性的集群效应,政务微信的集群性体现在依托微信公众号平台,各地政府机关与部门合作分工形成了一个良性的"政治生态圈",纵向的等级划分和横向的门类划分打造了一个相互补充、相互完善的有序运转的生态格局。

4.4.7 环境政务微信公众号总体运营现状

由于后台数据难以准确查到,本研究通过各省环境厅网站、环境微信公众号搜集和预估了截至 2022 年 4 月 7 日各省环境微信公众号发布内容数量和后台功能设置情况,发布内容数量反映了账号活跃度,后台功能设置情况反映了账号的成熟度。

通过表 4.9 可以看出,发布的内容数量较多的环境微信公众号为湖南省生态环境厅、广东生态环境、广西生态环境、海南生态环境发布、浙江生态环境,从地区来看,中东部地区生态环境微信公众号活跃度高于西部地区。从生态环境微信公众号功能设置情况来看,只有河北生态环境发布后台设置情况不明,其余生态环境微信公众号都分设了各类服务功能。

表 4.9　　　　　　　　　**31 个环境微信公众号后台功能设置情况**

名称	原创内容数量(篇)	后台功能设置
四川生态环境	1643	排行榜、大气攻坚
贵州省生态环境厅	1977	环境管理、绿色动态、指尖学习
云南省生态环境厅	2378	微专题、微矩阵
重庆生态环境	1435	微发布、碳惠通、办事服务
陕西生态环境	1721	污染防治、政务互动、空气质量
甘肃生态环境	1809	政务公开、便民服务、互动交流
青海生态环境	2502	专题、互动、政民互动
宁夏生态环境	1743	政务公开、政务服务、互动交流
西藏生态环境保护	1346	欢迎访问、环境宣教、环保服务
新疆生态环境厅	2700	信息发布、铁军风采、投诉举报

续表

名称	原创内容数量（篇）	后台功能设置
北京生态环境	1605	空气质量、搜嗖、演讲比赛
天津生态环境	1262	公众服务、双万双服、举报平台
山西省生态环境厅	2119	微发布、政民互动、COP15
河北生态环境发布	1552	双微矩阵、空气质量、省厅网站
内蒙古生态环境	1471	新闻中心、在线查询、空气质量
河南环境	1809	环保矩阵、空气质量、信访举报
湖北生态环境	2767	政务公开、政民互动、惠民服务
湖南省生态环境厅	4700	政务信息、环境质量、政民互动
广东生态环境	4500	微发布、微政务、微专题
广西生态环境	5132	政务服务、环境数据、在线互动
海南生态环境发布	5128	政务服务、环境质量、政民互动
黑龙江省生态环境厅	1560	权威发布、重磅策划、互动服务
吉林生态环境	1329	微知环保、为民办事、督查
辽宁生态环境	1431	环保矩阵、查询公示、行动互动
上海环境	1544	环保热点、环境执法、交流互动
江苏生态环境	2582	源头治理、生态之声、苏小环
浙江生态环境	4800	微发布、微矩阵、微服务
安徽生态环境	2060	门户网站、我要举报、用心服务
福建生态环境	1186	微发布、环境质量、环保督察
江西生态环境	1987	环保矩阵、政务公开、欢迎访问
山东环境	2703	关于我们、官方网站、互动交流

4.4.8 政务微信运营现存问题个案研究——广东生态环境

（1）"广东生态环境"政务微信基本现状

"广东生态环境"的账号主体是广东生态环境厅，开通时间为 2016 年 6 月 24 日，认证名称为"广东环境保护"，后于 2018 年 10 月 26 日改为"广东生态环境"，主要是作为广东省环境工作交流平台、环境政务服务新窗口、环境文化传播新渠道。根据对"广东生态环境"后台数据的研究和统计，截止到 2022 年 4 月 7 日发布文章数量共达 4500 余篇，原创内容数量 466 篇，文章平均阅读量达 2000 人次。"广东生态环境"微信公众号主要围绕环境信息发布、环境主题教育、环境问题监督、环境反馈渠道进行功能设置。

（2）功能设置情况

"广东生态环境"微信公众号属于订阅号，头像的设置具有识别性，凸显了环保的概念，布局简洁。在主界面设置了"微发布""微政务""微专题"三个子菜单，其中每一个子菜单下又分设了不同选项，具体功能设置情况如表 4.10 所示。

表 4.10　　　　"广东生态环境"微信公众号功能设置情况

模块一	模块二	模块简介
微发布	空气质量	主要是对广东省各城市过去 30 天 AQI 值与未来 7 天空气质量进行预测情况的公示
	督查专题	是中央环境保护督察组对广东省各城市环保政策执行情况进行监督检查情况的通报专栏
	环保动态	广东省及广东省各城市相关环境组织开展环境保护工作动态情况记录通报
	政府文件	广东省生态环境厅公开发布的相关环境文件，涉及水污染治理、土地污染风险管理、大气污染防治及各种污染物排放条例等
	政策法规	广东省环境厅印发的各类环境治理的通知、条例、运行办法
微政务	网络问政	广东省环境厅开设的用于公众参与环境政务的互动交流平台，设置的具体功能选项包括领导信箱、业务咨询、业务投诉和违纪举报
	政务服务	广东省生态环境厅设置的网上服务窗口涉及行政许可、公共服务、行政处罚、行政强制、行政征收、行政给付、行政检查、行政确认、行政奖励和行政裁决事件的办理
	污染投诉	全国生态环境投诉举报平台
	办事进度	可供申请办事的公众查询进度
	公告公示	广东省各城市、各行业、各环境相关企业相关环境政务服务公告公示

续表

模块一	模块二	模块简介
微专题	问卷调查	广东省发布的促进公众"建言献策"的相关问卷调查
	排污许可	全国排污许可证管理信息平台发布资讯和各地级市排污许可发布工作动态
	互联网+督查	国务院客户端
	微矩阵	全国各省及各省地级市环保微信公众号和微博入口汇总
	环保督察在广东	中央生态环境保护督查在广东的工作动态和信息公告

从上述功能设置情况来看，"广东生态环境"功能设置内容丰富，涉及范围广，主要是对环境保护内容、相关政策文件、工作动态、处理情况、中央环境督察小组和民众督察情况进行公示、公布以及提供政民互动渠道和公民监督渠道，该微信公众号的部分功能点击进入后会跳转至"广东省生态环境厅"的官方网站，所以，微信公众号的功能大多与网站相通。总体来看，"广东生态环境"微信公众号的确承担起了信息发布、多样化服务、意见反馈的作用，在服务型政府建设中承担了重要角色，体现了为人民服务的宗旨。

（3）用户订阅及后台互动情况

"广东生态环境"在关注后会给关注者自动弹回消息，感谢用户的关注。2022年4月1~7日，其推送文章数量为31篇，阅读量为20010次，点赞数为121次，留言记录却为0，该时间段的整体留言率为0，这说明读者与平台的互动性较差，缺乏评论互动引导，公民的参与感较差、积极性也不高，容易给人留下"面子工程"的印象。

（4）运营情况

从发布形式来看，"广东生态环境"政务微信依托即时通讯工具，其优势体现在时效性和易懂性方面。"广东生态环境"采用了图文结合、视频等为主的形式向社会发布政务信息，文字内容简洁明了、通俗易懂，符合互联网时代下人们的快速阅读习惯，平台每天更新内容的频率也很高，可以让读者随时随地了解环保新鲜事。

从发布时间和数量来看，"广东生态环境"平均每天推送3~10条信息，每次推送信息通常包括显著位置的头条内容和其余两条相关其他内容。从发布时间点来看，大多集中于14：00~23：00，呈现一定规律性。

从发布内容来看，"广东生态环境"发布内容主要包括环保知识普及专题、农村生活污水攻坚专题、省市政府专题会议、省市政策宣传专题、党群飘扬专题、环保抗疫专题、各类环保相关创意大赛主题、净土防御主题、蓝天保卫专题、公众参与专题、大气攻坚专题、生物多样性专题、各类通报表彰和批评及其他内容。

4.4.9　环境短视频平台影响力分析

随着互联网和新媒体技术的发展，主流媒体也逐渐投入短视频账号运营大军中，为了更好地推进政务工作，适应政务发展新阶段，打造全国政务新媒体规范性发展、创新性发展、融合性发展新格局，主流政务短视频也成为政府政务宣传、公共服务、舆情治理的重要手段和亲民平台。然而，与政务微博和政务微信公众号倾向于以图文模式为主的宣传方式不同，政务短视频平台主要依托短视频宣传方式，短视频短小精悍、直奔主题、趣味性强，能够满足公众对于快速获取碎片化知识的需求，这与政务微博和政务微信公众号的传播方式形成互补。而且，相较于微博和微信公众号，短视频面向的群体更为广泛，涉及的年龄层次也比较宽泛，对于文化水平较低的群体更为友好。

短视频无疑是非常好的宣传环境知识、普及环境规章、公开环境条例的环境政务平台之一，但我国各省环保部门对于短视频平台的关注低于其他平台。本研究对环境短视频传播效力评价体系的构建参考环境政务微博评价体系，如表4.11所示。

为确保评价体系的公平性和适用性，本研究在抖音短视频平台搜索各省环境公众号，由于许多省份尚未注册抖音账号，因此对个别省份选取了省会城市的账号，共有14个环境视频账号，选取对象为这14个省级账号截止到2022年4月23日的关注数、作品数、粉丝数、获赞数、评论和转发数，具体情况如表4.12所示。

表 4.11　　　　　　　　短视频传播效力评价体系

一级指标	二级指标	指标阐释
关注度（C）	粉丝数（C_1）	短视频账号被关注的数量，反映了视频的人气程度和群众基础
	转发数（C_2）	平台用户转发短视频的数量，体现短视频传播的广度
	评论数（C_3）	平台用户评论发布内容的数量，体现政民互动的情况和信息传播深度
	点赞数（C_4）	体现平台用户对短视频内容的认可程度，体现传播效度
活跃度（D）	关注数（D_1）	体现短视频博主被关注的情况以及互动情况
	原创数（D_2）	首创内容而非转载内容的数量，体现创新程度和运营的成熟度

表 4.12　　　　　　　　环境短视频样本选取

名称	活跃度		互动度			
	关注数（个）	作品数（个）	粉丝数（人）	获赞数（个）	评论数（个）	转发数（个）
四川生态环境	0	123	8308	13000	441	2203
云南昆明生态环境	4	73	33000	51000	1711	8077
重庆生态环境	110	261	3967	17000	1942	11523
西安生态环境	92	173	14000	14000	607	11186
兰州生态环境	116	541	393	2322	2735	374
河北生态环境发布	21	223	9382	103000	703	790
内蒙古生态环境	47	93	400	912	68	247
河南环境	33	653	297000	847000	2700	4650
湖北生态环境	9	139	23000	64000	338	826
广东生态环境	33	241	11000	73000	720	21603
海南生态环境	9	241	832	3014	73	6757
吉林生态环境	81	15	626	1557	49	9843
上海生态环境	9	156	570	2362	76	1019
江苏生态环境	50	94	12000	114000	1004	2004
福建生态环境	16	232	17000	29000	720	5500

（1）指标相关性及适用性检验

在开展因子分析之前，通常需要运用 KMO 检验法和 Bartlett 球形检验法对样本进行适用性及指标相关性检验。如表 4.13 所示，对数据分析结果显示 KMO 值 = 0.683，大于 0.6，在可接受范围内，显著性水平 p = 0.000 < 0.05，拒绝指标间不相关的原假设，表明变量之间不完全独立，相关性显著。综上所述，KMO 检验和 Bartlett 球形检验法分析结果表明本研究数据适合做因子分析。

表 4.13　　　　　　　　　　**KMO 和 Bartlett 检验**

取样足够度的 KMO 度量		0.683
Bartlett 的球形检验	近似卡方	63.486
	df	15
	Sig	0.000

（2）提取公因子

通常因子分析按照特征值大于 1、主成分相对应的累计贡献率大于 80% 的标准提取公因子，但根据数据分析情况，本研究数据应按照相对应累计贡献率 75% 的标准提取公因子。从表 4.14 可以看出，公因子 1 和公因子 2 的特征值分别为 3.121 和 1.410，均大于 1，两个公因子的方差贡献率分别为 52.012% 和 23.501%，且提取公因子的累计方差贡献率达 75.513%，即两个公因子反映原始变量 75.513% 的信息量，说明公因子基本上勉强可以反映原始数据，丢失信息较少。

表 4.14　　　　　　**旋转后公因子载荷矩阵、特征值、贡献率和累计贡献率**

指标	公因子 1	公因子 2
粉丝数（C_1）	0.905	− 0.308
获赞数（C_2）	0.903	− 0.312
评论数（C_3）	0.816	0.371
转发数（C_4）	− 0.040	0.509

续表

指标	公因子 1	公因子 2
关注数（D_1）	0.166	0.894
原创数（D_2）	0.890	0.147
特征值	3.121	1.410
贡献率（%）	52.012	23.501
累计贡献率（%）	52.012	75.513

公因子 1 在粉丝数、获赞数、评论数和原创数上都有较高载荷，这些指标体现了公众与政务短视频的互动交流和对账号的关注度，因此，将公因子 1 命名为"互动因子"。公因子 2 在关注数上具有较高载荷，关注数体现了各省环境政务短视频对环境信息相关公共服务的公开程度和账号活跃度，因此，可以将公因子 2 命名为"活跃因子"。

（3）因子分析结果讨论

根据原始变量得分系数，利用回归的方法计算各公因子得分。以两个公因子的方差贡献率 52.012% 和 23.501% 作为公因子得分的权数，构建政务短视频的影响力综合评价因子得分函数：$G1 \times 0.52012 + G2 \times 0.23501$。各省政务短视频影响力综合评价因子得分排名如表 4.15 所示。

表4.15 　　　　　　　　　　因子分析结果

名称	互动因子（G1）		活跃因子（G2）		综合得分	综合排名
	得分	排名	得分	排名		
四川生态环境	−0.52556	13	−0.94603	13	−0.49568	14
云南昆明生态环境	−0.1079	14	−0.30482	7	−0.12776	6
重庆生态环境	0.24641	12	1.90172	1	0.575086	3
西安生态环境	−0.26804	3	1.13167	3	0.126541	4
兰州生态环境	0.93623	4	1.74455	2	0.896939	2
河北生态环境发布	−0.1271	11	−0.65645	11	−0.22038	9
内蒙古生态环境	−0.66136	10	−0.40172	9	−0.43839	13

续表

名称	互动因子（G1）		活跃因子（G2）		综合得分	综合排名
	得分	排名	得分	排名		
河南环境	3.28883	8	−1.01155	15	1.472862	1
湖北生态环境	−0.38696	7	−1.00119	14	−0.43656	12
广东生态环境	−0.15594	9	0.84065	4	0.116454	5
海南生态环境	−0.47417	6	−0.52664	10	−0.37039	11
吉林生态环境	−0.77012	2	0.67028	5	−0.24303	10
上海生态环境	−0.6042	15	−0.92433	12	−0.53148	15
江苏生态环境	−0.19493	5	−0.13043	6	−0.13204	7
福建生态环境	−0.19519	1	−0.38571	8	−0.19217	8

根据互动因子 G1 得分和排名可知，前三名的抖音环境账号分别为福建生态环境、吉林生态环境、西安生态环境。这三家抖音环境账号与公众的互动交流程度以及公众对其的关注程度都较高，有利于更好地宣传环境知识，发布的政务信息获得了较多的关注和认可。

根据活跃因子 G2 得分和排名可知，前三名的抖音环境账号分别为重庆生态环境、兰州生态环境、西安生态环境，表明这三个账号更新短视频频率较高，账号维护较好。

从综合评价得分排名来看，河南环境、兰州生态环境、重庆生态环境位于前列，这三个账号的互动因子排名和活跃因子排名也靠前，说明账号的活跃度和受关注度或者说互动度是相互联系的。所以，账号越活跃，宣传效力才会越好。

第 5 章

中国环境治理过程中的政策
工具创新及其治理效果

本章进行典型案例分析，研究"十三五"时期以来环境治理市场型政策工具、环保督察、公众参与型等政策工具的创新及其治理效果。

5.1 收费还是征税：广东省环保"费改税"的
政策工具创新之路

为积极响应党的十八大和十九大的号召，广东省政府、环保部门等作出了巨大努力，不断创新环境政策工具、变革环境规制方式。其中，涉及面较广、成效较明显的一项举措就是环保"费改税"。2016 年 12 月 25 日，十二届全国人大常委会第二十五次会议表决通过《环境保护税法》，2017年 12 月 25 日，《中华人民共和国环境保护税法实施条例》出台，对《环境保护税法》中有关条款进行了进一步细化，随着国家在宏观层面决定实施环保"费改税"，广东省也开始推动政策方面的制定与执行工作，2018年，仅在刚刚开始征收环保税的第一季度，全省享受环保税税收优惠的纳税人中就有 4 万余户纳税人申报环保税。本节将以广东省为例，探究"十三五"向"十四五"过渡时期，环保税征管中的"政府之手"和"市场之手"的作用方式、影响机理，探究环保税与排污费的异同点，分析其所获成效以及问题困境，并尝试提出对策建议和解决之道。

5.1.1　市场"无形之手"：排污企业的喜与忧

经广东省第十二届人大常委会第三十七次会议审议，自 2018 年 1 月 1 日起，广东省大气污染物每污染当量征收环保税税额 1.8 元，水污染物每污染当量征收环保税税额 2.8 元，企业环保成本或增加 3 倍。征税对象主要是排污企业，对于他们而言，"费改税"无疑意味着污染成本的增加。而对于发展绿色技术的企业而言，环保"费改税"则意味着过去"一刀切"的费用大大降低了，还能依照政策申请国家补贴，所以他们研发清洁技术的动力更加充足了，积极性也大为提升。表 5.1 为广东省和国家环保税征收标准的详细对比，可以发现，广东省所征收的大气污染物和水污染物的环保税都高于全国最低标准，固体废物和噪声污染则参照国家标准，根据污染状况和实际情况进行市场定价。

表 5.1　　　　　　　　　广东省与国家环保税的征收标准对比

污染类型	广东省标准	全国标准
大气污染物	每污染当量 1.8 元	每污染当量 1.2 ~ 12 元
水污染物	每污染当量 2.8 元	每污染当量 1.4 ~ 14 元
固体废物污染物	煤矸石每吨 5 元，尾矿每吨 15 元，危险废物每吨 1000 元，冶炼渣、粉煤灰、炉渣、其他固体废物（含半固态、液态废物）每吨 25 元	
噪声污染	350 元/月 ~ 11200 元/月	

研究团队走访了广东省辖区内两家企业，一家企业主要排放的污染物是大气污染物中的 SO_2，另一个企业主要排放的污染物是水污染物中的 COD。他们纷纷表示，环保"费改税"以后，与之前相比每污染当量需要缴纳的税款更多了。在征收排污费的时代，大气污染物每污染量平均收费 0.6 元，其中 SO_2 和 NO_x 这些重点防控的污染物也不过是 1.2 元每污染当量，但是"费改税"以后，每污染当量需要缴纳 1.8 元的环境保护税。在排污费征收时期，水污染物每污染量平均收费 0.7 元，其中 COD、NH3 - N 这些重点防控的污染物也不过是 1.4 元每污染当量，但是"费改税"以

后，每污染当量需要缴纳2.8元的环境保护税。污染成本的增加导致这些企业的税收负担加重，再加上受新冠疫情的影响，这些污染企业要么考虑减少生产计划，要么考虑引进先进的生产设备。其中一家企业的负责人说："我们企业的排污主要是污水，2018年环保税征收以后，企业环保成本大幅提升，2019年年初我们就把引进排污设备提上了日程。企业目前的生产结构已经产生了变化。污染量大的产品实现了减产，污染小的环保产品将成为以后主要的生产任务。"由此可见，环保税的征收有效促进了企业节能减排的实现。无论是清洁生产技术的改进、先进排污技术的发展还是生产结构的完善，都促进了清洁生产的实现和排污量的减少。

通过进行横向比较可知，目前北京处于国家标准规定幅度的顶格额度，上海、天津、河北、山东等省份也处在相对较高的标准范围内，广东与浙江、湖北、湖南等省份的标准类似，处于中间水平，各省份可以根据排污情况和节能减排的需求，制定波动性的环保税标准。环保税在常见的大气污染和水污染排放标准方面，略高于之前的排污费，体现了国家的政策导向，倒逼企业减少排污，进行生产技术的革新和生产结构的调整。环保税发挥了调节污染排放成本和刺激企业创新的双重作用，对于污染小的环保企业，还能享受到一定的税收优惠。"纳税人排放应税大气污染物或者水污染物的浓度值低于国家和地方规定的污染物排放标准的30%的，减征75%的环保税。纳税人排放应税大气污染物或者水污染物的浓度值低于国家和地方规定的污染物排放标准的50%的，减征50%的环保税。"一系列政策都促使污染企业一方面减少排污，另一方面加大清洁技术的研发力度，倒逼企业在自身发展中为追求利润最大化，自主强化绿色创新。通过采用新的生产手段与增加环保设施投入，以及加大环境治理力度，使得生产经营正常运转的同时，主要污染物排放量同比减少，从而减少了成本也降低了污染，间接享受到了环保税收优惠政策，这些举措进一步推动了产业结构的整体性调整。据当地工作人员介绍，广东省的环保税收入主要集中在制造业和电力热力生产等产业，其中制造业占比达60%以上，而这两个产业恰好是两大重点污染产业，环保税征收体现了良好的调控功能。

5.1.2　政府"有形之手"：政府部门的退与进

排污费的征收，涉及的部门非常单一，最初由环保部门管理，后来由税务部门管理。由于部门单一，人手不足，造成排污费覆盖面不全、征收不到位的现象。一些排污企业故意瞒报漏报其实际的排污数量和排污种类，而没有认识到排污费与各类税收一样是必须履行的法定义务。对于漏缴不缴排污费的处罚，也不能按照偷税漏税的处罚措施进行处理，有的地方性龙头企业以发展经济为借口少交或者不交排污费，申报、核定不能做到全方位和全覆盖，也未能实现动态化跟踪管理，导致排污费征收困难重重。环保税的征收意味着对环境污染征税的合法性进一步提升，程序和流程也更加正式和严格，对于偷税漏税的处罚措施也会更加严厉。

此外，排污费的征收种类单一，征收标准较低，并且没有考虑到各地、各区域的经济发展状况，"一刀切"的征收方式缺乏实践中的灵活性和适应性，在各区域的实施过程中存在一定的问题。采用排污总量的征收标准，排污费与某一地区的环境质量并不能产生直接的相关性，实际收到的排污费也远远低于环境治理成本，排污费的经济杠杆作用未能得以有效发挥。

环保税具有专业性强、涉及主体多样的特点，征收管理难度大，因此需要税务部门和环保部门协同进行、密切配合。目前环保部门主要负责排污检测和数据核定，税务部门的主要职责是根据环保部门提供的数据征税，并将其与纳税人申报的材料进行核对。表 5.2 简要说明了环境保护税的征收管理程序。在工作过程中，需要包括技术检测、数据搜集、统计汇报、税务征收、监督核算等部门密切配合。因此，广东省税务部门与环保部门专门签署了《环境保护税征管协作机制备忘录》，以加强各部门之间的相互配合与协同工作。该协作机制重点明确了税务和环保部门合作的七大类工作任务，突出了做好环境保护税征管准备工作的关键事项，包括发布环境保护税征管技术规范，制定落实减免税政策的操作性文件，设计环境保护税纳税申报表等表证单书，开发建设税收核心征管系统和涉税信息共享平台，做好征前准备和档案资料交接，共同组织开展税法宣传、业务培训和纳税辅导，协调落实环境保护税征管协作的其他任务事项。协作机制还对《环境保护税法》实施过程中的计划制定、成果共享、对外宣传、支持保障等事项提出了具体要求和处理方法，约定了双方在传递排污系数和物料衡算方法、本地个性化需求软件开发、资料交接、环境保护税法宣传、业务培训、纳税辅导及协调落实环境保护税其他工作事项等方面开展合作，确保两部门高效配合，共同做好环境保护税征管工作。

表5.2 环境保护税的征收管理程序

基本流程	主要内容
纳税人申报	在每个季度结束后的15天内，纳税人依照环境保护税法的相关规定主动向其主管税务机关提交申报，税务机关对纳税人填写的申报材料和环保主管部门报送的数据信息进行比对。若信息不存在偏差、遗漏等问题，即征缴税款
复核	若存在异议或者已经超出规定期限，税务机关协调环保主管部门对数据信息进行复核并在规定期限内给出复核意见。税务机关根据复核意见对纳税人的应纳税额进行调整，告知纳税人
缴纳税款	纳税人依照税务机关相关规定缴纳税款

环境保护税的征收管理体现了税收行政效率原则。环境保护税法规定环保部门和税务机关要各司其职，协作配合，互相交送污染物排放企业的相关污染物排放信息和涉税信息，共同加强征收管理。首先，对权力配置进行合理设置，合理有效分配中央与地方的环境保护税收权，突出地方各部门的重要作用，有利于实践工作的开展。其次，充分协调环境保护主管部门和税务部门之间的关系，建立合理的工作配合机制与监督机制，有利于工作流程和体制机制的完善。最后，借助现代信息技术和各种媒体，积极有效引导纳税人准确、及时、便捷地进行纳税申报、税款缴纳，提高了纳税人、环境保护主管部门和税务机关等主体的互动性和配合度，提升了征收效率。

5.1.3 对比与思考："费改税"的变化与作用

(1) 费与税的差异

排污费的征收主要依据国务院发布的《排污费征收使用管理条例》，

属于行政事业性收费范畴，而环境保护税的征收主要依据全国人大常委会制定的《环境保护税法》，属于国家税收，法律层级提高，执法刚性增强。国家由征收排污费改为征收环境保护税，依据标准提升到法律高度，充分体现了"税收法定原则"，有助于提升执行力和透明度，能够减少环境保护税征收管理中的地方干预，在法律框架下提高了征税效率。具体而言，排污费和环保税的征收标准差异如表 5.3 所示，可以看出，环保税的征收标准更为严格和细化，有利于进行实践操作，对于缓解环境污染的作用也更强。

表 5.3　　　　　　　排污费和环保税征收标准的差异对比分析

征收对象	排污费	环保税
大气污染物	每污染当量 0.6 元，其中 SO_2、NO_X 为 1.2 每污染当量	每污染当量 1.8 元
水污染物	每污染当量 0.7 元，其中 COD、NH3 - N 和铅、镉、铬、类金属砷为 1.4 元每污染当量	每污染当量 2.8 元
固体废物污染物	依照固体废物污染环境防治法的规定，没有建设工业固体废物贮存或者处置的设施、场所，或者工业固体废物贮存或者处置的设施、场所不符合环境保护标准的，按照排放污染物的种类、数量缴纳排污费；以填埋方式处置危险废物不符合国家有关规定的，按照排放污染物的种类、数量缴纳危险废物排污费	分类征收，煤矸石每吨 5 元，尾矿每吨 15 元，危险废物每吨 1000 元，冶炼渣、粉煤灰、炉渣、其他固体废物（含半固态、液态废物）每吨 25 元
噪声污染	依照环境噪声污染防治法的规定，产生环境噪声污染超过国家环境噪声标准的，按照排放噪声的超标声级缴纳排污费	分类征收，各地可根据市场调整

　　征收环保税的基本原则是"重在调控、正税清费、循序渐进、合理负担、有利征管"，因此在征收设计上与排污费存在明显差异。二者在缴纳对象的识别、缴纳项目的确定、使用和征管方面的主要异同点见表5.4。通过对比分析可以发现，环保"费改税"后征收范围发生了变化：不再对建筑噪声、挥发性有机物征收，并将一般工业固体废物纳入征税范围。征收程序也发生了变化，将原来排污费"环保开单、企业缴费"的征收程序

改为"税务征管、企业申报、环保监测"等部门的协同。与此同时，明确了企业的申报主体责任，对超标、超总量、落后产能取消加倍征收。增加复核程序。复核程序实质是将税务机关的部分征税权力让渡给生态环境部门，如果在实践中复核环节出现问题，由税务机关和生态环境部门共同担责。分档次规范了税收优惠的具体措施，企业节能减排的力度越大，享受的税收优惠也越多。与排污费相比，环保税涉及的政府部门更多、流程更为制度化、征管程序更为严格、执法刚性更强。在提高企业环保遵从度、完善绿色税制体系建设、优化财政收入结构等方面发挥更多的积极作用。

表5.4 环保税和排污费的总体差异

项目	环保税	排污费	异同点
征收对象	直接向环境排放应税污染物的企业事业单位和其他生产经营者	直接向环境排放污染物的企业事业单位和个体经营户	个人、不直接排放的情形不需要纳税
征缴范围	大气污染物、水污染物、固体废物和噪声，各省可根据本地区需要增加应税污染物项目数	大气污染物、水污染物、固体废物、噪声	基本相同，但是地方政府可以根据需求增加环保税的污染物类型
计税依据	以排放量折算的污染当量数	以排放量折算的污染当量数	基本相同
使用管理	全部作为地方收入，中央政府不再参与分成	排污费收入实行中央政府和地方政府1:9分成模式，款项专用于环境污染防治	由两级分成变成地方专享。由专款专用变为纳入一般预算管理
征收管理	税务征管、企业申报、环保监测、信息共享、协同共治	开具票据、银行代收、财政统管	增加了执法的刚性和规范性，要求更多的部门协作

（2）影响与作用机制

在具体的实践中，环保"费改税"的影响和作用主要体现在促进企业绿色创新和推动产业结构调整两个方面。

①税收优惠激励企业节能减排与绿色创新。

环保税是一种典型的经济激励型政策工具，基于市场主体追求利润最大化的特性，通过对污染征税改变企业的生产成本和环境成本，刺激企业自发创新行为来减少成本，实现预期环境治理目标。我国目前实行的环保税发挥了污染排放成本的调节与刺激企业创新作用，并且比此前施行的排污费制度力度更为强大、收效更为明显，具体的调控手段对比见表 5.5。企业在自身发展中为追求更多的经济利益，自主强化绿色创新。通过采用新的生产手段与增加环保设施投入，以及加大环境治理力度，使生产经营正常运转的同时，主要污染物排放量同比减少，从而享受环保税收优惠。环保税优惠政策惠及包括轻工业在内的广大中小企业，使它们获得更强的社会竞争力，这在引导中小企业创新产出方面发挥着重要的作用。

表 5.5　　　　　　　　　　排污费与环保税的调控手段对比

	排污费	环保税
调控手段	企业单位排放应缴纳排污费的大气污染物或水污染物的浓度值低于排放标准 50% 的，减按 50% 征收排污费	纳税人排放应税大气污染物或者水污染物的浓度值低于国家和地方规定的污染物排放标准 30% 的，减按 75% 征收环保税；纳税人排放应税大气污染物或者水污染物的浓度值低于国家和地方规定的污染物排放标准 50% 的，减按 50% 征收环保税

②征税规则倒逼产业结构调整与优化。

排污费遵循"谁排污谁付费"原则，在一定程度上通过行政收费的手段抑制了企业排污，但是由于排污费的执行刚性不强、科学性和规范性不足，容易出现征收不合理以及"劣币驱逐良币"的困境。在排污费征收的过程中，有些企业投入的节能成本反而比排污企业所缴纳的排污费更高，存在"不经济"的窘境，而排污企业由于污染成本比较低，更加肆无忌惮地排污。以大气污染物为例，SO_2 的治理成本平均为 3.6 元每当量，NO_x 的治理成本是 20.9 元每当量，而之前排污费对于大气污染物的征收标准仅为每污染当量不低于 1.2 元。这就意味着，相比直接排放，企业需要耗费 3 倍或者 17 倍的成本去治理生产活动中产生的大气污染物。类似的情况也出现在水污染物治理中，COD 的平均治理成本为 7.4 元每当量，NH3 - N 的治理成本为 31.4 元每当量，而排污费中关于水污染物的征收标准仅设定为每污染当量不低于 1.4 元。两者成本的严重倒挂导致发展绿色技术、节能减排的企业在市场竞争中反而处于劣势地位，不利于地区产业结构的优化发展。

为了解决这一问题，环保税在设立之初就明确了污染排放与征收额度正相关的理念，以构建经济上的激励机制实现政策工具作用路径的优化，从而达到引导促进产业结构调整的目的。同一种类污染物质以排放量征税，不同种类污染物质根据其污染风险和程度差异设置征收额度，实现"少排少征、低危少征、多排多征、高危多征"的征收方式。从个体角度来看，生产主体升级技术与设备，减少污染物排放才能谋划更高的预期收益。从产业发展度来看，如果无法及时进行调整升级，那些产出效率低、资源消耗量大的生产主体将不可避免地面临被市场淘汰的后果。经过市场的选择，存活下来的是适应市场需求的朝阳产业，最终达到促进社会资源合理配置的目的。这也有助于我国整体经济转型升级，并对产能过剩且质效欠佳的行业起到去产能的杠杆作用。产业结构优化后，不适应可持续发展要求的行业退出市场，产业发展与生态建设得到统筹协调，生态环境的压力将进一步减轻。

（3）困境与问题

但通过调研也发现，开征不久的环保税在实施过程中依然存在一些困境与问题，具体表现在以下方面：

①涉及部门较多，互动合作机制不完善。

目前，在环保税征收的过程中，污染物监测核定的职责属于环保部门，税务部门的职责主要集中在规范征税，征收依据则是依赖于环保部门所提供的数据，将其与纳税人申报资料进行比对核实。由于涉及多个部门，因此在互动合作机制方面仍然存在一些瓶颈和问题。例如，如何对应税污染物排放量进行精准检测与准确核定、如何构建环保税信息共享平台、如何建立税后的监督机制等。调研发现，在日常监管过程中，舆情应对也是一项亟待完善的工作，公众是环境污染的直接利益相关者，会通过网络、信访、电话投诉等形式举报各类环境污染问题，处理不及时、得当，可能会发展为舆情危机。但是税务和环保部门都尚未建立起舆情应对的沟通、协调和处理机制。

②存在污染转移风险。

在环保税的征管工作中，各地的省级政府有权自主确定各类应税污染物的具体适用税额。不同的地方在征收标准和征收金额方面必然存在差异，客观上容易引发产业的转移。企业在环保税征收税额较高的地区，生产成本必然相对增大，对其经营发展形成压力。在寻求缓解压力的过程中，环保税征收税额较低的地区会具有更强的吸引力。横向比较来看，广东省的现行环保税征收标准处于全国中等水平，但是营商环境和经济发展水平高于周边地区，这很有可能间接吸引高污染风险的企业落户广东，加重广东的环境污染压力。

③制度和体系有待完善。

由于环保税开征不久，所以税制体系和结构体制还有待完善。目前，环保税的纳税人只包括企事业单位和其他主体，居民个人、交通工具等移动污染源、农业生产的非规模化养殖被排除在外。税目虽然规定的非常详尽但是仍然比较有限，一些比较常见的污染物没有被包括在内。此外，由于目前环保税的税率大多是依据排污费标准设置的，征收标准相对较低，尚不能真实地反映出现阶段企业环境治理边际成本。这些都导致环保税在征收和管理的过程中，遏制污染的作用发挥比较有限。

5.1.4　未来，大有可为

环保"费改税"自 2018 年开始实施，是一种新的变革性的市场激励型政策工具，其作用效果仍存在很大的进步空间。从政府部门的角度来看，可以从以下方面作出努力：

①完善法律和制度体系，探索多种形式的政策工具创新。

政策工具的创新和演变，需要合法性基础，因此环保税相关制度体系的发展与完善，也离不开更为完善的法律和规章。地方的自主权有多大、环保税的征收标准如何变动、区域间的污染转移如何进行补偿，这些问题都需要进行长远设计和规划，可以借鉴国外发达国家的先进经验，合理设置税源和税率，通过运用法律、经济、技术和行政等多种手段和形式，促进环境政策工具的制度化、规范化、动态化和标准化。

②加强各部门的协同，运用先进的信息技术促进治理能力现代化。

环保税的征收与管理涉及多元主体和多个部门，需要加强各方的协同配合，应加强环保税执行部门间的沟通协作，防止各部门出现交叉重叠和扯皮推诿的问题，运用现代信息技术完善涉税信息提供与共享、健全规范执行标准以及税收征管协同等方面的工作机制，促进政府环境治理能力的现代化。可以设立专门的整合协同办公室，促进资源与信息的交流与共享，加强事前、事中、事后的联系与合作。

③发挥公众参与的作用，转变发展理念。

环保税的征收与管理，离不开公众的配合与支持，税务的普法宣传工作也至关重要。因此，在环保税的实施过程中，要积极转变发展理念，充分发挥公众参与的作用。建立公开、透明的平台，加强与公众的互动与沟通。强化排污者的纳税意识，促使他们树立节能减排的发展理念。针对不同类型的排污者，采取不同的方式和管理手段，多渠道、全方位地让纳税人了解环保税，以便今后更好地开展工作。

5.2 谁伤了滇池的腰：环境污染治理的殇与痛

滇池古称滇南泽，又名昆明湖、滇海，地处昆明市西南，属金沙江水系，有盘龙江等河流注入，是我国著名的高原淡水湖泊，也是云南省最大的淡水湖。湖体略呈弓形，弓背向东。自古以来，滇池的湖光山色吸引了无数游客，在高原上有如此宽阔的水域实属罕见，因此也成为文人骚客的聚集之地，"秀海海边菱荚秋，滇池池上云悠悠""五百里滇池奔来眼底，披襟岸帻，喜茫茫空阔无边"等词句都展示了滇池开阔广袤的秀丽景色。历史上的滇池"苇丛密布，波光柳色，鱼跃鹭飞"，但是，新中国成立以后，滇池污染情况日益严重。早在1972年，周恩来总理在昆明考察时就作出指示："昆明海拔这么高，滇池是掌上明珠，你们一定要保护好。发展工业要注意保护环境，不然污染了滇池，就会影响昆明市的建设"。从20

世纪70年代末开始，滇池流域迅速推进的城镇化，突破了滇池自净限度。化工厂、冶炼厂、热电厂、印染厂等数百家高污染企业，分布在滇池周边，污浊的工业废水直排滇池，滇池水体富营养化日趋严重，致使滇池水泛绿、发臭。80年代末的调查结果表明：随着滇池生态环境的变化，导致鱼类产卵、孵化场地的生态环境破坏，加之过度捕捞和鱼类种群间相互作用等因素影响，使滇池鱼类种群发生巨大变化，土著鱼种仅存4种，濒临灭绝，如肉嫩味美的金线鱼现已灭绝。1990年，昆明市政府成立滇池保护委员会，专门部署滇池的环境保护工作。

从20世纪90年代起，长期的污染开始导致滇池湖水富营养化。1996年和2003年，滇池两次爆发蓝藻，2006年起草海和外海各滇池草海和外海水质均处于劣Ⅴ类，滇池近百年来已处于"老年型"湖泊状况。进入"十三五"和"十四五"规划时期以后，云南省政府和环保部门也在不断增加滇池治理的经费和力度，并取得了一些成效。但是，2021年5月6日，中央第八生态环境保护督察组曝光了"云南昆明晋宁长腰山过度开发严重影响滇池生态系统完整性"典型案例。使社会各界意识到，滇池的水污染问题仍然没有完全解决，环境治理工作任重而道远。

5.2.1 事件始末：房地产项目与滇池争地的"拉锯战"

中央生态环保督察组只要进驻云南就一定会查看滇池的水质改善情况。2012年4月中旬，督察组副组长翟青一行一到昆明就首先将关注的重点定位在了滇池的水质改善上。2021年4月，中央第八生态环保督察组再次进驻云南。发现滇池"环湖开发""贴线开发"现象突出，长腰山区域被房地产开发项目蚕食，部分项目直接侵占滇池保护区，挤占了滇池生态空间。多次到访滇池，并进行督查的督查组副组长翟青讲述了房地产项目与滇池争地的"拉锯战"和"擦边球"。

2013年版的《云南省滇池保护条例》明确规定："滇池一级保护区禁止新建、改建、扩建建筑物和构筑物；二级保护区限制建设区只能开发建设生态旅游、文化等建设项目，禁止开发建设其他房地产项目。"当时，有些房地产开发项目进行"贴线开发"，这种做法实际上是在打法律的

"擦边球"。

2018 年 11 月，云南省人大常委会修订通过《云南省滇池保护条例》，规定在滇池二级保护区限制建设区可以建设健康养老、健身休闲等生态旅游、文化项目。督察组透露，增加这一内容后，一些房地产企业"借坡下驴"，更加肆无忌惮，随即打着健康养老产业的幌子，在滇池二级保护限制建设区内又继续开工建设。以健康养老产业之名，行房地产开发之实。截止到 2021 年督察组再次检查，整个长腰山被开发殆尽，长腰山生态功能基本丧失。

对于房地产建设项目的开发，当地政府部门和开发商认为"贴线开发"并未违反相关管理条例规定。但是督察组认为，如果所有项目都搞"贴线开发"，一定会严重影响滇池生态系统的完整性。更值得警惕的是，一些项目利用《条例》大作"合法"文章，《条例》有被开发商绑架的危险。长此下去，《条例》就起不到保护滇池的作用了。

2021 年 4 月 15 日，时任昆明市市长的刘佳晨在昆明市与督察组共同召开的座谈会上表示，下一步，昆明市将推动《条例》的修订，对滇池实行"顶格立法、顶格编制规划、顶格保护、顶格监管、顶格执法。"

5.2.2 治理痼疾：执行偏差与徒劳无功

(1) 建设施工项目的"虚假整改"

督查组经过调查发现，滇池旁边的建设项目以球场和别墅为主。然而，早在 2004 年 1 月，国务院办公厅就印发《关于暂停新建高尔夫球场的通知》，明确要求"地方各级人民政府、国务院各部门一律不得批准建设新的高尔夫球场项目。"2008 年 4 月，昆明铭真运动旅游有限公司以"户外旅游休闲公园"名义获得立项、土地规划、建设施工、环境影响评价等手续，实际建设了铭真高尔夫球场，并于 2010 年 5 月投入运营。

2011 年，国家开始开展"清理高尔夫球场"工作。按照规定，铭真高尔夫球场理应停止经营，但它一直未落实要求，长期违规经营。2021 年 4 月 6 日，中央第八生态环境保护督察组进驻云南，该球场的整改终于有了"动作"。4 月 11 日，昆明滇池国家旅游度假区管委会采取紧急措施，铲除了部分侵占滇池一级保护区的球场，并在铲除的球场上种植树木。为显示整改进度和成效，该管委会弄虚作假，将树枝插入浅层表土，冒充植树虚假整改。

"昆明滇池国家旅游度假区管委会履行主体责任不到位。"中央第八生态环境保护督察组有关工作人员表示。2011 年 5 月，该管委会向昆明市发改委上报清理整治报告时，隐瞒该球场未取得合法审批手续的事实。该管委会在 2018～2020 年向昆明上报的"清高"自检自查报告中，仍未如实报告情况，也未认真督促整改。

（2）当地政府的"徒劳无功"与"数据造假"

不得不提的是，为了缓解滇池的水污染程度，昆明市持续多年对滇池进行生态补水。据地方有关人员介绍，"牛栏江—滇池"补水工程自 2013年开始运行，截至 2020 年底，通过牛栏江累计向滇池补水 37.26 亿立方米，其中 2015～2019 年每年补水量 5.3 亿～6.0 亿立方米。在督察组下沉昆明督察期间，地方有关负责人透露："前几年每年补水的钱都要花上十多亿元。"更为严峻的是，近年来，牛栏江可补的水越来越少，特别是干旱年份。当地政府在 2020 年从牛栏江引水 2.51 亿立方米，因干旱原因相较前几年大幅减少约 60%，导致当年水质明显下降。未来，昆明市或将从更远的金沙江调水补充滇池。显然，"滇池治污部分要靠调水补水"已是不争的事实。一边要靠生态补水来缓解滇池的水污染，一边又在无序大量开发房地产项目。

在被开发房地产之前，长腰山拥有完整的生态系统，雨水经过林草茂密的生态系统进入滇池，与污水处理厂处理后的污水进入滇池完全不是一回事。翟青指出，滇池污染治理是个系统工程，环湖大量开发房地产把滇池的自然生态系统人为割断，滇池的山水林田湖草系统也难以完整保留。除了大量开发房地产项目外，督察组还发现，昆明市的污水收集与处理"数据"与实际情况严重不符。昆明市住建局与昆明市滇池管理局的文件资料显示，2020 年，昆明市城市生活污水集中收集率为 92.78%，处理率为 97.37%，而督察组实际核实的数据表明，昆明市的污水收集率与处理率远没有这么高。昆明市每年至少有 1 亿多吨污水未经处理直接排入滇池。

5.2.3 多元主体的治理困境

（1）当地政府的"护短遮丑"与整改督办

位于昆明市西山区的滇池草海 5 号地块（以下简称 5 号地块）是一个大型房地产项目，地块内有 7 家房地产公司同时在开工建设。西山区副区长向督察组一行介绍项目开发情况时一再强调，5 号地块是依法开发建设的。

"这块地是干什么用的，到底要盖什么？"对于翟青提出的问题，西山区副区长的回答前后矛盾。后督察组被告知，5 号地块总共建设面积有 90 万平米。

售楼处距离草海一级保护区也就 50 米。售楼处内摆放的 5 号地块宣传画册更是直言，该地块打造的是"昆明鼎级富人区"，建成后可容纳 5 万人居住。

督察组关注项目规模以及容纳人数，是要看项目给草海增加多少污染负荷。在督察组看来，原本只有 5000 人的 5 号块地在人口呈 10 倍增长后，这一区域的水污染负荷或许会成倍增长，势必对滇池水质改善带来严重影响。滇池草海是滇池的重要组成部分，同时也是到昆明越冬的红嘴鸥的重要栖息地之一。公开资料显示，目前草海水质仍是劣 V 类。

从 5 号地块到滇池南岸，从"昆明鼎级富人区"到长腰山"滇池国际养生养老度假区"，滇池周边房地产项目一个接着一个。

督察组指出，滇池所在地党委、政府政治站位不高，在滇池保护治理上态度不坚决、行动打折扣，标准不高、要求不严，只算小账、不算大账，只算眼前账、不算长远账，没有正确处理好发展与保护的关系，没有像保护眼睛一样保护滇池。云南省相关职能部门也被批"履职不到位，未及时指出并制止滇池长腰山等区域的违规开发建设问题"。从 2021 年 5 月开始，云南省委、省政府主要负责同志对滇池保护治理工作进行现场督办，对长腰山过度开发提出整改措施。

（2）公众参与的艰苦卓绝

"对面在建房子，你们知道吗？""知道啊，本来有树的，盖了房子景观不好了，烦得很！"……这是 2021 年 4 月，中央第八生态环保督察组同志与滇池当地市民的一段对话。市民吐槽的"房子"，正是长腰山上打着旅游康养"幌子"开发的地产项目。但是，面对拔地而起的一座座别墅，附近居民能做的也仅仅只是吐槽而已。世界各国环境保护事业的成功以及失败经验表明，环境保护能否成功的基础力量来自于公众。缺乏公众参与，环保无法成功。我国在环境保护的实践中也已经认识到这一点，正在逐步吸取经验。在中国，实施全民参与环境保护迫在眉睫。

在近十几年滇池治理的过程中，传统政府主导的环境治理手段效果并不理想。省市政府均已经意识到，除了政府治理，公众对于滇池的保护也起着举足轻重的作用。因此，自"十五"规划后，政府也在提供公众参与方面做了较多工作。如昆明市政府多部门联合开展的"春城义工""保护滇池巾帼行动"；"以我所能，保护母亲湖——滇池'百、千、万'进企业、进农村、进学校、进机关、进社区、进部队"宣讲活动；昆明市滇池管理局与云南滇池保护治理基金会联合举办的"滇池保护宣传月"活动，每年围绕一个主题开展滇池保护治理宣传活动，让广大市民共同参与到保护治理滇池的行动中来。但是大部分公众只是被动的参与者和被宣传教育者，政府与民间缺乏有效互动，公众主观上没有积极的意愿，参与程度不深，参与方式有限，难以吸收公众对于滇池治理和保护具有实质性、创新性和建设性的建议。

近年来，随着新媒体平台和数字化治理平台的完善，公众参与的队伍逐渐壮大起来。在"长腰山事件"的后续监督过程中，起重要作用的当属新闻媒体，央视新闻、新华网、人民网等主流媒体纷纷进行跟踪报道，推进了滇池治理的动态进展，也使更多公众了解到了滇池治理的严峻性。

（3）地方企业的"雄心勃勃"

截至 2021 年，诺仕达集团在云南各地有 97 家分支机构。在该集团的诸多产业中，占地 1.2 万亩的七彩云南·古滇名城是知名度最高的一个，被通报的滇池国际养生养老度假区就涵盖在内。

2012 年，云南省启动十大历史文化旅游建设项目，古滇名城项目进入前期课题调研阶段，并位列十个入选项目之首。2013 年 8 月，古滇名城项目正式开工建设，正好赶上了中国旅游市场的大爆发以及云南旅游市场的快速提升。到 2016 年 4 月，云南省政府将该项目纳入云南省旅游产业转型升级三年（2016～2018 年）行动计划二十大重点核心项目。2021 年 1 月的报道显示，古滇名城项目累计接待游客 1400 余万人次，并且还有项目正在建设中。环境优美的滇池和地理位置的稀缺性，成为这些项目最好的推广语。

2016 年 7 月第一轮中央生态环境保护督察曾指出，诺仕达集团建设的有关项目侵占滇池一级保护区。但昆明市晋宁区及诺仕达集团不仅没有认真吸取教训，反而变本加厉，在滇池一级保护区毁坏生态林建设了一条沥青道路，并陆续在滇池二级保护区限制建设区违规开发建设房地产项目。2017～2020 年，诺仕达集团还陆续在长腰山三级保护区建设大量别墅、多层和中高层房地产项目，整个长腰山被开发殆尽。现场调查发现，大量挡土墙严重破坏了长腰山地形地貌，原有沟渠、小溪全部被水泥硬化，林地、草地、耕地全部变成水泥地。滇池沿岸的空地，就这样被雄心勃勃的房地产企业蚕食鲸吞。

5.2.4　未来之路：任重而道远

2021 年 5 月 2 日，时任云南省委书记的阮成发、省长王予波率队对滇池保护治理昆明市立行立改工作进行现场督办，提出要加快推进管网和污水处理设施建设，尽快把入湖污染负荷减下来；要坚决整治长腰山过度开发，尽快恢复生态功能；要举一反三，全面规范滇池的保护治理；要以整改督察发现问题为契机，持续改善城市生态环境质量。随后，昆明市投入 1700 多人开展整改，对滇池面山二级保护区内建筑进行拆除。

在云南省、昆明市对"滇池乱象"进行整改的同时，纪检监察机关立足自身职能强化政治监督。针对晋宁区长腰山过度开发、铭真高尔夫球场虚假整改等问题，昆明市纪委监委成立核查组，对相关情况开展调查。

2022 年 7 月 11 日，中央电视台《焦点访谈》栏目报道了滇池保护治理情况：在当地的努力下，长腰山累计复绿面积 2205.8 亩，种植树木约 43.24 万株。如今，长腰山不再是"水泥山"。未来，滇池治理的路还很长，我们拭目以待。

5.3 环境治理领域中的邻避行为及其治理

随着社会的逐步发展，城市化进程的加快、人口密度的不断增大，人民生活水平的日渐提升，人类产生的城市生活垃圾不断增多。目前，在我国 600 多个大中城市里，陷入垃圾包围之中的有 2/3，无合适垃圾堆放场所的有 1/4，城市垃圾产量超过 4 亿吨（皮里阳等，2020）。原本长期采用的垃圾填埋法，对土地资源需求量大，同时也容易造成对周边环境的污染，已不再适应时代发展的需要（邵青，2020），于是人们探索出了垃圾焚烧这一新的解决方式，建设垃圾焚烧发电厂成为垃圾处理方式的发展趋势，也是我国城市应对"垃圾围城"问题的重要方式。

虽然垃圾处理的市场需求大，但垃圾焚烧的方式依旧遭受着众多质疑，不少垃圾焚烧发电厂的建设和使用过程中无法完全消除对环境的影响，即便这已经是当前最合适的处理方式，但依旧存在着潜在的环境风险，例如焚烧过程中可能排放出烟尘和气体，这些因素极其容易引起附近居民的厌恶情绪，这导致许多垃圾焚烧发电项目在规划或建设的过程中依旧困难重重，有的项目在规划初期便遭遇夭折，有的项目在建设期间停建缓建。随着技术的不断提高，通过焚烧处理垃圾这一方式已逐渐科学成熟，通过提高技术、优化设备等措施，可以逐渐减少其对环境的影响，尽管如此，公众仍然会将垃圾焚烧发电厂的风险夸张化、妖魔化，一方面，这体现了公众受教育水平的提高、公民意识的觉醒、人们对居住环境的质量要求提高，另一方面也说明公众对垃圾焚烧发电厂存在着风险感知偏差，偏离了正确的认知方向。

垃圾焚烧发电厂此类基础设施被称为邻避设施，这是因为其对社会发展有利，却可能对厂址附近居民的生活环境造成负面影响。邻避设施之所以容易引起民众不满，是由于民众感受到这些设施会给自己带来无法承受的风险，对于邻避设施的建设缺乏专业理性的判断，因此容易诱发邻避效应。而政府、专家等，往往掌握着更丰富更专业的知识，对邻避设施的认知更为科学理性，因此他们对邻避设施的风险感知与民众是不一致的。双方对邻避设施存在着风险感知上的差异，不可避免地造成了政民之间的协商困境，阻碍着社会经济等方面的发展。如何应对垃圾焚烧发电厂对周边环境的影响，纠正公众的邻避风险感知偏差，避免邻避效应的发生，是摆在所有人眼前的难题。

本部分通过文献查阅与案例分析，对解决邻避效应的方式进行探索。结合邻避效应有关研究以及风险感知相关理论，对邻避效应进行一定的基础性研究，并着眼于公众对邻避设施的风险感知，对案例进行分析，探究邻避风险感知偏差的演化过程和形成原因等，最后从中找寻可行的对策，提出建议，纠正公众对邻避设施的风险感知偏差，促进邻避效应的解决，同时也改善政府与公众之间的关系，丰富政府的环境治理手段，促进邻避效应相关的理论发展和实践探索。

邻避效应由西方学者提出，意为"不要在我家后院"，是指具有外部性的公共设施产生的外部效益为公众所共享，但它带来的风险却由该公共设施附近的居民来承担。这样的结果导致公众产生心理不平衡，因此容易引起一定程度的社会矛盾，是一种空间利益分配结构的失衡，不利于社会稳定。除了垃圾焚烧发电厂，污水处理厂、动物屠宰场、殡仪馆等基础设施，也极易引起居民的不满，从而触发邻避效应。依据不同标准，邻避设施有不同的分类，一般根据用途和功能、污染程度、服务的范围等来进行分类。例如，Dear 根据功能将邻避设施分为三类：废弃物处理类公共设施、社会保障类公共设施、社会救助类公共设施（王新燕，2015）。关于邻避效应的研究，国内晚于国外。该概念最初由台湾学者于 20 世纪 90 年代引入，但内地有关邻避效应的研究到了 21 世纪才显现，总体步伐较慢，2005 年，"东阳事件"成为中国大陆地区具有里程碑意义的邻避冲突并引起学界关注，该事件使得邻避效应这一概念走进了人们的视野，在国内引起了广泛讨论（张荆红等，2021）。

国外在邻避效应方面的研究较为成熟，但其不太符合中国实际情况，因此我国学者对这些概念进行了本土化阐释。2009 年，何艳玲教授提出

"中国式邻避"，这一概念总结出了国内治理邻避效应的突出特点，即抗议层级螺旋式提升、行动议题难以拓展、双方无法达成妥协，基于该概念的描述，中国式邻避总是陷入"一建就反，一反就停"的治理困境（何艳玲，2009）。谭爽（2019）围绕"中国式邻避"这一概念，将国内学者的研究分为赞同"中国式邻避"论断和不赞同"中国式邻避"论断两大阵营。赞同的一方认为，这体现了"封闭决策"和"刚性治理"的特征，提升了决策效率。而不赞同的一方则认为，公共工程项目的决策不能仅考虑效率，还要体现公众诉求。此后还有众多学者致力于探寻突破"中国式邻避"的道路，不断丰富邻避效应相关理论和实践的研究，不过许多研究更多着眼于成因分析，对于如何突破传统的邻避治理方式尚需进一步探讨。因此，本部分将选取两个典型案例进行分析和研究。

5.3.1　江苏无锡锡东生活垃圾焚烧发电厂（以下简称"锡东垃圾焚烧发电厂"）

2008 年，无锡市的生活垃圾产生量已超 3000 吨，而当时的两座垃圾焚烧发电厂处理能力仅 2000 吨，且唯一的垃圾填埋场也处于超期服役的状态，面对日益严峻的垃圾围城问题，依据国家的生活垃圾焚烧新标准，无锡市政府决定新建一座大型垃圾焚烧发电厂。经过考察，选择将无锡市锡山区东港镇黄土塘村作为备选地址，经过市政府、区政府和企业三方的协调，村民同意在黄土塘村建设该项目。

然而，2011 年初，在该项目即将完工，点火调试设备时，因没有事先告知村民，并且操作不慎还产生了刺鼻气味和黑烟，导致村民产生不满情绪，最终导致电厂被迫停工，这一停就是五年之久。

现实摆在眼前，无锡市的城市生活垃圾量逐渐上升，垃圾围城状况依旧突出，原本使用的垃圾焚烧厂也早已不能满足需求。2016 年，鉴于严峻的形势，无锡市委常委会决定，将已停运五年的锡东垃圾焚烧发电厂复工，同时成立了复工联合工作组，除了对垃圾焚烧发电厂的所有设备进行彻底摸查，还竭尽全力做通群众工作，统筹兼顾、精心策划，纠正了公众对垃圾焚烧项目风险的错误看法，并配备一整套补偿机制，最终取得了民众的信任，成功复工。

5.3.2 湖北宜昌夷陵区垃圾焚烧发电厂（以下简称夷陵垃圾焚烧发电厂）

湖北宜昌市作为一个中型城市，已建有 13 座垃圾填埋场，然而随着城市发展进程的加快，人口数量增加，产生的垃圾量和种类也剧增，垃圾对城镇和农村的负面影响明显，不断有当地群众向政府反映垃圾填埋场造成的环境问题，而且垃圾填埋场的处理方式已逐渐不再适应社会发展的需要，寻求符合社会经济发展的垃圾处理模式势在必行。而利用垃圾焚烧进行发电是目前最有效的方式，因此宜昌市政府决定建设一座垃圾焚烧发电厂。

然而该项目在酝酿期就不断有"垃圾焚烧释放有毒气体、影响子孙后代生育能力"等负面言论涌现，引起了民众的心理厌恶，项目遭到了民众的强烈反对，最终引发邻避效应。

2020 年 6 月底，宜昌市夷陵区主动作为，坚持群众"走出去"和专家"请进来"，成立工作组带领民众去外地实地考察和参观，邀请专家到民众身边解疑答惑，积极宣传，收集民意，经过了五个月的不断努力与磨合，纠正了民众对垃圾焚烧的认知偏见，民众的态度发生巨大的转变，最终，于 2020 年 11 月通过了项目建设的决议。

5.3.3 案例分析

美国学者约翰·R. 洛根和哈维·L. 莫洛奇将城市中的利益群体分为两大对立联盟：一个是由地方政府和房地产商等主体构成的增长联盟，另一个是由公众组成的反增长联盟。在增长联盟看来，邻避设施具有建设必要性和技术安全性，出于增进社会整体福利之目的，邻避设施应该建；在反增长联盟看来，邻避设施不应该建，即使要建，也不应该建在自家附近（侯光辉等，2015）。增长联盟中，政府主要考虑的是城市规划与城市发展的需求，其出发点是社会整体的效益，同时邻避设施的建设规划需要经过严格的审批，其投入成本巨大，因此邻避设施的建设往往已经过反复论证，有其现实必要性和严肃性。专家一方，因其专业性，具备普通公众所没有的邻避知识和专业视角，邻避设施的建设，涉及十分复杂的利益、风险、空间使用等问题，专家的科学严谨分析，不仅可以协助政府进行科学合理的规划建设，还可以对公众进行邻避知识的科普，进而克服公众的恐慌焦虑；而公众一方往往处于既不了解相关的邻避信息，又不能确定自己的处境的状况之中，对邻避设施风险的感知，更多基于主观的个体感受，容易产生非理性的、狭隘的风险认知。因此，将增长联盟的风险感知作为参照，考察反增长联盟的风险感知是否与增长联盟一致，便可判断公众的风险感知偏差。

表 5.6 对前述两个案例进行了对比分析。在无锡锡东垃圾焚烧发电厂的案例中，项目评估专家组给出了"设备配置先进"的评价，同时该项目的投资建设公司——中国恩菲工程技术有限公司的项目负责人表示，无锡锡东垃圾焚烧发电厂选择了具备国际先进水平的焚烧炉，焚烧炉的烟气净化系统采用先进的工艺流程，垃圾仓使用密封处理，垃圾渗滤液处理工艺也是国内最先进的。在项目评估专家组到来的前一天，还为村民举行了一场有关"垃圾焚烧与公众健康"的讲座，但在村民的眼中只留下了"垃圾焚烧会产生二噁英"，"二噁英会害死人"这样简单直白的逻辑。从公众与专家组们对该邻避设施建设项目的态度来看，可以发现公众产生了风险感知偏差。在湖北宜昌夷陵垃圾焚烧发电厂的案例中，项目建设负责人说，该项目的烟气处净化系统采用的是当时国内最先进的组合处理工艺，排放指标达到欧盟标准，并且该项目经历两年的科学论证和综合比较，具备科学严谨性。但在该项目的建设消息传出来后，诸如"垃圾焚烧释放有害气体，二噁英影响子孙后代生育能力"等言论不断释出，扰乱民众的视线，引起民众不满情绪。从以上双方的看法得知，公众产生了风险感知偏差。

从认知心理学的角度来看，信息是影响个体作出决策的关键。学者黄浪提出，风险感知偏差产生于风险感知过程之中，根据风险感知的过程，将风险感知偏差的形成阶段划分为风险信息的识别与收集、编辑与处理、评估与决策，因此可以从公众与信息的互动上摸索其风险感知偏差的演化机制。

表5.6　　　　　　　　　　　　两个案例之间的对比

	异同	江苏无锡锡东垃圾焚烧发电厂	湖北宜昌夷陵垃圾焚烧发电厂
共性	建设意义	缓解当地垃圾问题，促进发展	缓解当地垃圾问题，促进发展
	最终结果	复工	复工
	居民态度	反对→接受	反对→接受
	政府举措	成立复工联合工作组、组织群众参观其他垃圾焚烧项目	成立领导小组和指挥部、组织群众参观其他垃圾焚烧项目
差异	邻避阶段	设备调试阶段—后期	项目酝酿阶段—前期
	复工用时	五年	五个月
	直接原因	设备调试过程出现意外	民众听闻可怕传言
	补偿机制	打造锡东生态园、田园综合体，建设环保基础设施	配套建设惠民工程，建设各类民生基地

　　首先是公众的信息来源。有关邻避设施的项目审批、规划、企业资质、环境评价等信息，需要翔实地在网站上公布，但现实操作中，往往存在着信息不透明、信息反馈不及时、封闭决策等问题，公众能够获取到的科学权威信息有限，他们对邻避设施的认识，主要通过个体经验、网络言论来获得。对于多数公众而言，个体对邻避设施的经验看法，常是主观、感性且片面的，容易陷入极端思维，谈邻避，则色变。许多邻避效应的发生都离不开网络言论的发酵，当人们限于自身认知不足时，必然会寻求他人看法，而信息时代，一些不实的信息可能通过各种渠道迅速传播，导致加剧公众的恐慌，扭曲公众的认知，将事态引向不好的方向。

　　其次是公众的信息评估。一般而言，政府和专家对需要建设的邻避设施进行反复论证，从生态环境、人体健康、工程技术等多领域考虑其会带来的外部性，并不断对其进行优化处理，对邻避设施所涉及的领域信息掌握比较充分，同时也会向公众传达政府和专家的意见和看法，但公众更容易听信一些道听途说，或者过度信任自己的直觉，相比政府和专家传达的信息，公众更易受自己收集而来的信息的影响。在风险评估上，专家会更注重剖析风险产生的机理，基于因果链视角来审视垃圾焚烧项目的选址决策、建设和运营过程，但公众的风险评估却与之相反，他们更多地是在意垃圾焚烧项目可能带来的负面影响，对风险的形成机理则不太关心（黄河等，2020）。公众的这种心理认知偏好，导致其容易错误地评估客观的邻避信息，或者直接吸收负面的邻避信息，从而导致忽略了客观实际，进一步使得其主观风险感知占据主要地位，与客观风险产生巨大偏差。

最后是公众的信息决策。公众经过对邻避设施的信息收集和信息评估这两个阶段，最终需要作出决策，而在前两个阶段中，公众收集到的邻避设施有关信息较为片面极端，对邻避设施相关信息的评估也脱离了科学理性的轨道，最终会形成一个负面的、有误的邻避设施风险感知判断。

由于两个案例的邻避效应发生阶段不同，因而两者的演化机制也存在一定的差异。在锡东垃圾焚烧发电厂案例中，风险感知偏差形成于后期，该项目在设备调试阶段产生了刺激性气味，导致村民对该项目产生抵触心理，感到恐慌，进而引发了邻避效应，尽管政府和专家都表示不会造成严重的环境危害，然而此时村民们的内心已经形成了对该项目的风险感知偏差。在夷陵垃圾焚烧发电厂案例中，风险感知偏差形成于前期，在项目的酝酿阶段，公众就已经产生风险感知偏差，这主要是因为在项目消息发布之后，群众听闻了关于垃圾焚烧的负面言论，形成了心理恐慌，事先对该项目产生了负面看法，进而产生情绪化的反抗，导致项目一开始便遭遇邻避效应。虽有差异，但两个案例中，公众的风险感知偏差均体现着这样一个演化机制，即"接收到的信息片面不充分→心理上感知到恐惧→风险感知偏差显现→产生负面情绪"，这一机制对应着公众与信息互动的三个阶段。通过上述案例分析，得出了公众产生风险感知偏差的主要成因，下面将从公众自身特性的局限、不良干扰因素的介入、风险沟通模式的不足三个方面进行分析。

（1）公众自身特性的局限

风险分为客观风险和主观风险，随着科学技术的进步，人类社会对客观风险的控制也在不断进步，而公众的主观风险感知，因其对许多邻避事件的决策倾向具有重要影响，越来越受到学界关注。公众是否具备足够的理性来判断邻避设施所带来的风险呢？学者西蒙首先对公众的"理性"提出质疑，他认为人类个体的感知、记忆、思维、计算能力都是有限的，人们无法排除各种干扰因素对事件进行准确判断，这便是他的"有限理性说"（谭翀等，2011）。在面对邻避设施的建设时，公众通常处于一种复杂且不确定的环境之中，在被动的状态下，人们难以收集到准确完整的相关讯息，在进行风险认知判断时，习惯采用简单且相似的思维模式去应对不同的情况、处理不同的信息，因此他们容易混淆不同问题的性质，作出偏离完全理性的决策。例如，在夷陵区垃圾焚烧发电厂的案例中，该项目在规划酝酿阶段就已经遭到当地民众的反对，引发邻避效应，此时，占据主导地位的是公众的非理性因素。需要强调的是，公众的理性是有限理性，不是完全理性，但也不是完全不理性，因此不能只一味强调且直接灌输正确的风险认知，而忽略了公众因有限理性而带来的影响，也不能简单粗暴地认为公众无知。

公众与专家对邻避相关概念的认知是有差距的。专家具备坚实的专业技术基础，对邻避设施采用的是理性、科学的"平视化"视角，对待邻避设施的风险，既不刻意贬低也不故意拔高，客观看待邻避设施带来的正负效应，并对此进行预防和处理，而公众可能对风险的"污名化"，公众进行风险感知，依托的是其作为个体有限的专业知识、有限的信息资源、有限的思维定式，因此容易产生风险感知偏差。专家与公众看待风险的不同视角，导致双方在风险评估方面产生巨大差异，专家眼中不值得费心的细微风险，在公众的眼里会被无限放大。

风险感知依赖于所拥有的知识储备，对邻避设施的风险判断和分析基于个体或群体所拥有的邻避知识基础。学者吴宜蓁（2007）认为，专家一般更注重科学数据与概率，民众却倾向用更广泛且敏感的考虑因素，因而普通公众对邻避设施的风险感知是缺乏系统性、一致性、可验证性的，并且有关邻避设施的建设，需要集结各领域的知识，因此对于一个邻避设施项目，并不是由某个领域某个专家单独可以决定的，作为普通公众，没有建立宏观的知识结构，缺乏整体的风险感知也是不可避免的。

（2）不良干预因素的介入

风险并不能完全消失，对风险进行研究也不代表要绝对消灭风险，因为它是复杂的、不确定的。除去人们主观感知到的风险，邻避设施本身具备的客观风险同样不容忽视，这种实体风险主要指项目本身因其设施性质、技术和工程产生的污染物属性以及与当地社区的空间关系，给外界环境和当地社区带来了不以意志为转移的真实的风险（何江波，2010）。随着科学技术的不断发展和创新，人们逐渐认为科学是至高无上的，甚至产生了科学迷信，这种想法认为，在科学进步的过程中，其带来的技术和生态风险是具有正当性的。即使科学技术会带来危害，但在"进步"的旗帜下这种危害也是可以免责的，于是所有潜在和现实的危害都被粉饰成了"进步"的副属品（张燕等，2012）。

在无锡锡东垃圾焚烧发电厂的案例中，在调试设备的环节，因未事先告知村民，且由于操作不当导致该设施发出了刺鼻气味和冒出黑烟，这一突发状况改变了村民对该垃圾焚烧项目的看法，从接受它的建设发展为反对它的建设，一时间打破了政府、企业和专家与村民之前建立起来的信任。

在公众的心目中，"零风险""绝对安全"才是他们接受邻避设施的前提，因此一点变故都会引起他们的负面情绪，而专家和企业因其早已建立起来的科学理性思维或者安全风险管理思维，而忽略了其中不良干扰因素的介入对公众风险感知造成的影响，从而未能及时地对公众的恐慌作出回应，公众心中对邻避设施本身具有的风险感知则愈加模糊且不稳定，进而逐渐偏离正确理解邻避风险的范畴。

英国社会学者拉什在道格拉斯的研究基础上，提炼出"风险文化"这一概念，用以取代"风险社会"这一旧的说法（张宁，2012）。"风险社会"与"风险文化"在概念上的区别，实质上是要回答：现代社会风险到底是社会历史发展过程中的客观事实还是人们主观意识的后果（张广利等，2017）。风险文化观点认为，在当今社会，风险实际上并没有增多，但风险可能会因人们的公民意识觉醒、科学素养提高、价值观的变化等因素而变得容易被察觉，同时也更容易被重视，风险文化的形成其实并不依托制度化、规范化的社会模式，它更多地是以一种观念性质的形态进入人们的脑海之中。

公众对风险的认知，一部分来自风险来源产生的客观威胁，另一部分来自文化和社会经验的塑造。根据风险社会放大框架的相关研究，承担风险信息的交流、扩散功能的中介被称为"风险放大站"，媒体便是其中的一个重要主体（张忻正，2020）。在许多邻避效应事件中，大众媒体扮演的角色不可小觑，它们往往热衷于制造话题热度、转移视线，而在报道邻避事件的过程中增加或减少部分信息，扭曲或混淆部分信息和概念。公众通过这些大众媒体了解、认识到的邻避效应，无形中形成了一种社会认知，因此公众在真正接触邻避设施或形成风险感知体系之前，脑海中已经存在被媒体塑造过的邻避设施风险价值观，并将此观念悬置于现实中遇到的邻避设施上，这对公众进行风险判断产生了不利影响。

风险文化因素在实际的垃圾焚烧项目建设过程中，对公众风险感知的影响是显著的，锡东垃圾焚烧发电厂和夷陵垃圾焚烧发电厂案例中，公众均受到"垃圾焚烧厂会对生活造成不良影响"这种社会风险文化的影响，也因此衍生出对邻避设施的厌恶情绪，对其风险不能客观正确地看待，形成风险感知偏差。

（3）风险沟通模式的不足

长期以来，相关研究认为公众对邻避设施产生风险感知偏差，其中最主要的原因之一在于政府和专家的沟通交流作用没有发挥好，诸如政府忽视公众的知情权、信息公开不透明不及时、政府封闭决策、专家缺乏邻避知识的科普宣传等，但经过相关理论和实践的发展，这种"知识遮蔽"式的沟通模式已经逐渐弱化，社会整体对于信息的重要性已产生共识，人们已经意识到，政府发布官方信息和专家进行相关知识的宣传有利于消解公众的恐慌。然而，为何即便政府做到如实地、及时地发布项目公告，专家积极地宣传邻避知识，公众依旧会对邻避设施产生风险感知偏差呢？

以往的研究在探讨专家与公众的认知差异时，大多将其归因于两者的"知识落差"及"信息落差"，这种归因造成了以知识宣导为主流的风险沟通：只要传递足够的风险知识，公众自然会具备和专家相同的认知基础，从而消除差异、达成认同（黄彪文等，2015）。虽然政府和专家逐渐认识到从自身立场出发需要承担何种责任，并且也主动承担其责任，但更多的时候他们并没有站在公众的立场去理解公众视角的有限性，从公众的角度去看待问题。即政府和专家的视角基于公共需求，而公众的视角基于个人的利益观念。同时政府和专家倾向于直接将上层决策的结果告知公众，缺乏与公众风险沟通的中间过程，忽略了公众的合作与参与，这种沟通方式不仅没有进一步解开公众心中的疑团，反而容易造成政府公信力的降低和专家权威的削弱，拉大与公众的知识差距，无法实现真正有效的沟通。

无论是环保信息、邻避知识、风险理论，还是政治性、学术性的语句构造，都一定程度上与公众日常生活中使用的语言之间产生壁垒，专家和政府有各自的话语体系，他们进行风险阐释时，往往会为了达到科学而精准的表达水平，从而舍弃一定的大众性，缺乏邻避相关知识素养的公众很难领会这些专业术语或精准用词里的含义，导致沟通效率低下，并且大众媒体在使用新闻传播领域的语言报道邻避事件时，也不乏有意挪用混淆概念之举。在这种相互影响下，多个利益相关方之间的沟通存在明显失衡，风险沟通模式存在明显需要改进的不足之处。

5.3.4　对策建议

基于以上分析，本研究提出以下对策建议。

（1）建立有效的双向沟通机制

在锡东垃圾焚烧发电厂的案例中，因点火调试设备未事先告知村民且操作不慎，导致村民产生不满情绪，造成项目经过五年才得以复工；相比之下，夷陵垃圾焚烧发电厂的处理很及时，夷陵区政府第一时间便成立了领导小组和指挥部，快速反应抓住了纠正公众风险感知偏差的关键期，积极引导公众走出认知误区，在短短五个月内实现了民众态度的转变。因此要把握住沟通时机，先要具备充足的沟通意识和成熟的沟通机制。

一方面，作为邻避设施建设的重要主体，政府要意识到公众与专家、政府的风险感知是不一致的，因此政府需要主动担当起沟通的职责，高度重视沟通的重要性。政府工作人员在对公众进行邻避设施的宣传或解释之前，自身要具备一定的邻避和风险相关的知识，才能在面对公众的质疑时，有耐心、有条理地对公众的提问进行解疑答惑。另一方面，通过不断学习风险沟通的技巧，加强与各领域专家以及企业的交流合作，对公众风险感知偏差进行科学的研究，从而摸索与之相关的规律，以便应对更多不同且复杂的沟通情景，提升政府的治理能力、工作质量。

在邻避项目真正能够完成并投入运行之前，可能会因为各种不良干扰因素的介入而导致项目中断或终止，因此，建立起一套完善的风险沟通机制，有利于政府及时地应对瞬息万变的公众舆论和媒体信息传播。第一，政府部门要高效且有序地向公众公布官方权威信息，这是给公众的一颗"定心丸"，有助于建立起彼此之间的信任；第二，建立实施有效的舆情监控系统，杜绝不实信息的传播与扩散；第三，为公众提供表达诉求的有效渠道，确保公众的合理发声，使政府及时地接收来自公众的需求，促进双向沟通的达成。

在邻避知识、风险知识上，公众和专家能够掌握的程度和面向是难以一致的，因此无法用培养专家的模式去培养公众的知识建构，这就要求在与公众进行沟通时，尽可能采用公众易于理解和接受的方式来进行。在锡东垃圾焚烧发电厂和夷陵垃圾焚烧发电厂这两个案例中，相关政府部门均组织村民去周边城市的垃圾焚烧项目现场参观，并进行现场讲解，耳听为虚，眼见为实，公众亲临其他成功建设的垃圾焚烧厂，通过直观的感受激起了对邻避设施的情感认同，对消弭风险感知偏差具有极大帮助。因此除了常见的官网问答、听证会、专家讲座等，政府和专家还可以采用类似组织参观的方式，这样既有助于科普相关知识，又能促进政府、专家与公众的交流，以达到一种知识共塑的沟通效果。

（2）实行多元化的补偿机制

邻避设施作为一种其效益为社会整体所共享，而负外部性影响主要由设施周边居民来承担的公共设施，形成了周边居民的成本和收益不对等，因此，采用补偿公众的方式于政府而言是一项明智之举。常见的补偿方式有心理补偿、经济补偿。心理补偿通过向其他受益的社区征收费金的形式弥补邻避设施附近的居民的心理落差，经济补偿即给邻避设施附近的居民分发金钱补贴、特定补贴。公众对邻避设施具有风险感知偏差，很大程度上是因为担忧其会对自身生活的环境以及当地的经济发展产生负面影响，受众多因素的影响，直接的、一次到位的经济补偿不一定可以完全消除公众的风险感知偏差，化解邻避效应，因此，除了心理补偿和经济补偿，政府也在越来越多地通过环境补偿和民生补偿来丰富补偿渠道。

环境补偿主要用于与生态环境、居民生活环境密切相关的邻避设施的建设，垃圾焚烧发电厂作为一种典型的环境邻避设施，对其周边环境的平衡起着重要作用，因此环境补偿是一种营造邻避设施安全氛围的重要手段。采用环境补偿回应了公众的核心诉求，是化解邻避效应的低成本方式，这种补偿方式，有利于提升邻避设施尤其是垃圾焚烧邻避设施的景观形象，丰富了其生态功能，使其成为与周边环境相融合的生态型公益设施，由"邻避"向"邻利"转变（王莹等，2017）。例如，锡东垃圾焚烧发电厂完工后，当地政府围绕它建造了一座的生态园，小桥流水、树木葱郁，环境优美宛若花园，该生态园可供当地村民休闲散步、纳凉休息，同时还配套进行了水环境整治，使村庄变得更美，环境变得更加宜人。利用环境补偿化解邻避效应，不仅可以提高政府的治理水平，还可推动环境治理、环保事业的发展，是一项益处颇多的补偿方案。

邻避设施附近的居民除了担忧健康风险，还担忧经济风险，除了环境补偿，政府和企业应当通过民生补偿使邻避设施附近公众利益得到实质性的保障，避免公众因得不到确切的生活保障而再次滋生损失厌恶偏差，将邻避设施的利益最大化，促进当地产业升级从而推动经济发展。一般而言，民生补偿可进行配套建设经济综合体，形成产业链，辐射到多个环节上的利益相关者。

锡东垃圾焚烧发电厂建成后，2019 年初黄土塘村与江苏水乡园居农业文化旅游发展有限公司联建合作了融合科普、体育、文创、旅游、教育培训为一体的项目——黄土塘田园综合体，还打造了可供旅游、现代农业展示的产业园，带动了周边村级经济的发展（许波荣，2021）；夷陵区政府为当地建设工业旅游基地、循环经济示范基地等配套设施，同时带动周边其他地区的道路桥梁建设和产业发展，并着力解决夷陵区垃圾焚烧发电厂征地农民及子女就业问题。

（3）加强顶层设计创新治理体制

邻避设施建设项目的完成需要经过环环相扣的多个环节，政府部门以往将化解邻避效应的重点置于后期的治理和补偿。为了更科学有效地化解邻避效应，同时减少因建设过程中其他干扰因素造成的困境，应该对前期项目决策环节加以重视，强化顶层设计，打破事后补救的固有模式，在邻避设施建设之前就尽可能将公众的风险感知偏差降到最低。

健全邻避设施的风险控制机制，以应对全过程的突发状况。第一，在项目规划阶段，应将有关经济发展、环境影响、征地拆迁、邻避补偿等与公众紧密相关的事宜安排妥当；第二，将公众的风险感知偏差纳入风险评估机制之中，对可能出现的情况设置相应的应急处理方案；第三，邻避设施落地前，加强所有环节的各项信息反馈，进行严格的监督管控，避免风险信息不对称产生不良后果。通过风险控制机制，对邻避设施建设的全过程进行科学理性的分析判断，能够最大程度减少因风险感知偏差、治理成本等而造成的资源浪费。

邻避设施的建设，事关多个利益主体，在进行邻避项目的顶层设计时，应积极听取来自专家、企业、环保组织等利益相关方的意见或建议，发挥他们各自的优势有利于全方位完善项目决策。

作为公众，首先应摒弃"谈邻避，则色变"，可通过学习邻避相关的知识提升自身的知识素养，理性地与其他主体进行沟通学习，充分利用有关渠道，向政府表达诉求、提出建议。

作为政府，应妥当使用权力，赋予其他主体充分的话语权；学习各类组织、沟通方面的知识和技巧，积极协调各方主体的利益，创造和谐、平等的研讨氛围；多方主体出现矛盾时，主动承担调解的职责；进行项目本身的规划决策时，也必须健全风险评估机制、邻避补偿机制、信息发布机制、问责和监督机制等相关制度，确保项目建设全过程的规范化。

作为专家，为达到"知识平等""知识共塑"的理想效果，应当将自身所具备的专业知识，通过有效的方式传递给公众，帮助公众纠正风险感知偏差；坚守作为专业领域研究人员的职业操守，客观公正地对公众疑问作出解答；利用专业知识，协助政府和企业进行邻避设施的项目规划决策。

作为企业，在注重自身利益的同时，还要守住确保公众身心健康的底线，不可为了谋取企业利益而损害社会公众的利益，应主动承担社会责任；主动参与到与公众的沟通交流之中，在公众心目中树立起优质企业的形象。

总的来说，在顶层设计方面，要形成以政府为主导的多元合作体系，政府应主动聚拢各方主体以构建一个完善的治理模式，从"管理"向"治理"转变，促进管理理念的改进和创新，而其他各主体，应充分表达自身建议，积极发挥自身的优势，配合政府做好顶层设计工作。

第 6 章

中国环境治理过程中的
公众参与及其影响机理

本章通过问卷调查和实证分析，研究数字化和嵌入式背景下环境治理过程中公众参与及其影响因素。

6.1 环境治理过程中公众亲环境
行为的形成机制及路径分析

6.1.1 研究背景

中国的经济社会发展一度面临"高成本、高污染、高能耗"的局面，环境绩效指数在世界处于较低水平，中国的环境治理也被认为是由政府主导的"独角戏"。近年来，随着多元主体的参与和大数据技术、新媒体平台的发展，公众参与的方式逐渐增多，网络微博、微信公众号等成为公众参与环境治理的渠道。在新环保法实施后，中国环境治理过程中的政府规制强度和公众参与力度在同步增强，公众参与环境治理的广度和深度都得到前所未有的突破与发展，公众的亲环境行为也更加多样。

随着信息技术的快速发展，大数据、"互联网＋"已经渗入了人们生活的各个方面，以网络传播形态为代表的新媒体日益成为信息获取和传播的重要渠道，对公众的环境参与产生巨大影响，也得到了政府的鼓励和支持。随着公民环保意识的提高，公众参与在环境治理过程中主要表现为各种类型的亲环境行为，比如实施多种环保行为、提出环保诉求、参与环境决策等。环境行为分为公共领域环境行为和私人领域环境行为。私人领域的环境行为主要针对公众日常生活中个人的环保习惯或者采取浅层次的环境友好行为。公共领域的环境友好行为则是公众通过社会互动为公共领域的环境作出相应的贡献，是建立在浅层次基础之上的一种高层次的环保行为。在环境治理实践中，亲环境行为是公众参与环境治理的主要表现，因此，需要对亲环境行为的现状、影响机制、逻辑路径进行全面剖析，以激发公众实施亲环境行为的热情，促进公众参与环境治理绩效的提升。

在大数据背景下的环境治理实践中，新媒体使用频率的不断增加促使社会公众获取和交换信息的成本大大降低，提高了公众参与环境治理的热情，越来越多的人通过各种平台和媒介表达自身诉求、参与环境决策，公众的亲环境行为也从私人领域越来越多地转向公众领域，给环境治理注入了新的活力。大数据和新媒体的使用一方面拓宽了公众参与环境治理和进行意见表达的空间，另一方面也对政府治理能力和政策执行模式提出了新的考验。在此背景下，就需要对公众参与环境治理的行为及其影响机制进行综合评估，深入研究环境意识、环境态度、亲环境行为的关系，探究其中的激励路径，并提出有针对性的对策建议，增强公众参与环境治理的有效性，进而提升环境质量。

6.1.2 文献综述与研究假设

(1) 环境意识对公众亲环境行为的影响

环境意识包括对环境的关心程度、对环保行为的看法、对环保知识的掌握等，是个人对保护环境的看法，即对待个人行为结果的环境认知。反映了个体对环境保护相关概念、社会规范的信念和主观认识。以往研究发现，环境意识的提升与道德规范的形成和社会责任感的提升密切相关。斯特恩（Stern，1994）等学者提出了规范激活理论，探究了环境意识、环境规范等对于行为意愿的影响。后续的学者认为，个人的环境意识，特别是利他主义价值观，与亲环境行为的实施有很强的相关性。

在数字赋能和技术治理的背景下，公民环境意识提升，在基本生活条件得到了满足后，公众开始追求更加公平的制度空间和自由的舆论环境，公民意识加速觉醒，社会大众对于参与环境治理、改善环境质量的需求日趋强烈，对于环境污染的关心度以及对于环境保护的重要性认知也在提升。与此同时，法律法规和舆论宣传都明确了保护环境是每个人的责任和义务。从而约束和指导个体行为，促使人们积极主动参与环保行为，并不断强化环保态度。以往研究也表明，有助于形成社会规范和提升环境素养的环境意识与亲环境行为之间有显著关系。因此，本研究提出研究假设 6.1。

假设 6.1：环境意识对公众亲环境行为具有正向影响。

（2）环境态度对公众亲环境行为的影响

环境态度是指人们对环境问题和相关活动所持有的，并且比较有组织的一种情感及行为倾向，是对于环境问题和行为的或正面或负面的评价。凯撒（Kaiser，1999）等学者将环境态度分为环境知识、环境价值和环境行为倾向三个维度。在以往研究公众参与环境治理的文献中，研究态度与行为关系的理论主要是理性行为理论（Theory of Reasoned Action，TRA）和计划行为理论（Theory of Planned Behavior，TPB）。理性行为理论认为，个体的行为由行为意愿引起，行为意愿由个体对行为的态度和关于行为的主观规范两个因素共同决定。因此，环境态度是影响公众亲环境行为的一个重要因素。计划行为理论在理性行为理论的基础上引入了感知行为控制（PBC），表达了行为人对自身能力、可用时间、政策支持等的感知。

一般而言，公众如果对于环境污染持抗议态度，对参与环境治理的态度就会比较积极，那么发生亲环境行为的可能性就比较大。中国的环境治理主要由政府主导，涉及多方利益相关者，公众参与环境治理和实施各种亲环境行为的过程中，不仅会受到其自身环境态度的影响，还会受到公众对于政府治理满意度的影响。如果公众对于政府环境治理工作比较满意，对于环境政策工具的作用比较有信心，那么其参与环境治理的意愿就比较强烈，实施亲环境行为的可能性也比较大。因此，本研究将环境态度分为公民自身对于环境保护的态度以及公众对于政府环境治理的满意度，并提出假设 6.2。

假设 6.2：环境态度对公众亲环境行为具有正向影响。

（3）预期绩效对公众亲环境行为的影响

期望理论认为，公众对于某件事情的预期会影响其行为意愿。在环境治理领域，公众是否实施亲环境行为、如何开展亲环境行为，都与其预判的行为后果密切相关。如果公众认为，实施亲环境行为遇到的阻力较小，且会改善环境治理，增加自身和社会的福利。那么其实施亲环境行为的可能性就比较大。反之，如果公众对于亲环境行为的预期绩效不佳，那么其实施亲环境行为的概率就会比较小。尹长禧等（2023）在整合规范激活理论与弗鲁姆的期望理论的基础上，研究了亲环境行为意愿的影响因素，结果发现，对于行为效果的预期会对行为意愿产生影响。本研究认为，如果公众对于自身实施的私域亲环境行为的预期较高，则其会在生活中积极开展环境保护行为。如果公众对于他人实施亲环境行为的期望也较高，其开展公域亲环境行为的积极性也比较高。因此，本研究将预期绩效分为对于私域亲环境行为的预期效果和对于公域亲环境行为的预期效果，并提出假设 6.3。

假设 6.3：预期绩效对公众亲环境行为具有正向影响。

（4）预期绩效在环境意识和公众亲环境行为之间的中介作用

环境意识体现了公众对于环境保护的认知、感受和价值观，包括环境保护的重要性、污染形势的严峻性、对环境知识和社会规范的认知、对政府环境治理工作的重要性认知等。因此，环境意识会对公众参与环境治理的预期绩效产生影响，进而影响公众亲环境行为的实施。如果预期效果不好，即使公众具有较强的环保意识和环境素养，也很可能不会真正实施亲环境行为。如果预期效果较好，具有环保意识的公众实施亲环境行为的可能性就会提升。因此，本研究构建了"环境意识——预期绩效——亲环境行为"路径，并提出假设 6.4 和假设 6.5。

假设 6.4：环境意识对公众参与环境治理的预期绩效有显著的正向影响。

假设 6.5：公众参与环境治理的预期绩效在环境意识与亲环境行为的关系中具有中介作用。

（5）预期绩效在环境态度和公众亲环境行为之间的中介作用

环境态度体现了公众对于环境污染的情感和行为倾向。因此，环境态度也可以在一定程度上影响预期绩效，进而影响公众亲环境行为的实施。如果预期效果不好，即使公众对于环境污染持反对态度，很可能也会因为各种担忧而放弃实施亲环境行为。如果预期效果较好，对于环境污染持反对态度的公众实施亲环境行为的可能性就会提升。本研究中的环境态度包括公众对于政府环境治理的满意度，一般而言，如果对于政府环境治理的满意度和信任度较高，那么公众的预期效果也会比较好。因此，本研究构建了"环境态度—预期绩效—亲环境行为"路径，并提出假设 6.6 和假设 6.7。

假设 6.6：环境态度对公众参与环境治理的预期绩效有显著的正向影响。

假设 6.7：公众参与环境治理的预期绩效在环境态度与亲环境行为的关系中具有中介作用。

6.1.3　问卷发放与数据来源

本部分的问卷来自本研究团队 2021 年 8 月修订完成的"公众参与环境治理过程中亲环境行为的形成机制及路径分析调查"，该问卷主要由五部分组成：个人基本信息、环境意识、环境态度、预期绩效、亲环境行为。为了保证调查问卷设计的科学合理，问卷设计的过程主要遵循了以下流程：文献回顾和田野调查→与本领域的专家进行研讨→形成问卷初稿→小样本试测→问卷的再修改与完善→问卷定稿。为了保证研究结果的合理性，本研究主要采用非随机抽样和随机抽样相结合的方式获取中国大陆 31个省份的样本量，共发放问卷 300 份，回收 276 份，回收率为 92%。

表 6.1 显示了被调查者的基本特征。从样本的整体情况来看，被调查者的性别分布比较均衡，年龄跨度为 18～90 岁，均为成年人，能够客观、理性反映出公众的情绪和感受。平均受教育程度介于初中和高中之间，符合中国实行 9 年义务教育的实际情况。个人全年总收入的均值为 31805.31元，与中国政府发布的 2020 年人均总收入数据相吻合。因此，被调查者能够从整体上反映中国公众参与环境治理和实施亲环境行为的实际状况，样本具有一定的代表性和科学性。

表 6.1 被调查者的基本特征

测量题项（变量代码）	数量	最小值	最大值	平均数	标准差
性别（G1）	276	1	2	1.53	0.50
年龄（A1）	276	18	98	52.10	16.90
最高教育程度（ED1）	276	1	7	3.87	3.11
个人全年总收入（M1）	276	0	500000	31805.31	205840.55

6.1.4 变量测量

为了确保测量量表的信度和效度，本研究尽可能借鉴国内外现有文献中已获认可的成熟量表，再结合本研究的特点，对量表的测量题项进行反复斟酌与修改。本研究中测量问题采用国际通行的 Likert 5 级量表形式，从 1~5 代表程度越来越高，具体题项见表 6.2。具体来说，变量测量题项的设计如下：

表 6.2 变量与测量

变量	测量题项（编码）
环境意识	是否关心环境治理问题（EAW1） 是否认同"人类对于自然的破坏常常导致灾难性后果"（EAW2） 是否认同"目前人类正在滥用和破坏环境"（EAW3） 是否认同"如果一切按照目前的样子继续，我们很快将遭受严重的环境灾难"（EAW4）
环境态度	是否认为保护环境至关重要（EAT1） 是否反对环境污染行为（EAT2） 看到环境污染现象是否会非常愤怒（EAT3） 对于政府环境治理是否充满信心（EAT4）
公众参与的预期绩效	整体来看，您认为之前的行为对于环境的改善很有帮助（EPP1） 您之前参与的环境保护行为是否具有"过程有效性"（EPP2） 您之前参与的环境保护行为是否具有"结果有效性"（EPP3） 未来，您对于公众参与环境行为的整体预期效果（EPP4） 未来，您对于公众参与环境治理"过程有效性"的预期（EPP5） 未来，您对于公众参与环境治理"结果有效性"的预期（EPP6）

续表

变量	测量题项（编码）
亲环境行为	是否经常注意到环境问题并进行思考（PEB1） 是否经常实施环保行为（PEB2） 是否公开发表支持环境保护的言论或加入环保组织（PEB3） 是否鼓励他人实施环保行为（PEB4）

（1）环境意识（environmental awareness）：在以往文献中，环境意识的测量方式比较多样。目前西方学界提出的环境意识量表主要有 3 个。首先是马洛尼（Maloney）开发的"生态态度与知识"量表；其次是威格尔（Weigel）等设计的环境关心量表，主要用于测量美国公众对于生态问题、污染问题的看法、对于环境政策的支持和个人贡献（卢春天，2021）；最后是邓拉普（Dunlap）等开发的新生态范式量表（New Environmental Paradigm，NEP），此量表在全球得到了广泛应用并进行了多次修正（DUNLAP，2000；DUNLAP，2008）。本研究借鉴 NEP 中的问题并进行修改，以测度公众对于环境保护、政府环境治理和亲环境行为的认知。

（2）环境态度（environmental attitude）：态度对于行为的影响在诸多理论中都得到了体现。计划行为理论和理性行为理论均认为，态度是引发行为的重要因素。环境 ABC 理论认为，环境行为（B）是个人的态度变量（A）和情境因素（C）相互作用的结果。以往研究多关注公民个人对于环境保护的态度、对于环境污染的抵制以及对于亲环境行为的价值认同等。本研究将综合测度公众对于亲环境行为的态度以及对于政府环境治理的态度。包括"是否认为保护环境至关重要""是否反对环境污染行为""看到环境污染现象是否会非常愤怒""对于政府环境治理是否充满信心"等问题。

（3）公众参与的预期绩效（expected performance of public participation）：以往研究表明，在中国，公众对于其环境行为的预期效果会影响其行为意愿，本研究从两个维度对公众参与环境治理的预期效果进行测量，包括对于现状的评估和对于未来的评估。从三个层面对公众亲环境行为整体绩效有效性的预期、过程有效性的预期和结果有效性的预期进行综合性评估。并在问卷中注明,过程有效性指的是对于政府反应速度、信息公开、治理速度等的预期。结果有效性指的是对于处置结果、环境治理结果等的预期。整体绩效有效性指的是对于综合性结果的预期。进而全面了解和评估公众对于参与环境治理效果的预期。

(4)亲环境行为(pro-environmental behavior):在本研究的实证分析过程中,作为因变量的亲环境行为包括私域亲环境行为和公域亲环境行为。其中,私域亲环境行为侧重于考察公众的日常环保行为,公域亲环境行为侧重于测度公共领域的环保行为,考察其行为对于他人、对于社会的正面影响。

6.1.5 数据分析结果

在环境意识的四个维度,按照关心程度赋值,最大值为5,最小值为1,值越大表示关心程度越高。以此类推,在环境态度的四个维度中,值越大表示反对环境污染和支持亲环境行为的态度越强烈,值越大说明对于政府治理的态度越满意。在公众参与的预期效果的六个维度上,值越大表示预期效果越理想。在亲环境行为的四个维度上,值越大代表行为越频繁。在使用SPSS 21.0软件对各研究变量进行描述性统计分析后,可以得到各变量及其测量题项的最大值、最小值、均值和标准差(如表6.3所示)。表6.3中,反映环境意识的四个题项的均值都在2.0~2.6,高于环境态度四个维度的均值。这说明,一些公众的环境意识虽然比较强烈,但是在实践中对于环境污染的抗议不太强烈,对于政府环境治理的满意度还不太高。在公众参与环境治理预期效果的六个维度上,对于现状的整体预期低于对于未来的整体预期,并且二者的均值都不太高。对于过程的预期也略高于对于结果的预期,并且现状的预期也低于未来的预期。这说明公众对参与环境治理行为的预期效果评价不高,但是对于未来的发展还是比较有信心的。在亲环境行为的四个维度,私域亲环境行为的均值高于公域亲环境行为的均值,说明公众实施的私域亲环境行为频率高于公域亲环境行为。但是整体而言,各类亲环境行为的频率都不太高。

表6.3　　　　　　　　　　　描述统计分析结果（原始数据）

变量代码	最小值	最大值	均值	标准差
EAW1	1	4	2.07	0.408
EAW2	1	4	2.31	0.727
EAW3	1	4	2.27	0.749
EAW4	1	5	2.59	0.836
EAT1	1	5	1.86	0.307
EAT2	1	4	1.78	0.342
EAT3	1	4	1.67	0.305
EAT4	1	3	1.29	0.316
EPP1	1	3	1.08	0.804
EPP2	1	3	1.12	0.719
EPP3	1	3	1.07	0.732
EPP4	1	4	1.22	0.859
EPP5	1	4	1.24	0.841
EPP6	1	3	1.20	0.729
PEB1	1	4	2.19	0.572
PEB2	1	3	1.86	0.602
PEB3	1	3	1.04	0.632
PEB4	1	3	1.01	0.621

　　由于各个变量和测量题项的方向不太一致，本研究在使用 AMOS 24.0 进行结构方程模型构建之前对数据进行了预处理，以保证各个题项的数值表征方向是是一致的。此外本研究涉及的变量模型和各个题项之间的关系也比较复杂，还需要进行中介变量效应的分析，因此在构建模型之前需要进行信效度检验，以保证模型的拟合度。结果显示，整体 Cronbach's α 值为 0.688，适宜进行实证研究。

　　由表6.4可知，潜变量环境意识、环境态度、公众参与环境治理的预期结果、亲环境行为的 Cronbach's α 分别为 0.713、0.647、0.652、0.849，说明各测量指标存在一致性。在效度检验方面，对潜变量采用主成分因子最大正交旋转方法进行分析，四个主因子的方差贡献率分别为14.024%、11.661%、26.847%、9.513%，累计贡献率超过60%，可观测变量的标准因子载荷系数均大于0.6，整体结果反映出各潜在变量的结构效度良好，可以构建结构方程模型。

表6.4 数据处理与信效度检验

变量	编码	因子载荷	Cronbach's α	贡献率（%）	累计贡献率（%）
环境意识	EAW1	0.756	0.713	14.024	14.024
	EAW2	0.701			
	EAW3	0.796			
	EAW4	0.766			
环境态度	EAT1	0.679	0.647	11.661	25.685
	EAT2	0.693			
	EAT3	0.664			
	EAT4	0.708			
亲环境行为	PEB1	0.769	0.849	26.847	52.532
	PEB2	0.765			
	PEB3	0.804			
	PEB4	0.865			
公众参与的预期绩效	EPP1	0.653	0.652	9.513	62.045
	EPP2	0.687			
	EPP3	0.631			
	EPP4	0.713			
	EPP5	0.724			
	EPP6	0.702			

使用AMOS 24.0来验证本章提出的假设，最终修正后的模型拟合结果见表6.5。模型的GFI值为0.984，大于0.9，RMSEA值为0.045，小于0.08，NFI值为0.964，大于0.9，IFI值为0.964，大于0.9，RMR值为

0.006，小于 0.05，AGFI 值为 0.974，大于 0.9，CFI 值为 0.964，大于
0.9，表明模型的相对拟合效果良好。结果表明：①环境意识并未直接对亲
环境行为产生显著的正向影响，而是具有完全中介效应，假设 6.1 不成立，
下面将会进一步阐释原因；②环境态度对亲环境行为具有显著的正向影
响，标准化路径系数为 0.264，因此假设 6.2 得到支持；③公众参与预期
效果对亲环境行为具有显著的正向影响，标准化路径系数为 0.389，因此
假设 6.3 成立；④环境意识对公众参与预期效果具有显著的正向影响，标
准化路径系数为 0.153，因此假设 6.4 得到支持；⑤环境态度对公众参与
预期效果具有显著的正向影响，标准化路径系数为 0.371，假设 6.6 成立。

表 6.5　　　　　　　　　　结构方程模型拟合结果

路径		路径系数	S. E.	C. R.	p 值	标准化路径系数	结果
亲环境行为←环境意识		0.010	0.012	0.850	0.395	0.004	假设 6.1 不成立
亲环境行为←环境态度		0.067	0.011	9.825	***	0.264	假设 6.2 成立
亲环境行为←公众参与预期效果		0.361	0.005	74.358	***	0.389	假设 6.3 成立
公众参与预期效果←环境意识		0.151	0.009	17.017	***	0.153	假设 6.4 成立
公众参与预期效果←环境态度		1.093	0.009	124.674	***	0.371	假设 6.6 成立
拟合指标	GFI	0.984	IFI	0.964	CFI	0.964	
	RMSEA	0.045	RMR	0.006			
	NFI	0.964	AGFI	0.974			

注：*** 表示在 1% 水平下显著。

从本研究的概念模型中可以看出，环境意识和环境态度对于亲环境行
为的作用效果既包括直接路径的影响，也包括通过影响公众参与预期效果
（中介变量）进而影响亲环境行为的间接路径。因此，对模型效应进行分
解，从而更清晰地说明变量之间的影响路径，同时对模型中的中介效应进
行验证。研究中介效果的传统方法为 B – K test 和 sobel test，但 B – K test
所用的因果检验是所有中介检验方法中最不可行的方法，而 sobel test 采用

z检验来验证模型显著性，但中介效应通常不符合正态分布，因此该方法计算出的 Z 值是有偏的。本研究采用信赖区间法中的 Bootstrap 中介检验法，Bootstrap 中介检验法分为非参数百分位 Bootstrap 法（percentile bootstrap CI method，PC）和偏差校正的非参数百分位 Bootstrap 法（bias corrected percentile bootstrap CI method，BC），BC 纠正了 PC 的序列中值不一定实际等于原样本数据计算得到的中介效应估计值这一问题。运用 Amos 操作时，如果分析所得的间接效应的上下界之间不包含 0，则说明存在中介效应，反之则不存在。若中介效应存在，则进一步分析直接效应，如果直接效应上下界间不包含 0，则说明存在直接效应，即该种中介效应为部分中介，反之则说明为完全中介。

表 6.6 是基于 Bootstrap 中介检验法计算生成的模型效应分解结果，结果表明：①环境意识影响亲环境行为路径的间接效应在 PC 和 BC 的上下界中均不包含 0，表明存在中介效应，且直接效应在 PC 和 BC 的上下界均包含 0，说明不存在直接效应，为完全中介。具体地，其总效应是 0.405（p < 0.01），直接效应是 0.01（不显著），间接效应是 0.395（p < 0.01），因此假设 6.5 成立（2）。环境态度影响亲环境行为路径的间接效应在 PC 和 BC 的上下界中均不包含 0，表明存在中介效应。具体地，其总效应是 0.121（p < 0.01），直接效应是 0.067（p < 0.01），间接效应是 0.054（p < 0.01），说明环境态度对亲环境行为有正向影响作用，部分通过影响公众参与预期效果，进而影响亲环境行为，因此假设 6.7 得到支持。

表 6.6　　基于 Bootstrap 中介检验法的模型效应分解结果

自变量	效应分解	路径	估计量	p 值	PC		BC	
					下界	上界	下界	上界
环境意识	直接效应	环境意识→亲环境行为	0.010	0.395	0	0	0	0
	间接效应	环境意识→公众参与预期效果→亲环境行为	0.395	0.001 ***	0.383	0.407	0.382	0.407
	总效应		0.405	0.001 ***				

续表

自变量	效应分解	路径	估计量	p 值	PC		BC	
					下界	上界	下界	上界
环境态度	直接效应	环境态度→亲环境行为	0.067	0.001 ***	0.042	0.092	0.041	0.092
	间接效应	环境态度→公众参与预期效果→亲环境行为	0.054	0.001 ***	0.047	0.062	0.047	0.061
	总效应		0.121	0.001 ***				

注: *** 表示在1%水平下显著。

6.1.6 研究结论、原因分析与对策建议

本部分通过构建方程模型, 研究了环境意识、环境态度、公众参与预期效果等潜在变量对亲环境行为的影响机制及作用路径, 主要研究结论如下:

（1）环境意识和环境态度都是影响亲环境行为的重要因素。因此, 要加强环境教育, 提升公众的环境素养, 使公众意识到参与环境治理和实施亲环境行为的重要性, 树立正确的环境观。同时, 要引导公众增强对于政府环境治理工作的信任感和满意度, 形成政府和公众的合作治理模式。

（2）环境意识和环境态度通过"公众参与预期效果"这一中介变量来影响亲环境行为, 且环境态度与亲环境行为的中介效应为部分中介, 即环境态度本身既对亲环境行为直接产生影响, 又通过公众参与预期效果对亲环境行为间接产生影响, 环境意识与亲环境行为的中介效应为完全中介, 即环境意识的提高本身并不直接影响亲环境行为, 而是通过提高公众参与预期效果, 进而促进亲环境行为的实施, 二者的传导路径是不同的。

在中国, 公众参与环境治理和实施亲环境行为的过程中, 政府环境治理的满意度和结果预期会对其行为意愿产生非常强烈的影响。因此, 当公众具有一定的环境意识时, 并不一定会转化为亲环境行为, 只有在环境意识比较强烈且对预期效果的评估比较理想时, 才会积极实施亲环境行为。由于本研究在测量公众环境态度时, 探究了公众对于政府环境治理的态度, 因此环境态度既可以直接影响亲环境行为, 又可以通过影响预期效果

进而间接影响亲环境行为的实施。

在实践中，公众环境意识的提升会引导他们关注政府治理环境的行为，了解一系列环境政策和法律法规，当他们看到环境污染现象时，如果对于政府的治理政策比较了解，就会对政府多一份信任，公众参与环境治理的预期结果就会比较好，进而提高实施亲环境行为的积极性。在本研究中，公众的环境态度既意味着对于环境污染现象的抗议，又意味着对于政府环境治理满意度和信心的提升。因此，环境态度会同时影响公众参与的预期效果和亲环境行为实施的频率。在实际的治理过程中，环境意识和环境态度的传导路径存在差异性，但是二者都会通过影响预期效果而影响公众实施亲环境行为的积极性。

基于以上分析，本研究提出以下对策建议：

（1）公众参与环境治理的预期效果在环境态度与亲环境行为之间的中介效应为部分中介，二者共同作用于亲环境行为。因此，要充分认识到环境态度和公众参与环境治理的预期效果对亲环境行为的影响作用，在培育正确的环境态度和价值观的同时，注意提升公众对于政府环境治理的满意度。提升公众对于亲环境行为的效果预期，进而增强其行为意愿。

（2）单纯地培养环境意识虽然不会直接推动公众实施亲环境行为，但是会通过影响公众参与环境治理的预期效果间接影响亲环境行为。因此，政府要开展广泛而多元的环境教育，在增强公众环境知识和环境素养的同时，增强政府的公信力。同时，应该注意区分私域亲环境行为和公域亲环境行为的不同特征，鼓励公众开展多种形式的亲环境行为。

6.2 大数据背景下环境数字化治理过程中的公众参与和风险防范

6.2.1 研究背景

2021 年 11 月，国务院通过的《"十四五"推进国家政务信息化规划》中明确指出："要加快建设数字政府、提升政务服务水平。"2022 年 6 月，国务院印发《关于加强数字政府建设的指导意见》，提出要"全面推动生态环境保护数字化转型，提升生态环境承载力、生态环保协同治理能力。建立一体化生态环境智能感知体系，打造生态环境综合管理信息化平台"。这些都说明，中国的环境治理正在大步迈向"数字化"与"智慧化"的多场景样态。数字化治理强调技术赋能，在技术嵌入的背景下，各种主体交织互动。其中，公众参与的力量不容小觑。无论是在环境污染应急管理、环境诉求反馈与解决层面，还是在治理互动、信息资源共享方面，公众在各项治理活动中都发挥着非常重要的作用（马鹏超，2022）。公众参与的动机是多样化的，不同的群体，参与过程和参与效果也不尽相同。在环境数字化治理的公众参与过程中，面临着差异化的治理困境和治理风险（陈建，2023）。但是目前学术界对于公众参与环境数字化治理的绩效评价、机制探究、风险防范等方面的研究还比较少，存在一定的"短板盲区"和"真空地带"。随着信息技术的快速发展，数字化技术已经渗入环境治理的各个方面，以网络传播形态和互联网技术为代表的新媒体日益成为信息获取和传播的重要渠道，对公众生活的方方面面产生巨大影响。更多的群体通过不同方式参与到环境治理实践中，推动公共决策行动，给社会公共事务处理注入了新的活力，拓宽了公众参与和意见表达的空间，但也存在着价值取向失当、总体质量较低、数字化治理风险尚存等问题，对于传统国家治理体系和治理能力形成了新的考验。公众参与环境数字化治理的绩效如何？面临着怎样的风险？内在的作用机制是怎样的？如何改进未来发展路径？这是本部分将要研究的几个关键问题。

以往文献关于环境治理中的公众参与的研究中，开展绩效评价的分析维度包括公众参与力度、公众满意度、诉求解决程度等（马亮等，2019；苏毓淞等，2021；武照亮等，2022、2023），但是专门围绕环境数字化治理的绩效评估还不多见。在设计指标体系的过程中，未考虑公众参与的过程与结果性指标。或者仅设计了宏观层面政府部门、微观层面的企业产业的定性指标体系，未对公众参与效果进行系统评价（龙文滨等，2022）。在环境数字化治理的实践中，围绕治理主体的智慧化理念尚未确立，技术选择导致主体结构与权力关系失衡、合作治理流程运行的效率低下等困境，也有跌入数字技术负能"泥沼"的可能，影响了数字技术赋能的效果。为此，需从价值引导与思维转变、政府治理能力与结构调整、公众参与过程的有效性、公众参与结果的有效性、治理网络协作有效性等层面来系统评估环境数字化治理公众参与的整体效能。

环境数字化治理背景下的公众参与，较多的是依靠信息技术、互联网、新媒体等多种平台和新兴媒介。这些新的渠道和途径，在解决新的公众环境诉求的同时，也带来了新的治理风险。新时期的公众参与影响机制，往往呈现出交织互动和嵌入协作的特征，需要多方主体有机互动、多元机构沟通协作，需要治理能力和技术能力的多重交叉与共同提升。对于环境治理主体风险防控、应急防变的能力要求也比较高。已有关于环境治理的风险防范的文献较多的是现象层面的描述和定性研究，包括隐私风险、执行偏差、数字鸿沟、数字悬浮、数字内卷、跨域治理低效等（林凌等，2021；王腾，2022；佟林杰等，2022；郭余豪等，2023），缺乏深入的风险分析与测度。因此需要在构建指标体系的过程中，纳入风险防范的视角，深入而全面地构建安全、有效的环境数字治理的公众参与模式。

在公众参与环境数字治理的内部机制分析方面，以往学者主要研究公众的电子政务采纳意愿与行为的影响因素，包括电子政府平台优化和创新扩散的兼容性、复杂性、可观察性和可试性；公众的社会认知、政府信任、平台信任、参与意愿；数字治理平台的感知有用性、感知易用性；公众的绩效期望、努力期望、社会影响、便利条件；政府数字化治理平台的信息质量、系统质量、服务质量等因素。主要运用的理论和模型包括创新扩散理论（IDT）、社会认知理论（SCT）、计划行为理论（TPB）、技术接受模型（TAM）、整合型科技接受模式（UTAUT）、D&M 信息系统成功模型、信任理论等（Almach，2020；Mensah，2021；Zeebaree，2022；Mensah，2020）。这些模型脱胎于西方国家的实践，未能完全考虑中国的实际情境，并且数字化是比电子政务、电子政府更广义的、更复杂的概念。在中国的环境数字化治理过程中,面临的群众基数更大、主体更加多元、问题更加复杂、区域不均衡性也比较强。这就要求在研究影响机制的过程中,考虑治理主体的交织互动性、治理部门的协作性和治理网络的复杂性。在对策建议方面,以往研究偏重于宏观性的顶层设计,未考虑环境治理的特殊性。研究方法以案例研究、文本分析为主(颜海娜等,2023;司林波等,2022;杨旭等,2022;陈善荣等,2022;曹亦寒,2021;罗强强,2021)。少量进行实证分析的学者基于问卷调查数据来研究数字化媒介形态、媒介使用行为以及媒介接触频率等因素对于不同类型的群体参与行为的影响(王薇等,2022;颜海娜等,2021),然而在已有的国内文献中,研究视角和研究方法表现出了一定程度的同质化趋势,这导致研究观点和结论的创新性大打折扣。

6.2.2 研究设计

本研究针对环境治理的多元主体大规模发放问卷,以收集数据进行实证分析。问卷发放对象包括环境部门的官员、环境数字化治理平台的使用者、普通公众等。共发放问卷 400 份,回收 392 份。其中男性 197 份,女性 195 份,性别分布比较均衡,样本具有较好的代表性,满足研究的需要。研究维度、变量设计与问卷测量方式见表 6.7。在绩效评估层面,包括公众参与过程的有效性、公众参与结果的有效性、技术平台的有效性、协作网络的有效性、风险防范的有效性五个维度。在影响机制层面,主要探究风险感知、环境态度和社会影响对于公众参与环境数字化治理绩效的影响。

表 6.7 研究维度、变量测度与操作化定义

研究维度	变量测度	操作化定义	编码
绩效评估	公众参与过程的有效性	(1)可以很轻松的参与环境数字治理 (2)参与环境治理的信息资源可以很容易获取 (3)参与环境数字治理的渠道是多元的 (4)参与环境数字治理的成本不高	EP1 EP2 EP3 EP4

续表

研究维度	变量测度	操作化定义	编码
绩效评估	公众参与结果的有效性	（1）所反馈的问题可以得到有效解决 （2）所提出的意见、建议能够被采纳 （3）参与环境数字治理后，满意度提升 （4）参与环境数字治理后，环境得到改善	ER1 ER2 ER3 ER4
	技术平台的有效性	（1）环境数字化治理平台能够为公众提供有用的信息 （2）环境数字化治理平台能够为公众提供有效的服务 （3）环境数字化治理平台能够提升公众的办事效率	ET1 ET2 ET3
	协作网络的有效性	（1）环境数字化治理主体是多元的 （2）环境数字化治理主体之间的协作是顺畅的 （3）环境数字化治理主体之间的沟通是及时的	EN1 EN2 EN3
	风险防范的有效性	（1）在参与数字化治理的过程中，政府部门提前进行风险预警 （2）在参与环境数字化治理的过程中，没有遇到风险 （3）在参与环境数字化治理的过程中，风险能够有效解决	ERP1 ERP2 ERP3
影响机制	风险感知	（1）所在城市受环境污染影响的感知程度 （2）个人受环境污染影响的感知程度 （3）个人参与环境数字化治理的风险控制感知	RP1 RP2 RP3
	环境态度	（1）是否认为保护环境至关重要 （2）是否抗议环境污染行为 （3）对于政府环境治理是否充满信心	EA1 EA2 EA3
	社会影响	（1）亲朋好友影响 （2）政府宣传和关键意见领袖（KOL）引导 （3）其他媒体平台引流	SI1 SI2 SI3

在开展因子分析之前，为了确定数据的相关性和适用性，需要运用 KMO 检验法和 Bartlett 球形检验法对样本进行适用性及指标相关性检验。数据分析结果显示 KMO 值为 0.825，在可接受范围内。Bartlett 球形检验的卡方值为 232.617 且自由度为 36，显著性水平 p 值为 0，表明这些数据来自正态分布总体，代表数据样本的相关矩阵之间有共同因素存在，适合进行因子分析。本研究以特征值大于 1 为标准提取因子，并以最大方差法进

行正交旋转，结果如表 6.8 所示，可以看出，从公众参与绩效各变量中提取了五个公因子，与表 6.7 的预期相一致。各变量只在一个因子上具有较高的负荷，并且负荷的绝对值在 0.8 以上，因此，具有较高的建构效度。另外，公众参与绩效四个子维度的 Cronbach α 系数均大于 0.8，因此各维度具有较高的信度。

表 6.8　　公众参与环境数字化治理绩效的因子分析结果

变量代码	因子 1	因子 2	因子 3	因子 4	因子 5
EP1	0.856				
EP2	0.868				
EP3	0.872				
PE4	0.858				
ER1		0.933			
ER2		0.964			
ER3		0.930			
ER4		0.912			
ET1			0.928		
ET2			0.921		
ET3			0.905		
EN1				0.876	
EN2				0.859	
EN3				0.862	
ERP1					0.926
ERP2					0.916
ERP3					0.906
特征值	2.207	1.895	1.829	1.815	1.806
解释方差（%）	18.522	19.170	19.126	18.086	19.096
Cronbach's α	0.853	0.936	0.906	0.856	0.925

6.2.3 个体特征层面的绩效差异

根据前文所述,因子 1 为公众参与过程的有效性,因子 2 为公众参与结果的有效性,因子 3 为技术平台的有效性,因子 4 为协作网络的有效性,因子 5 为风险防范的有效性。将因子按照方差解释率进行赋权可以计算出整体绩效结果。在此基础上,为了分析个体特征层面的绩效差异,按照性别、城乡分成两组进行研究。最终的因子分析评价结果见表 6.9。女性群体的参与绩效小于男性,乡村群体的参与绩效小于城市,且城乡差异大于性别差异。此外,不同年龄组的绩效也存在差异,中青年群体的参与绩效显著高于未成年人群体和老年人群体。这主要是由于在中国,女性群体参与环境治理的积极性小于男性。相对于乡村居民而言,城市居民的参与渠道普遍比较广、参与意识也比较强。相对于未成年人群体和老年人群体,中青年群体参与环境数字化治理的优势比较明显。因此公众参与环境数字化治理的绩效会存在性别、城乡、年龄层面的个体差异。以往研究发现,女性的政治参与普遍低于男性,城市居民的公众参与程度明显高于乡村,不同的社会群体对互联网的可及性和使用能力上存在差异,出现第一道数字鸿沟——接入沟和第二道数字鸿沟——使用沟等数字化治理鸿沟。此外,由于不同的群体的环境态度、环境素养、社会网络存在差异,甚至还存在第三道鸿沟——素养沟。随着技术进步,数字信息依据新的传播方式推送,海量且良莠不齐的信息考验着人们信息获取理解和整合批判的能力,数字鸿沟使公众在数字时代存在信息获取、参与互动、资源分配等层面的不平等。因此,不同的群体,存在不同层面的个体差异,其环境数字化治理的参与绩效也存在异质性。

表6.9 不同群体的公众参与绩效

性别	绩效值	城乡	均值
女性	− 0. 1284	城市	0. 3505
男性	0. 1291	乡村	− 0. 3498

6.2.4　省份层面的绩效差异

中国幅员辽阔，为了对比不同省份层面的区域差异，将样本按照省份进行分组，进而求得分布在 31 个省份不同群体的绩效均值，将这个均值作为该省份的绩效值，排名见表 6.10。可以看出，公众参与绩效存在明显的省份差异。绩效得分较高的群体分布在北京、上海、浙江、江苏、广东等东部省份，绩效得分较低的群体分布在新疆、青海、西藏等西部省份。近年来在中国大陆，以微博、微信为代表的社交媒体的普及促进了公众参与环境数字化治理的范围扩大和程度加深，各省份均建立了交互式的环境治理网站、环保诉求热线、政务微博、政务微信，一些省份还搭建了政务抖音、小程序等具有科技化、信息化、大众化、创新型等特点的监督互动平台。环境监管部门通过上述平台及时发布环境政策、治理措施等相关内容，拓宽公众获取环境治理信息的途径，公众在日常生活中发现破坏生态环境的违法、违规和不文明行为时，可以通过多种渠道进行举报投诉，如拨打举报电话，通过微信小程序、环境政务微博、信访举报投诉或者直接进行现场举报等。除了政府部门、环境 NGO 等组织的公众参与，一些地区还设置了"环境保护监督员"，这些监督员主要负责向公众宣传国家环境保护各项政策和法规，讲解各级政府对环境保护相关要求，当好"宣传员"；进行日常巡查、巡逻，发现环境污染事件及时处置、上报。这些环保监督员具有志愿性、无偿性、公益性的特征，有科研人员、企业家，也有公务员、志愿者代表，他们具有广泛的社会影响，引领、带动更多市民参与到生态环境保护中。生态环境监督员不仅要行使监督生态环境问题、监督环境违法行为整改情况、监督生态环境监管人员监管执法行为和工作作风的权利，还要履行相应义务：参与普及生态环境保护的相关知识和全民环境教育，反馈掌握的生态环境保护政策措施落实情况，提出改善生态环境质量、保障生态环境安全、维护生态环境民生的意见建议，报告发现的生态环境问题和违法、违规、违纪行为等。但是各省份的经济社会发展水平、信息技术、公众参与渠道、公众环境素养、社会影响等存在明显差异，因此公众参与绩效也存在省份层面的异质性。一些东部省份已经构建了"政府—企业—NGO 组织—公众"交织互动和嵌入协作的环境数字化治理模式。而一些西部省份仍然处于政府、环境部门单一主体监管的传统模式，数字化平台搭建的也不完善。东部地区的公众参与程度和广度、绩效普遍高于中部和西部地区。

表 6.10　　　　　　　　不同省份的公众参与绩效

省份	绩效得分	排名	省份	绩效得分	排名
北京	2.2965	1	安徽	−0.2439	17
上海	1.2155	2	吉林	−0.2519	18
浙江	0.8058	3	河南	−0.2658	19
江苏	0.7786	4	黑龙江	−0.2761	20
广东	0.4718	5	辽宁	−0.2842	21
山东	0.3378	6	甘肃	−0.2923	22
福建	0.1356	7	内蒙古	−0.3081	23
天津	0.1166	8	湖南	−0.3241	24
重庆	−0.0365	9	山西	−0.3369	25
河北	−0.0508	10	贵州	−0.3512	26
四川	−0.1226	11	宁夏	−0.3621	27
陕西	−0.1709	12	海南	−0.3701	28
湖北	−0.2108	13	新疆	−0.3802	29
江西	−0.2293	14	青海	−0.3901	30
云南	−0.2301	15	西藏	−0.4113	31
广西	−0.2364	16			

6.2.5　结构方程模型构建与影响机理分析

从前面的分析可知，公众参与绩效在性别、城乡、年龄、省份等层面存在异质性，并且受到公众个体特征、环境态度、社会网络以及各省份社会经济发展水平、治理能力等因素的影响。在运用因子分析方法进行绩效评价的基础上，本研究将绩效得分作为因变量，构建结构方程模型探析环境态度、社会影响、风险感知对于公众参与环境数字化治理绩效的影响。首先进行信效度检验以保证模型的拟合度。由表6.11可知，调查问卷整体Cronbach's α值为0.852，风险感知、环境态度、社会影响三个潜变量的Cronbach's α分别为0.825、0.821、0.816，三个主因子的累计方差贡献率为63.981%。说明本研究的信度和效度较好，适宜进行下一步的实证分析和结构方程模型建构。

表6.11　　　　　　　　　　数据处理与信效度检验

变量	代码	因子载荷	Cronbach's α	贡献率（%）
风险感知	RP1	0.886	0.825	23.136
	RP2	0.877		
	RP3	0.868		
环境态度	EA1	0.851	0.821	21.060
	EA2	0.832		
	EA3	0.825		
社会影响	SI1	0.831	0.816	19.785
	SI2	0.807		
	SI3	0.812		

使用AMOS软件进行模型拟合，模型的GFI值、NFI值、CFI值、AGFI值、IFI值均大于0.9。RMSEA值小于0.1，RMR值小于0.05，说明相对拟合效果良好。模型分析结果见表6.12，可以发现：①环境态度对参与绩效具有显著的正向影响，标准化路径系数为0.026；②社会影响并未直接对参与绩效产生显著的正向影响，而是具有完全中介效应；③风险感知对参与绩效具有显著的正向影响，标准化路径系数为0.404；④环境态度对风险感知具有显著的正向影响，标准化路径系数为0.053；⑤社会影响对风险感知具有显著的正向影响，标准化路径系数为0.440。

表 6.12 　　　　　　　　　　结构方程模型拟合结果

路径	路径系数	S. E.	C. R.	p 值	标准化路径系数
参与绩效←环境态度	0.067	0.011	5.825	***	0.026
参与绩效←社会影响	0.010	0.012	0.850	0.395	0.004
参与绩效←风险感知	0.361	0.005	74.358	***	0.404
风险感知←环境态度	0.151	0.009	17.017	***	0.053
风险感知←社会影响	1.093	0.009	124.674	***	0.440

拟合指标	GFI	0.956		IFI	0.969	CFI	0.972
	RMSEA	0.028		RMR	0.005		
	NFI	0.985		AGFI	0.978		

注: *** 表示 p<0.01，在 1% 水平下显著。

本研究使用分解模型效应的方法，对模型中的部分中介效应和完全中介效应进行研究。表 6.13 是基于 Bootstrap 中介检验法计算生成的模型效应分解结果，结果表明：①"环境态度影响参与绩效"路径的间接效应在 PC 和 BC 的上下界中均不包含 0，表明存在中介效应。具体地，其总效应是 0.121（p<0.01），直接效应是 0.067（p<0.01），间接效应是 0.054（p<0.01），说明环境态度对参与绩效有正向影响作用，部分通过影响风险感知，进而影响参与绩效；②"社会影响影响参与绩效"路径的间接效应在 PC 和 BC 的上下界中均不包含 0，表明存在中介效应，且直接效应在 PC 和 BC 的上下界均包含 0，说明不存在直接效应，为完全中介。具体地，其总效应是 0.405（p<0.01），直接效应是 0.01（不显著），间接效应是 0.395（p<0.01）。由此可知，环境态度和社会影响通过"风险感知"这一中介变量来影响参与绩效，且环境态度与参与绩效的中介效应为部分中介，即环境态度本身既对参与绩效直接产生影响，又通过风险感知对参与绩效间接产生影响，社会影响与参与绩效的中介效应为完全中介，即社会影响的增强本身并不直接影响参与绩效，而是通过增强风险感知，进而提高参与绩效，二者对参与绩效的影响有着不同的传导路径。

表 6.13　　　　　基于 Bootstrap 法的模型效应分解结果

变量	效应分解	路径	估计量	p 值	PC		BC	
					下界	上界	下界	上界
环境态度	直接效应	环境态度→参与绩效	0.067	0.001***	0.042	0.092	0.041	0.092
	间接效应	环境态度→风险感知→参与绩效	0.054	0.001***	0.047	0.062	0.047	0.061
	总效应		0.121	0.001***				
社会影响	直接效应	社会影响→参与绩效	0.010	0.395	−0.014	0.033	−0.014	0.033
	间接效应	社会影响→风险感知→参与绩效	0.395	0.001***	0.383	0.407	0.382	0.407
	总效应		0.405	0.001***				

注: *** 表示 $p < 0.01$，在 1% 水平下显著。

本部分通过构建指标体系运用因子分析方法测度了公众参与环境数字化治理的绩效，并构建方程模型，研究了环境态度、社会影响、风险感知对参与绩效的影响机制及作用路径，主要研究结论如下：①公众参与绩效在性别、城乡、年龄、省份等层面存在异质性，并且受到公众个体特征、环境态度、社会网络以及各省份社会经济发展水平、治理能力等因素的影响。②内在的环境态度和外在的社会影响都是影响环境数字化治理过程中公众参与绩效的重要因素。对于公众自身而言，提升其环境素养、树立正确的环境态度，能促进其参与意愿和参与绩效的提高；外部的社会网络和社会影响是一种社会资本，增强社会影响，也会促进环境数字化治理过程中公众参与绩效的提升。③环境态度和社会影响通过"风险感知"这一中介变量来影响参与绩效，且环境态度和参与绩效的中介效应为部分中介，社会影响和参与绩效的中介效应为完全中介，二者对参与绩效的影响有着不同的传导路径。这主要是由于环境态度是一种内核性、主动性的影响因素，而社会影响是一种外在性、被动性的影响因素。

6.2.6　对策建议

基于以上分析结果，提出以下对策建议。

（1）推动环境数字化治理的均衡发展

本研究的分析结果表明，环境数字化治理过程中的公众参与绩效存在性别、年龄、城乡、省份等个体特征和区域层面的差异性。这主要是由于各区域的社会经济发展水平、数字化治理能力、公众环境素养存在异质性。因此，在未来要推动环境数字化治理的群体均衡、城乡均衡、区域均衡。要消除各种层面的数字鸿沟，实现多维度的公众参与和交互式嵌入，提升公众参与环境数字化治理的广度和深度，使环境数字化治理渗入社会生活的方方面面。

（2）提升公众的环境素养，推动社会公众树立正确的环境态度

内在的环境态度会形成一种内驱动力，促进环境数字化治理过程中公众参与绩效的提升。因此，要提升公众的环境素养，推动社会公众树立正确的环境态度。一方面要引导公众树立生态环保的意识，另一方面要倡导公众运用新的技术和平台参与数字化治理。环境数字化治理并不是一蹴而就的，需要进行广泛的普及和推广。同时政府部门要提升环境治理的数字化运作能力，优化治理流程、完善治理技术、搭建治理平台、拓宽公众参与渠道，让公众意识到技术治理的便捷性、及时性。

（3）构建完善的治理网络，发挥社会影响的作用

社会影响是一种外在的影响力，能够推动环境数字化治理过程中公众参与绩效的提升。因此，要构建完善的社会网络，形成多平台、全覆盖、交互式的数字化治理网络。一方面，要加强多主体和各部门、各平台之间的协同，推动数字化治理资源的整合和信息的共享；另一方面，要加强跨区域、跨省份、跨层级之间的协作，构建环境数字化治理的扁平化、一体化网络。加强多元主体的互动性参与，增强多层次、多维度社会影响的作用。

（4）完善风险控制机制，加强环境数字化治理的风险防范

随着环境治理进入数字化时代，复杂的网络舆论环境持续影响着人们的参与行为，对于实现共建共治共享的社会治理新格局提出挑战。作为一种新的治理方式，数字化治理包括公民个体、社会组织、政府部门、市场主体等多方力量，在技术嵌入和主体交互的过程中，隐含着潜在的风险，

需要对其进行防范。一方面，公众会面临数字鸿沟、隐私泄露、参与不能、参与无效等风险，另一方面，监管主体也面临权责不明晰、治理悬浮、效能不高、协作性不强等治理困境，出现"数字偏差""数字悬浮""数字内卷""数字幻象""数字沙丘"等治理风险。因此，需要完善风险控制机制，加强环境数字化治理的风险防范。

6.3　大数据背景下公众参与环境治理的影响机制研究

6.3.1　研究背景

随着环境问题带来的挑战不断增多，世界各国政府都在加强环境保护，鼓励公众参与环境治理。随着网络技术的发展和环境知识的普及，公众的环保意识也在不断提升。虽然中国的环境治理主要采取由政府主导的"自上而下"的模式，但是近年来政府也在尝试通过多种手段鼓励多元主体参与环境治理，运用大数据、新媒体等技术不断拓宽和丰富公众参与的方式和渠道，提高公众的参与热情。公众已成为中国环境治理体系中不可或缺的多元主体之一，发挥公众参与和社会主体的力量，已经成为政府高效解决环境问题的有效手段。

2020 年中国提出"双碳目标"，并倡导在 2030 年前达到碳排放峰值，2060 年实现碳中和。为了加快实现节能减排和环境治理目标，中国政府在"十四五"规划中指出"提升生态保护监管协同能力要加强社会公众协同参与"。各级政府也在提升技术治理能力，运用政策杠杆和现代化电子政务平台鼓励公众参与环境治理，包括出台财税政策激励公众购买新能源汽车、低碳出行；构建政府微信、微博等政务平台普及环境知识、进行政民互动；出台多项政策鼓励公众参政议政、参与环境决策和环境评价等。因此，需要结合新的政策背景探究大数据时代公众参与环境治理的影响机制，以便推动政府环境保护政策的实施，提升公众参与环境治理的效果。

6.3.2 研究假设

计划行为理论（Theory of Planned Behavior，TPB）认为，公众参与环境治理的行为主要受到三个关键因素的影响：环境态度、社会规范和感知行为控制，三者共同影响公众参与意愿和公众参与行为。环境态度包括环境知识、环境意识和行为倾向。社会规范指的是公众参与环境治理的"行为压力"，是"重要的他人"对于环境参与的期望和态度，包括描述性规范和指令性规范。感知行为控制，是公众对于实现环境参与行为的难易程度的感知。计划行为理论是基于"利己主义"的视角提出的，而规范激活模型（Norm Activation Model，NAM）则是基于"利他主义"的视角构建的。因此公众参与环境治理并不一定仅是为了自身的利益，而是一种具有正外部性效应的行为。在本研究中，公众参与环境治理的行为，既包括私域的亲环境行为，例如低碳出行、垃圾分类等，也包括公域的亲环境行为，例如对污染现象进行举报、参加 NGO 组织并建言献策等。因此，规范激活理论认为，个人规范是一个关键的变量。如果一个人具有强烈的利他动机、环境后果感知和责任归属，那么他参与环境治理的意愿也就越强烈，实施行为的可能性也就越大。作为公民个体，公众在参与环境治理的过程中，会受到各种客观因素和主观因素的影响。在客观因素层面，包括政府政策、媒介平台、环境知识、环境态度、环境后果感知、环境责任感、社会规范、个体规范等因素。本研究基于计划行为理论和规范激活模型构建整合分析框架。

在本研究中，环境态度包括环境认知和责任归属。环境认知是公众基于环境知识、环境素养等对于环境保护的认知，当公众的环境认知比较强烈时，就会意识到环境保护的重要性和迫切性，其参与环境治理的意愿也会比较强烈，实施参与环境治理行为的可能性也会增大，而责任归属是公民基于内在的道德责任感而产生的保护环境的意愿和动力，如果公众对于环境污染的后果感知比较严重，他们对于不参与环境治理的不良后果意识就会很明确，这就推动公众积极参与环境治理，实施亲环境行为。因此，本研究提出假设 6.8 和假设 6.9。

假设 6.8：环境认知对于公众参与环境治理行为具有正向影响。

假设 6.9：责任归属对于公众参与环境治理行为具有正向影响。

在本研究中，主观规范包括社会规范和个人规范。社会规范是指个体实施某项特定行为时所感知到的来自外界的社会压力，是对"他人期望"的感知，是一种外部压力。当环境保护的社会规范越强烈时，公众参与环境治理的压力就会越大，其越倾向于实施参与环境治理的行为。个人规范是指个体对实施某项特定行为的自身义务感知，是对"个体义务"的感知，是一种内驱动力。当环境保护的个人规范比较强烈时，公众往往会积极主动地参与环境治理。因此，本研究提出假设 6.10 和假设 6.11。

假设 6.10：社会规范对于公众参与环境治理行为具有正向影响。

假设 6.11：个人规范对于公众参与环境治理行为具有正向影响。

环境认知是公众从外部汲取到的环境知觉和环境情感，是一种"外在的"环境态度。因此，它会影响个体对于社会规范的感知。当公众的环境认知比较丰富、环境素养比较完善时，其对于环境污染的压力感知也就越强烈，越能感受到社会各界对于环境治理的重视和对于环境污染的抵制。责任归属是公众内在的道德义务感，是一种"内在的"环境态度。因此，它会影响公众对于个体规范的构建。责任归属感越强烈，其对于环境污染的负罪感就越强，参与环境治理的成就感也就越大。因此，本研究提出假设 6.12 和假设 6.13。

假设 6.12：环境认知对于社会规范具有正向影响。

假设 6.13：责任归属对于个人规范具有正向影响。

环境态度反映了公众对于环境知识的认识和环境责任的感知，公众若认为环境保护非常重要，就会感知到参与环境治理是一种必要而有意义的行为，则会抱有更加积极的态度去实施亲环境行为。当公众对于环境污染所导致的不良后果认知越强，会更加理解政府部门、社会主体对于环境治理的期望，越能感知到社会规范所带来的压力。而社会规范也会影响个体规范的形成，迫使个体形成参与环境治理的责任感和内在动力，进而积极实施亲环境行为，主动地参与环境治理。因此，本研究提出假设 6.14 及其子假设 6.14a 和子假设 6.14b。

假设 6.14：主观规范在环境态度和公众参与环境治理行为之间存在中介作用。

假设 6.14a：社会规范在环境认知和公众参与环境治理行为之间存在中介作用。

假设 6.14b：个体规范在责任归属和公众参与环境治理行为之间存在中介作用。

中国的环境治理是一项由政府主导、社会主体广泛参与的系统工程，因此，公众参与环境治理离不开有效的政府支持和良好的媒介平台。为了鼓励公众参与环境治理，提升环境治理体系和环境治理能力的现代化水平，政府出台了一系列支持政策，并且运用现代网络技术搭建了诸多新媒体平台和信息技术媒介，包括构建环境信息公开制度，推动政民互动平台建设，激励各地环境部门运营政务微博、微信等平台等。截至 2021 年 6 月，中国有 10.11 亿网民，占总人口的 71.6%。近 10 亿网民拥有在线社交媒体，其中约 8.5 亿网民使用在线政务服务。进入数字化时代，移动网络和社交媒体快速扩展，政府的数字治理和技术治理能力也在不断提升，网络空间成为公众参与环境治理的新兴渠道。公民个体仅有环境危机感和责任意识还不够，还需要实现公众参与的资源、条件和机会。因此，政府支持和媒介平台的完善可以增强环境态度对于公众环境治理行为的正向影响。本研究提出假设 6.15 及其子假设 6.15a 和子假设 6.15b。

假设 6.15：政府支持和媒介平台在环境态度和公众参与环境治理行为之间存在正向调节作用。

假设 6.15a：政府支持在环境认知和公众参与环境治理行为之间存在正向调节作用。

假设 6.15b：媒介平台在责任归属和公众参与环境治理行为之间存在正向调节作用。

6.3.3　研究设计

本研究的数据来源于问卷调查，在问卷设计过程中，借鉴了已有的计划行为理论测量量表、规范激活模型测量量表及亲环境行为测量量表，结合中国环境治理的实践，围绕环境态度（包括环境认知和责任归属）、主观规范（包括社会规范和个体规范）、政府支持（包括政策措施和政策效果）、媒介平台（包括平台类型和媒介效果）、公众参与环境治理行为（包括私域亲环境行为和公域亲环境行为）5 个维度、10 个变量进行问卷设计。量表使用李克特五级量表的测量项目，1 表示"非常不同意"，5 表示"非常同意"，具体题项见表 6.14。首先，对问卷进行小范围发放和预测试，在确定信效度的基础上进行大样本数据收集。最终发放的问卷数量为315 份，有效问卷为311 份，男女比例均衡，广泛分布在中国大陆31 个省份，具有较好的代表性，满足研究需求。

表 6.14　　　　　　　　　　　变量及其测度方式

维度	变量	代码	题项
公众参与环境治理行为	私域亲环境行为	PEB1	我会积极主动乘坐公共交通工具，低碳出行
		PEB2	我会积极、主动进行垃圾分类
		PEB3	我会使用节能环保的生活物品
		PEB4	我会在微信、微博等新媒体平台中主动关注环境问题和环保信息
		PEB5	我在支付宝等平台上参加过公益植树等环保活动
	公域亲环境行为	PEB6	我参加过政府组织的环境治理活动
		PEB7	我参加过环保类社团举办的环保活动
		PEB8	如果发现环境污染的现象，我会积极举报
环境态度	环境认知	EA1	我认为环境治理是必要和有意义的
		EA2	我认为每个人都应该保护环境
		EA3	我认为参与环境治理的行动是有益的
	责任归属	AR1	我认为我有责任保护环境
		AR2	我认为我有义务参与环境治理
		AR3	我认为公众应该为未参与环境治理而造成的恶果承担一定责任

续表

维度	变量	代码	题项
主观规范	社会规范	SN1	我周围的亲朋好友都在用自己的行动保护环境
		SN2	政府和相关部门采取了有关环境保护的相关措施
		SN3	我周围的亲朋好友都支持我参与环境治理
		SN4	政府和相关部门都认为公众应该参与环境治理
	个体规范	PN1	对于环境保护我有强烈的责任感
		PN2	如果我没有保护环境，我会感到内疚
		PN3	我应该牺牲个人的时间去做对环境有益的事
		PN4	牺牲我个人的利益去保护环境是有必要的
政府支持	政策措施	PM1	对于公众参与环境治理，政府提供了法律支持
		PM2	对于公众参与环境治理，政府提供了资金支持
		PM3	对于公众参与环境治理，政府提供了制度支持
	政策效果	PE1	政府出台的鼓励公众参与环境治理的政策是合理的
		PE2	政府出台的鼓励公众参与环境治理的政策是可行的
		PE3	政府出台的鼓励公众参与环境治理的政策是有效的
媒介平台	平台类型	PT1	公众参与环境治理的传统平台比较多
		PT2	公众参与环境治理的新兴平台比较多
		PT3	我可以使用多种平台和渠道参与环境治理
	媒介效果	ME1	公众运用传统平台参与环境治理是有效的
		ME2	公众运用新兴平台参与环境治理是有效的
		ME3	公众参与环境治理的各种媒介平台非常便捷

本部分通过因子载荷值、累计解释方差的百分比、验证性因子分析的拟合优度指标来检验研究变量的效度。留下特征值大于 1，因子载荷大于 0.5 的因子。另外，拟合优度指标的选取标准为 RMESA 小于 0.05，NNFI、CFI 和 AGFI 均大于 0.9 即可。在信度检验方面，本研究以 CITC 值和 Cronbach's α 系数来验证量表的一致性信度，通常认为，CITC 大于 0.3，Cronbach's α 系数大于等于 0.65 即可以接受。从表 6.15 中可以看出，各研究变量的测量题项因子载荷值都高于 0.5 的最低标准，此外，公众参与环

境治理行为环境态度和主观规范的累计解释方差百分比分别为 68.518%、69.852% 和 72.586%，各变量的拟合优度指标均达标，整体结果反映出研究变量的结构效度较好。另外，各研究变量的信度分析结果显示，5 个维度的 Cronbach's α 系数均保持在 0.70 以上，CITC 也均保持在 0.5 以上，其他指标的结果均满足研究需求，样本的信度和效度非常好。

表 6.15 　　　　　　　　　**研究变量的效度与信度分析结果**

变量	题项代码	因子载荷	累计解释方差%	拟合优度指标	CITC	删除题项后的 α	α
私域亲环境行为责任归属	PEB1	0.782			0.655	0.838	
	PEB2	0.764			0.621	0.842	
	PEB3	0.801		CFI = 0.985，NNFI = 0.983，AGFI = 0.976，RMSEA = 0.028	0.653	0.852	
	PEB4	0.772	68.518		0.618	0.839	0.854
	PEB5	0.732			0.622	0.831	
公域亲环境行为	PEB6	0.778			0.625	0.825	
	PEB7	0.712			0.643	0.837	
	PEB8	0.728			0.638	0.839	
环境认知	EA1	0.852			0.657	0.867	
	EA2	0.763			0.639	0.869	
	EA3	0.761	69.852	CFI = 0.988，NNFI = 0.978，AGFI = 0.952，RMSEA = 0.036	0.664	0.866	0.882
责任归属	AR1	0.728			0.639	0.869	
	AR2	0.735			0.637	0.869	
	AR3	0.759			0.678	0.865	
社会规范	SN1	0.751			0.628	0.892	
	SN2	0.763			0.641	0.886	
	SN3	0.729	72.586	CFI = 0.982，NNFI = 0.989，AGFI = 0.956，RMSEA = 0.026	0.652	0.872	0.931
个体规范	PN1	0.782			0.687	0.869	
	PN2	0.749			0.639	0.879	
	PN3	0.761			0.615	0.885	

续表

变量	题项代码	因子载荷	累计解释方差%	拟合优度指标	CITC	删除题项后的 α	α
政策类型	PM1	0.756			0.653	0.857	
政策类型	PM2	0.798		CFI = 0.981，NNFI = 0.979，AGFI = 0.968，RMSEA = 0.032	0.649	0.859	
政策类型	PM3	0.786	69.018		0.668	0.862	0.866
政策效果	PE1	0.751			0.652	0.852	
政策效果	PE2	0.762			0.647	0.857	
政策效果	PE3	0.758			0.672	0.865	
平台类型	PT1	0.753			0.671	0.867	
平台类型	PT2	0.778		CFI = 0.986，NNFI = 0.958，AGFI = 0.985，RMSEA = 0.025	0.692	0.852	
平台类型	PT3	0.787	68.632		0.684	0.857	0.858
平台效果	ME1	0.738			0.659	0.859	
平台效果	ME2	0.721			0.637	0.858	
平台效果	ME3	0.768			0.675	0.862	

6.3.4　中介效应检验

本研究的概念模型中涉及的变量间的关系比较复杂，并且存在多个中介变量和调节变量，因此综合使用 SPSS 和 AMOS 软件来验证。根据 AMOS 提供的修正指标，本研究对模型进行了三次修正，最终修正后的模型拟合结果较为理想，具体见表 6.16。模型的绝对拟合指标 χ^2/df 为 1.518，RMSEA 值为 0.028，GFI 值为 0.897，说明模型拟合结果较好；模型的相对拟合指标 NFI 值、CFI 值、TLI 值均在 0.95 以上，超过临界标准 0.9，表明模型的想对拟合效果良好。总体上看，模型的各项拟合指标均在可以接受的范围之内，其路径结果可以较为合理而又有效地反映本研究中的"因果关系"。结果表明：①在环境态度对公众参与环境治理行为影响的路径中，环境认知与责任归属都对公众参与环境治理行为具有显著的正向影响，标准化路径系数分别为 0.258（p < 0.01）和 0.389（p < 0.01），因此假设 6.8 和假设 6.9 得到了支持，并且与环境认知相比，责任归属对公众参与

环境治理行为的正向影响更显著；②在主观规范对公众参与环境治理行为的影响路径中，社会规范与个体规范都对公众参与环境治理行为具有显著的正向影响，标准化路径系数分别为 0.449（p < 0.01）和 0.528（p < 0.01），因此假设 6.10 和假设 6.11 得到了支持，并且与社会规范相比，个体规范对公众参与环境治理行为的正向影响更显著；③在环境态度对主观规范的影响路径中，环境认知会对社会规范产生显著的正向影响，路径系数为 0.337；责任归属对个体规范产生正向影响，路径系数为 0.346。因此，假设 6.12 和假设 6.13 也得到了支持。

表 6.16　　　　　　　　修正后的结构方程模型拟合结果

路径		路径系数	S.E.	C.R.	p 值	标准化路径系数	结果
公众参与环境治理行为←环境认知		0.379	0.071	5.018	***	0.258	假设 6.8 成立
公众参与环境治理行为←责任归属		0.436	0.062	7.372	***	0.389	假设 6.9 成立
公众参与环境治理行为←社会规范		0.462	0.063	6.887	***	0.449	假设 6.10 成立
公众参与环境治理行为←个体规范		0.518	0.056	7.852	***	0.528	假设 6.11 成立
社会规范←环境认知		0.361	0.057	5.834	***	0.337	假设 6.12 成立
个体规范←责任归属		0.388	0.058	5.368	***	0.346	假设 6.13 成立
拟合指标	χ^2	984.557	RMSEA	0.028	CFI	0.967	
	df	673	NFI	0.956	GFI	0.897	
	χ^2/df	1.518	TLI	0.958			

注：*** 表示 p < 0.01，在 1% 水平下显著。

为了更加清楚地说明模型中的全部影响路径，对模型效应进行分解，同时对中介效应进行验证。具体结果如表 6.17 所示。①环境认知影响公众参与环境治理行为的总效应是 0.436（p < 0.05），直接效应是 0.238

（p < 0.05），间接效应是 0.185（p < 0.05），这说明环境认知对公众参与环境治理行为的正向影响作用，部分通过影响社会规范，进而影响公众参与环境治理，因此中介效应的研究假设 6.14a 得到了支持；②责任归属影响公众参与环境治理行为的总效应是 0.444（p < 0.05），直接效应是 0.278（p < 0.05），间接效应是 0.225（p < 0.05），这就反映出责任归属对公众参与环境治理行为的正向影响作用，部分通过影响个体规范，进而影响公众参与环境治理行为，因此中介效应的研究假设 6.14b 也得到了支持。

表 6.17   基于 Bootstrap 法的模型效应分解结果

自变量	效应分解	路径	估计量	p 值
环境认知	直接效应	环境认知→公众参与环境治理行为	0.238	0.025**
	间接效应	环境认知→社会规范→公众参与环境治理行为	0.185	0.036**
	总效应		0.436	0.029**
责任归属	直接效应	责任归属→公众参与环境治理行为	0.278	0.023**
	间接效应	责任归属→个体规范→公众参与环境治理行为	0.225	0.031**
	总效应		0.444	0.028**

注：** 表示 p < 0.05；表中内容均为标准化值。

6.3.5 调节效应分析

为了验证政府支持和媒介平台的调节效应，本研究构建了环境认知与政府支持的交互项以及责任归属和媒介平台的交互项，结果见表 6.18。模型 1 的结果表明环境认知、责任归属、政府支持、媒介平台均会对公众参与环境治理行为产生显著的正向影响。对比模型 2 和模型 3 可知，环境认知与政府支持的交互项对公众参与环境治理行为产生显著的正向影响，并且模型 3 的 R^2 大于模型 2。这说明，政府支持的加入增强了环境认知对于公众参与环境治理行为的正向影响，即政府支持力度越大，环境认知对于公众参与环境治理行为的正向影响越显著，因此假设 6.15a 得到了验证。对比模型 4 和模型 5 的结果可知，责任归属与媒介平台的交互项对公众参与环境治理行为产生显著的正向影响，并且模型 5 的 R^2 大于模型 4。这说明，媒介平台的加入增强了责任归属对于公众参与环境治理行为的正向影响，即媒介平台越多元、越便捷，责任归属对于公众参与环境治理行为的正向影响越显著，因此假设 6.15b 得到了验证。

表 6.18　　　　　　　　　　　　调节效应的验证结果

变量	模型 1	模型 2	模型 3	模型 4	模型 5
环境认知	0.279**	0.273**	0.282**		
责任归属	0.473***			0.518**	0.504**
政府支持	0.271*	0.271*	0.269*		
媒介平台	0.365**			0.371**	0.316**
环境认知×政府支持			0.053*		
责任归属×媒介平台					0.071**
F 值	20.521***	18.518***	19.326***	18.694***	19.526***
R^2	0.851	0.828	0.885	0.862	0.898

注：*** 表示 $p < 0.01$，** 表示 $p < 0.05$，* 表示 $p < 0.1$。

本部分的分析结果表明：①环境态度对于推动公众参与环境治理具有重要的正向影响。具体而言，感知性的环境认知可以有效增强社会规范，并且促进公众积极、主动参与环境治理。内在性的责任归属可以有效增强个体规范，进而推动公众有效参与环境治理。但是相比之下，责任归属对公众参与环境治理行为的正向影响作用更显著，这就说明，内在的驱动力比外在的社会压力更有效。②主观规范在环境态度与公众参与环境治理行为之间发挥不同的部分中介作用。具体而言，环境认知通过影响社会规范进而影响公众参与环境治理，责任归属通过影响个体规范进而影响企业创新绩效，这就说明不同的环境态度具有不同的传导路径，利己性的环境态度需要靠社会压力的驱动才能转化为实际的行动，而利他性的环境态度依靠内在责任感的驱动就可以转化为实际行动。③政府支持和媒介平台在环境态度和公众参与环境治理行为之间存在正向的调节效应，具体而言，政府支持正向调节环境认知与公众参与环境治理行为之间的关系，媒介平台正向调节责任归属与公众参与环境治理行为之间的关系。这说明，政府政策的支持和引导可以增强环境认知对于公众参与环境治理的正向影响，媒介平台的多元性和便捷性可以增强责任归属对于公众参与环境治理的正向影响。这是由于在公众参与环境治理的实践中，政府支持力度的提升和媒介平台的完善，可以使公众拥有更多的资源和机会，促使公众的参与意愿真正转化为实际行动。

6.3.6 对策建议

基于实证分析结果，本部分提出以下对策建议：

（1）引导公众树立正确的环境态度，将利己动机和利他动机有效结合

公众的环境态度包括环境认知、环境情感和环境行为倾向。公众参与环境治理，既有利己性的动机，也有利他性的动机。因此，要引导公众树立正确的环境态度，增强环境认知，提升环境素养，将利己动机和利他动机有效结合，积极、主动参与到环境治理的实践中。要引导公众意识到，参与环境治理和实施亲环境行为，不仅有利于个人生活质量的提升，还有利于经济社会的可持续发展。

（2）构建正确的环境治理社会规范，将社会压力和内驱动力有效结合

主观规范包括社会规范和个体规范，二者均会对公众参与环境治理产生正向影响，并且在环境态度和公众参与环境治理行为之间存在中介作用。其中，社会规范是一种外在压力，是"来自外界的期望"，个体规范是一种内驱动力，是"个体自身的责任感"。因此，要构建正确的环境治理社会规范，将社会压力和内驱动力有效结合，激励公众参与环境治理实践，广泛实施亲环境行为。

（3）完善政府引导政策，构筑多种媒介平台，提升公众参与环境治理的有效性

环境认知是一种感知和情感，社会规范是一种外在压力，因此公众的环境认知真正转化为实际的环境治理参与行为还需要政府的引导和支持。责任归属是一种内在责任感,个体规范是一种内驱动力,公众的道德义务感真正转化为实际的亲环境行为离不开便捷、有效的媒介平台。因此,需要进一步完善政府引导政策,构筑多种媒介平台,运用现代化信息手段、互联网媒介和新媒体平台,增强政府的技术治理和数字治理能力,提升公众参与环境治理的有效性。

第 7 章

特定群体、特定行业、典型
城市的环境治理对策

本章针对特定群体、行业和试点城市进行区别研究，包括大学生群体的亲环境行为、民航业绿色发展与环境治理、低碳试点城市的政策效应实证检验等。

7.1 大学生群体的亲环境行为

7.1.1 研究背景

大学生是环境治理的生力军，作为虽然在校学习但是即将步入社会的青年群体，大学生不仅可以通过个人行为影响可持续发展，还可以通过影响他人行为而推动社会可持续发展。这为大学生提供了广泛参与环境治理的可能性，使他们成为一个重要的责任主体。因此，探究大学生亲环境行为的影响因素，具有重要意义和作用。

在公众参与环境治理的背景下，本研究通过整合计划行为理论和规范激活模型，从理性行为主义和利他主义两个角度对大学生亲环境行为影响因素及其形成机制进行分析。首先，采用问卷调查的方式收集数据，使用SPSS21.0 进行统计学分析，了解当前大学生参与环境治理的现状；其次，使用 Amos – Graphicsruan 软件进行结构方程模型（SEM）分析，探讨了大学生亲环境行为的影响因素及其路径机制。

7.1.2　研究假设

基于计划行为理论的视角，大学生亲环境行为受到亲环境行为意愿的直接影响，且意愿越强烈，大学生会越积极地实施亲环境行为。而大学生亲环境行为意愿受到亲环境行为态度、主观规范和感知行为控制等要素的影响（Graves，2021）。一般认为，积极正向的态度将会增强公众参与环境保护的意愿（秦曼等，2020）；当大学生受到来自社会规范作用的社会压力，如政府、学校要求大学生参与垃圾分类、低碳出行、节约资源时，也会刺激大学生提高亲环境行为的意愿。同时，相关研究证明，主观规范不仅直接影响行为意向，还通过态度和感知行为控制间接控制行为意向（Casalo，2018），家人的支持、同学的示范会对亲环境行为的态度和感觉行为控制产生正向影响（申静等，2020），进而促进大学生参与环境保护的行动。当大学生认为自己获得了参与环境保护的技能、知识和资源时，也将提高其亲环境行为的意愿，同时促进其直接参与保护环境的实践。因此，本研究提出以下假设：

假设 7.1：大学生亲环境行为态度对大学生亲环境行为意愿产生正向影响。

假设 7.2：大学生亲环境行为的主观规范对大学生亲环境行为意愿产生正向影响。

假设 7.3：大学生亲环境行为的感知行为控制对大学生亲环境行为意愿产生正向影响。

假设 7.4：大学生亲环境行为的感知行为控制对大学生亲环境行为产生正向影响。

假设 7.5：大学生亲环境行为意愿对大学生亲环境行为产生正向影响。

假设 7.6：大学生亲环境行为的主观规范正向影响大学生亲环境行为的态度。

假设 7.7：大学生亲环境行为的主观规范正向影响亲环境行为的感知行为控制。

基于规范激活模型的假设：规范激活模型认为，个人实施某一特定行为的动力来自个体所感知到的内在道德义务，即个人规范，而个人规范由后果意识和责任归属两个条件激活（黄小乐，2010）。后果意识即对结果的知觉，是一种认识到如果没有采取某种行动，会对别人产生不好的结果的程度，而责任归属则是一种对自己没有采取某种行动所产生的负面结果的责任感。个人规范是具体行为意愿的重要影响因子。随着公众参与环境治理程度的不断深入，大学生参与环境保护的意识和责任也不断增强，学校的宣传教育和环保措施的不断推进，大学生对没有实施垃圾分类、节能减排、低碳生活、绿色消费等亲环境行为所产生的后果有明确的感知和责任意识，当大学生的个人规范通过结果感知和责任归属被激活后，其道德义务感会随之提高，从而提高大学生亲环境行为实施的意愿，并促使大学生实施亲环境行为。由此本研究提出以下假设：

假设 7.8：大学生亲环境行为的后果意识正向影响大学生亲环境行为的责任归属。

假设 7.9：大学生亲环境行为的责任归属正向影响大学生实施亲环境行为的个人规范。

假设 7.10：大学生亲环境行为的个人规范正向影响大学生亲环境行为意愿。

假设 7.11：大学生亲环境行为的个人规范正向影响大学生亲环境行为。

从整合计划行为理论和规范激活模型的角度分析，个体对某项特定行为的后果意识会影响其对特定行为所持有的态度是否积极以及积极的程度。例如，大学生认为低碳出行可以减少二氧化碳的排放，能够减缓全球气候变暖，则会更加积极主动地实施低碳环保行为；当大学生对不进行节约用水所导致的水资源浪费等不良后果的感知越强，则越会理解他人节约用水这一行为所具有的社会压力或期望。由此，对后果的高度感知将会增强主观规范对大学生个体亲环境行为的影响（万欣，2020）。而主观规范是个体规范的前置变量，大学生对参与环境治理、保护环境的主观规范的感知越强烈，其对保护环境的责任感越强，那么大学生实施亲环境行为的个人规范程度就越高。由此本研究提出以下假设：

假设 7.12：大学生亲环境行为的后果意识正向影响大学生亲环境行为

的态度。

假设 7.13：大学生亲环境行为的后果意识正向影响大学生亲环境行为的主观规范。

假设 7.14：大学生亲环境行为的主观规范正向影响大学生亲环境行为的责任归属。

假设 7.15：大学生亲环境行为的主观规范正向影响大学生亲环境行为的个人规范。

7.1.3　变量测量

通过对已有计划行为理论（TPB）测量量表、规范激活模型（NAM）测量量表以及亲环境行为测量量表的梳理，结合现阶段大学生生活实际，从态度、主观规范、感知行为控制、个人规范、责任归属、结果感知、亲环境行为意愿、亲环境行为 8 个因子角度进行问卷设计。本研究所提出的假设变量的测度指标均借鉴国外相关理论研究中普遍采用的潜变量的测量问题项作为理论基础，再参考国内大学生亲环境行为相关文献中对理论基础进行修正后的测量项，以及 CGSS2013 问卷中有关环境保护的相关问题，根据当前高校学生在环境治理和环境保护工作中的实践，对其进行了修订和完善，并对一些相关资料用文字进行了综合分析，以增强其准确性。各个因素的特定度量和相关的文献资料见表 7.1。

表 7.1　　　　　　　　　　　　　测量量表

量表名称	来源
亲环境行为测量量表	CGSS2013 问卷 龚文娟（2008）中国城市居民环境友好行为之性别差异分析
计划行为理论测量量表	Ajzen（2002）Constructing a TPB questionnaire：Conceptual and methodo-logical considerations 秦曼等（2020）基于 TPB – NAM 整合的海洋水产企业亲环境意愿研究
规范激活模型测量量表	Godin（2011）Bridging the intention – behaviour'gap：the role of moral norm 张红肖（2017）大学生亲环境行为及其影响因素研究

　　量表使用李克特五级量表的测量项目，1 是"非常不同意"，5 是"非常同意"。首先，设计完成后的问卷在大学生群体中展开小范围的预调查。其次，根据调查对象的反馈结果对问卷题项再一次进行修改。最后，确定有效问卷。最终问卷包含了 8 个因子，39 个测度项，如表 7.2 所示。同时从性别、年级、学历、专业、生源地 5 个维度构建测度项。

表 7.2　　　　　　　　　　　　变量及其测度方式

变量	代码	题项
亲环境行为（PEB）	PEB1	如果喝饮料，我会使用纸吸管或可降解的吸管
	PEB2	我会积极、主动进行垃圾分类
	PEB3	我会对塑料袋反复利用
	PEB4	我会在抖音、微博等新媒体平台中主动关注环境问题和环保信息
	PEB5	我在支付宝等平台上参加过公益植树等环保活动
	PEB6	我参加过政府和学校组织的环境宣传教育活动
	PEB7	我参加过学校环保类社团举办的环保活动
	PEB8	如果发现环境污染的现象，我会积极举报
亲环境行为意愿（INT）	INT1	在接下来的一年里，我打算在生活中保护环境
	INT2	我愿意花一些时间、精力做与环保有关的事情
	INT3	我愿意尽最大的努力地去做有关环境保护的事情
态度（ATT）	ATT1	用自己的行动去保护环境，我会觉得开心
	ATT2	我认为大学生保护环境是有意义的
	ATT3	我觉得我应该保护环境
	ATT4	我认为参与环境保护的行动是有益的
感知行为控制（PBC）	PBC1	坚持购物时自带环保袋
	PBC2	坚持在支付宝等平台中参加环保公益活动
	PBC3	坚持购买环保产品，即使价格比普通产品贵
	PBC4	参加政府或学校组织的环境宣传教育活动
主观规范（SN）	SN1	大多数像我这样的大学生都会用自己的行动保护环境
	SN2	我周围的亲朋好友都在用自己的行动保护环境
	SN3	政府和相关部门采取了有关环境保护的相关措施

续表

变量	代码	题项
主观规范 （SN）	SN4	其他同学都认为应该保护环境
	SN5	我周围的亲朋好友都支持我保护环境
	SN6	政府和相关部门都认为大学生应该保护环境
个人规范 （PN）	PN1	对于环境保护我有强烈的责任感
	PN2	如果我没有保护环境，我会感到内疚
	PN3	我应该牺牲个人的时间去做对环境有益的事
	PN4	牺牲我个人的利益去保护环境是有必要的
	PN5	在环境保护方面，我对自己要求比较严格
结果认知 （AC）	AC1	如果我没有随手关闭水龙头，将造成水资源浪费和短缺
	AC2	如果我购物使用塑料袋，将造成环境污染和生态损失
	AC3	如果我没有随手断电、光灯，将造成资源浪费
	AC4	如果我没有对垃圾进行分类投放，将对环境产生不良影响
	AC5	如果我没有低碳出行，将导致二氧化碳排放过量和气候变暖
责任归属 （AR）	AR1	在日常生活中保护环境，是我的责任
	AR2	随手关闭水龙头，节约水资源是我的责任
	AR3	购买非环保产品造成的环境污染，我负有责任
	AR4	践行低碳生活方式，是我的责任

7.1.4　研究设计与信效度检验

本研究选取了预发放问卷进行量表的编制与检验。预发放问卷，对象以中国民航大学在校大学生为主，共发放并回收问卷 77 份，有效问卷为 77 份。其中男生 29 人，占 37.66%，女生 48 人，占 62.34%。正式发放问卷，对象以中国民航大学、云南师范大学、云南大学、北京航空航天大学、天津科技大学、西南大学、陕西师范大学的在校大学生为主，共发放并回收正式问卷 313 份，有效问卷为 311 份，其中男生为 105 人，占 33.76%，女生为 206 人，占 66.24%；本研究将对正式发放问卷所收集的数据进行可靠性检验、结构效度检验。

由于同一资料源或评分者、同一测量环境、问卷背景以及被试者自身特性等因素的人为共变，将会引起公共方法的偏移，进而对统计结果的正确性和可信度产生一定的影响，为了避免这一问题所产生的风险，可以进行共同方法偏差的检验。

如表7.3所示，本研究中特征值大于1的因子有8个，总累积方差贡献72.936%。第一个因子提取的方差为39.203%，累计解释的变异系数均小于50%，说明不存在大部分数据方差可以通过一个因子解释的情况，即不存在共同方法偏差导致的问题。

表7.3   解释的总方差

序号	初始特征值			提取平方和载入		
	合计	方差的%	累积%	合计	方差的%	累积%
1	16.459	42.203	39.203	16.459	39.203	39.203
2	2.798	7.175	47.378	2.798	7.175	47.378
3	2.359	6.048	55.426	2.359	6.048	55.426
4	1.635	4.191	59.618	1.635	4.191	59.618
5	1.454	3.729	63.347	1.454	3.729	63.347
6	1.384	3.550	66.896	1.384	3.550	66.896
7	1.248	3.201	70.097	1.248	3.201	70.097
8	1.107	2.839	72.936	1.107	2.839	72.936

本研究以问卷的内部可靠性为指标，使用SPSS进行信度检验。该方法首先对各个评价项目的基本描述统计，计算各个项目的相关系数，并基于此对内部信度进行初步的研究。其次，运用不同的信度指标对内部和外部的信度进行深入的探讨。Cronbach's α 因子在可靠程度上高于0.9表示其可信性良好；0.8~0.9表示可信；0.7~0.8部分项目有待修改；低于0.7说明在该量表中的某些条目不符合研究需要，应该被摒弃。

本次研究的有效个案为311个，表7.4为信度分析的结果，报告了量表内部一致性的 Cronbach's α 值，较高的系值表示其内在的一致性较好。

表中 Cronbach's α 的值为 0.959，说明表格的内部一致性非常高。表中的"基于标准化项的 Cronbach's α"是将样本观察值的各题项的得分标准化后所得到的信度系数，简称为标准化系数。

表 7.4　　　　　　　　　　　　可靠性统计

Cronbach's α	基于标准化项的 Cronbach's α	项数
0.959	0.962	39

表 7.5 是摘要项目统计量。该表给出的是量表中各题项的均值、极小值、极大值、范围、方差、项数等。

表 7.5　　　　　　　　　　　　摘要项目统计量

项目	均值	极小值	极大值	范围	极大值/极小值	方差	项数
项的均值	3.997	3.305	4.492	1.186	1.359	0.091	39
项方差	0.702	0.425	1.057	0.631	2.484	0.038	39
项之间的相关性	0.394	0.096	0.840	0.745	8.796	0.020	39

表 7.6 是项目整体统计量表，这是信度分析结果中极其重要的部分。"项目已删除的刻度均值"列的数据为删除该项目后量表的其余题项加总后的新平均值。以 AR4 为例，删除该项目之后的标度平均值为 151.7203，全部题项的总得分的均值为 155.8939，删除该项目之后下降的 4.1736 即为该项目的得分的平均值。项目整体统计量表最重要的是一下两项："校正后的项目与总分相关性"和"项目删除后的 Cronbach's α"。"校正后的项目与总分相关性"列出了校正后该项与量表其余题项的相关系数，此系数越大，说明该题目与其他题目之间的内在相关性越强。从表中可以看出，AR4 与量表的其他题项的相关系数为 0.603，属于弱相关关系。

表 7.6 项目整体统计量表

项目	项目已删除的刻度均值	项目已删除的刻度方差	校正后的项目与总分相关性	项目删除后的Cronbach's α
PEB1	151.8489	398.400	0.446	0.959
PEB2	152.4984	398.922	0.437	0.959
PEB3	151.8714	402.822	0.391	0.959
PEB4	152.4887	397.328	0.498	0.959
PEB5	151.9132	401.151	0.375	0.959
PEB6	152.1318	399.689	0.440	0.959
PEB7	152.1447	399.492	0.416	0.959
PEB8	152.4148	394.992	0.516	0.959
INT1	151.7170	394.294	0.732	0.957
INT2	151.7717	394.899	0.684	0.957
INT3	151.8424	391.211	0.730	0.957
ATT1	151.5338	397.327	0.712	0.957
ATT2	151.4373	398.408	0.673	0.958
ATT3	151.4309	398.743	0.655	0.958
ATT4	151.4019	399.970	0.636	0.958
PBC1	152.4148	395.850	0.496	0.959
PBC2	152.0161	395.390	0.556	0.958
PBC3	152.5884	393.591	0.562	0.958
PBC4	152.0514	395.397	0.616	0.958
SN1	152.0900	392.566	0.687	0.957
SN2	152.0547	396.839	0.614	0.958
SN3	151.8939	398.437	0.610	0.958
SN4	151.8939	394.392	0.703	0.957
SN5	151.8392	397.761	0.645	0.958
SN6	151.6881	399.428	0.626	0.958
PN1	151.7717	393.932	0.772	0.957
PN2	151.9132	392.776	0.701	0.957

续表

项目	项目已删除的刻度均值	项目已删除的刻度方差	校正后的项目与总分相关性	项目删除后的Cronbach's α
PN3	152.0161	392.655	0.716	0.957
PN4	152.1093	392.394	0.683	0.957
PN5	152.1029	391.564	0.732	0.957
AC1	151.6141	397.935	0.604	0.958
AC2	151.6592	397.193	0.634	0.958
AC3	151.7395	393.509	0.694	0.957
AC4	151.7588	393.455	0.707	0.957
AC5	151.8103	392.406	0.690	0.957
AR1	151.6238	398.590	0.675	0.958
AR2	151.5531	400.603	0.616	0.958
AR3	151.5981	398.499	0.651	0.958
AR4	151.7203	398.060	0.603	0.958

表 7.7 是方差分析结果，显示了 Friedman 的卡方校验值。p 值为 0.000，表示其极具统计学意义，即样本个体对每一题目的观点存在着明显的不同，每一题目的分数有显著性的差别。若样本资料与量表题目有不同意见或观点不一致，说明量表信度较高。因此，本研究的信度较好。

表 7.7　　　　　　　ANOVA 以及 Friedman 检验

内容		平方和	df	均方	Friedman 的卡方	Sig
项目之间		3315.577	310	10.695		
项目内部	项之间	1078.8010	38	28.389	2038.144	0.000
	残差	5176.532	11780	0.439		
	合计	6255.333	11818	0.529		
总计		9570.910	12128	0.789		
		总均值 = 3.9973				

注：Kendall 的和谐系数 W = 0.113。

表 7.8 报告了同类相关系数。可以看出该表是采用人员效应随机而度量效应固定的双因素混合效应模型来分析的。数据内度量的同类相关系数为 0.374，这也就是量表的一致性检验的 Cronbach's α。二者的 F 值检验结果均为 0.000，都达到了非常显著的水平。这表明该表的内部一致性很高。

表7.8 同类相关系数

	类内相关性	95% 置信区间		使用真值 0 的 F 检验			
		下限	上限	值	df1	df2	Sig
单个测量	0.374	0.338	0.416	24.339	310	11780	0.000
平均测量	0.959	0.952	0.965	24.339	310	11780	0.000

使用 SPSS21.0 版本软件对数据进行模型的信度检验，结果见表 7.9。首先，量表整体以及各潜变量的 Cronbach's α 在 0.811 ~ 0.959，大于 0.7 的阈值条件；其次，每个潜在变量的 KMO 数值在 0.755 ~ 0.885，Bartlett 球形测验的伴生概率都低于 0.001。采用 AMOS21.0 进行实证因素的验证，结果表明：构成信度（CR）与 Cronbach's α 具有较好的一致性。所有变量的规范化因子载荷量都大于 0.7，p 值均显著。所有潜变量的平均方差萃取量（AVE）都在 0.5 以上，该量表的收敛效度良好。

表7.9 效度检验

变量	Cronbach's α	CR	AVE
亲环境行为	0.811	0.6816	0.558
亲环境行为意愿	0.902	0.7146	0.553
态度	0.941	0.8872	0.663
感知行为控制	0.801	0.7477	0.528
主观规范	0.902	0.8591	0.5047
个人规范	0.912	0.7376	0.5698
后果感知	0.917	0.8522	0.5373
责任归属	0.925	0.8362	0.5609

最后，各潜变量的内部关联系数均高于潜变量的外部关联系数，量表通过对该指标的区分有效性进行检验，结果见表 7.10，证实模型量表具有较好的区别效度。

表 7.10　　　　　　　　　　　　　区别效度

变量	后果感知	主观规范	责任归属	感知行为控制	态度	个人规范	行为意愿	亲环境行为
后果感知	0.733							
主观规范	0.704	0.710						
责任归属	0.665	0.634	0.749					
感知行为控制	0.515	0.731	0.463	0.727				
态度	0.584	0.585	0.445	0.428	0.814			
个人规范	0.625	0.823	0.647	0.602	0.497	0.755		
行为意愿	0.6	0.681	0.522	0.539	0.802	0.685	0.675	
亲环境行为	0.454	0.58	0.42	0.569	0.463	0.58	0.592	0.748

7.1.5　结构方程模型构建

运用 AMOS21.0 软件，进行结构方程模型的适配度检验，表 7.11 列出了结构模型检验所得的主要适配指标，包括绝对拟合指数常用指标 GFI、AGFI、RMSEA，相对拟合度指标 NFI、TLI（NNFI）、CFI，综合拟合度指标 CMIN/DF、PGFI、PNFI 三个部分。通过比较各个指数与标准值，由于 χ^2/df（CMIN/DF）具有较高的灵敏度，且易被变量数量和样本量所左右，从而导致假设理论模型与真实数据的拟合程度较低，故有的学者将卡方自由度作为衡量其适合性的一种方法，从而避免了变量数（自由度 = 变量数 − 1）对拟合效果的作用。卡方自由度比率用来直接检测样本的协方差矩阵与估测矩阵的相似性，通常，当卡方的自由度比率越接近 1，说明其拟合的有效性越高。在实际的实验中，χ^2/df 在 1~3 的范围内，表明该模型的拟合程度较好，而在大样本容量下，χ^2/df 若小于 5 是可以被接受的。

表 7.11　　　　　　　　　　　　拟合度指标

拟合指标	拟合数值
CMIN/DF	1.46
Goodness of Fit（GFI）	0.9007
Adjust Goodness of Fit（AGFI）	0.8851
Normed Fit Index（NFI）	0.9007
Non – Normed Fit Index（NNFI）Tucker – Lewis Indes（TLI）	0.9636
Comparitive Fit Index（CFI）	0.9662
RMSEA	0.0390
Parsimony-adjusted GFI（PGFI）	0.652
Parsimony-adjusted NFI（PNFI）	0.751

　　GFI 称为拟合度指数，表示假设模型可以解释观测数据的比例，说明模型的解释力，其具体的指标值受模型的拟合方法影响；AGFI 表示调整后拟合度指标，该指标用模型自由度和参数数目来调整 GFI，消除了自由度对 GFI 影响。在学术上，GFI 值 >0.9，被认为该模型的拟合度良好，AGFI 值在 0.9 或更高时，则说明该模式具有较好的适用性。RFI 是一种比较接近的指标，它调节了不同的模型的自由程度。NFI、NNFI、IFI、CFI、RFI 值一般在 0~1 范围内。NFI 对假定模式和独立模式进行了对比，GFI 对剩余矩阵进行了对比。由于两种方法之间的差别都会被变量数量和样本量所左右，所以我们使用 PGFI 和 PNFI 这两个指标进行适配性分析。通常研究中认为 PGFI 值和 PNFI 值的评价标准为大于 0.5 为拟合度较好。

　　本研究采用 Bollen – Stine bootstrap model fit 方法计算了该模式的适配度。经测试表明，所建立的模型与实际调查数据结果相吻合，符合试验要求，最后得出了结构方程模型和标准参数估计值。

　　各变量之间的模型结构关系、标准化路径系数的估计值、t 值及研究假设的检验结果见表 7.12。所有的假设路径都符合 t 检验的要求标准，路径系数在置信度 $\alpha = 0.05$ 的水平下都显著。

表 7.12　　　　　　　　　　模型假设检验结果

路径	标准化路径系数估计值	S. E.	C. R.（t-value）	p	检验结果
后果感知→主观规范	0.704	0.077	10.636	***	支持
后果感知→责任归属	0.433	0.075	5.898	***	支持
主观规范→责任归属	0.328	0.063	4.566	***	支持
后果感知→态度	0.341	0.078	4.488	***	支持
责任归属→个人规范	0.211	0.053	3.914	***	支持
主观规范→感知行为控制	0.731	0.077	9.416	***	支持
主观规范→态度	0.345	0.067	4.541	***	支持
主观规范→个人规范	0.689	0.059	10.128	***	支持
个人规范→行为意愿	0.357	0.087	4.547	***	支持
感知行为控制→行为意愿	0.087	0.064	1.324	**	支持
态度→行为意愿	0.605	0.058	11.518	***	支持
主观规范→行为意愿	0.131	0.098	3.298	*	支持
个人规范→亲环境行为	0.205	0.076	2.332	*	支持
感知行为控制→亲环境行为	0.285	0.064	3.399	***	支持
行为意愿→亲环境行为	0.298	0.066	3.527	***	支持

注：*、** 和 *** 分别表示在 10%、5% 和 1% 的水平下显著。

实证分析结果表明，各路径的临界比率 C. R. 的绝对值都远大于 1.96，在 p 值小于 0.05 的条件下所有路径都通过了显著性检验。其中，p 值在 0.05 水平下显著的路径有 3 条，分别是"感知行为控制→亲环境行为意愿""主观规范→亲环境行为意愿""个人规范→亲环境行为"；其余路径的 p 值在 0.001 水平下均为显著。

在实证分析的研究模型中，"感知行为控制→亲环境行为意愿"的标准化路径系数为 0.087，在 p 值小于 0.05 的水平下显著，同时"感知行为控制→亲环境行为"的标准化路径系数为 0.285，在 p 值小于 0.001 的水平下显著，表明感知行为控制对亲环境行为的解释作用高于对亲环境行为意愿的解释，同时感知行为控制对亲环境行为意愿的影响力很小。"主观规范→亲环境行为意愿"的标准化路径系数为 0.131，在 p 值小于 0.05 的水平下显著，但"主观规范→感知行为控制""主观规范→个人规范""主观规范→态度""主观规范→责任归属"的标准化路径系数分别为 0.731、0.689、0.345、0.328，p 值在 0.001 的置信水平下均显著，说明主观规范对感知行为控制、个人规范、态度、责任归属的影响力度高于对行为意愿的影响力度，并且主观规范对个人规范和态度具有重要影响。"个人规范→亲环境行为意愿"的标准化路径系数为 0.357，"个人规范→亲环境行为"的路径系数为 0.205，说明个人规范对亲环境行为意愿的影响适中，对亲环境行为的影响力较小。

7.1.6 结论与对策建议

本部分在公众参与环境治理和环境保护的背景下，结合大学生实施亲环境行为的研究意义，通过整合计划行为理论和规范激活模型，从理性行为主义和利他主义两个角度对大学生亲环境行为影响因素及其形成机制进行实证分析，结果表明：

（1）在亲环境行为的现状上，大学生在公域亲环境行为的平均得分和私域亲环境行为的平均得分近似。在人口学变量中，性别对态度、结果认知、责任归属和行为意愿的影响具有一定的显著性，年级对亲环境行为意愿存在显著影响。因此，对于不同性别、不同年级的大学生，应该采取不同的激励办法和措施。

（2）大学生亲环境行为态度、个人规范对亲环境行为意愿的有显著影响；感知行为控制对大学生亲环境行为的影响程度高于感知行为控制对大学生亲环境行为意愿的影响显著；大学生亲环境行为意愿、个人规范对大学生亲环境行为产生正向影响；大学生亲环境行为的主观规范正向影响大学生亲环境行为的态度、感知行为控制、责任归属和个人规范，对亲环境行为意愿影响较小；大学生亲环境行为的后果意识正向影响大学生亲环境行为的责任归属；责任归属正向影响大学生实施亲环境行为的个人规范；大学生亲环境行为的后果意识正向影响大学生亲环境行为的态度和主观规范。符合本研究所提出的研究假设和理论模型。

（3）总体来看，态度、感知、责任认知、主观规范、个人规范、感知行为控制等因素都会直接或间接地影响亲环境行为意愿和亲环境行为。行为态度影响行为意愿，主观规范影响个人规范。本研究的变量之间存在多重影响和交互关系。大学生亲环境行为具有复杂、多元的影响机理，只有厘清其中的关键因果链条，梳理多重影响路径，才能在不同的情境中探究多元化和差异化的原因机制，并采取有针对性的应对策略。

7.2　民航业与大气污染的耦合及其绿色发展的影响因素

7.2.1　研究背景

随着我国民航业的不断发展，航空排放物日益增多，对大气环境产生了相当显著的影响（何吉成，2012）。在经济条件与政策形势的支持下，我国民航业正处于全面上升发展的时期。2023 年 5 月 28 日，国产大飞机 C919 圆满完成首个商业航班飞行，预示着我国民航业的崛起与兴盛。但是以往研究较少关于民航业的环境治理情况和绿色发展状况，研究民航业与环境污染耦合度的文献更是寥寥无几。根据中国民用航空局《2020 年民航行业发展统计公报》与《2020 年民航机场生产统计公报》相关数据显示，2020 年我国机场完成旅客吞吐量 85715.9 万人次，完成货邮吞吐量 1607.5 万吨，扎实推进民航业高质量发展，各项工作取得了显著成绩。民航在运输过程中排放的污染物主要包括 NO_x、SO_2、颗粒物、二氧化碳（CO_2）、一氧化碳（CO）等。根据《中国环境统计年鉴》相关数据显示，2020 年我国 NO_x 总排放 1019.7 万吨，SO_2 总排放 318.2 万吨，颗粒物总排放 611.4 万吨，大气环境受到了严重威胁。因此，有必要对民航业与大气污染的耦合协调度及其影响因素进行实证研究。

航空排放属于移动排放源，其辐射范围通过航路网络覆盖全球。当前，全球航空业绿色低碳转型发展进程不断加快，国际民航组织也将空气质量作为航空环境保护的三个核心领域之一。我国承担大国责任，积极响应国际号召，谋求民航运输的绿色可持续发展。《"十四五"民航绿色发展专项规划》指出，我国民航必须完整准确全面贯彻新发展理念，全力推进民航绿色低碳循环发展，努力构建民航运输与生态环境和谐共生的新格局。因此，深层探析影响因素，协调民航与大气污染二者平衡发展，打造"生态航空业"刻不容缓。

基于此，本研究以中国大陆 31 个省份民航与大气污染相关指标为研究对象，利用耦合协调模型对我国民航业发展与大气污染耦合协调效应进行测算分析。同时选取民航业发展相关的自变量，利用多元线性回归模型对其绿色发展的影响因素进行分析。最终结合分析结果，对提高我国民航业发展与大气污染耦合协调度以及促进其绿色发展提出相关对策建议。

民航业发展与大气污染之间的关系复杂，二者相互作用，相互影响。一方面，大气污染治理水平的提高可以改善大气质量，降低恶劣天气出现频次，从而提高民航的出航效率，提升运营管理效能，降低能耗，并且可以促进飞行安全，降低飞行事故发生概率，提高民航业发展质量与口碑。同时，大气污染治理水平的提高有利于倒逼防治污染与清洁生产新技术的发展，提升绿色民航科技创新能力，加快推广绿色低碳技术，完善绿色民航治理体系，推进基于市场的民航减排机制的建立。另一方面，民航业发展包括经济、政策与科技水平三个方面。首先，民航业发展意味着民航收入增多，从而用于治理大气污染的财力投入将随之增多，建立大气污染治理专项资金，逐步改善大气污染，打好蓝天保卫战；其次，民航业的发展意味着民航各项规章制度不断完善，如制定修改《民用机场环境保护管理规定》《涡轮发动机飞机燃油排泄和排气排出物规定》《2022 中国民航绿色发展政策与行动》等明确规定废气排放标准，为大气污染治理打下坚实的政策基础；最后，民航业的发展意味着民航节能减排技术的提高，减少污染物的排放数量与浓度，从而根源处坚守绿色发展，守护蓝天白云。

7.2.2 指标体系构建

在目前研究中，关于民航业发展与大气污染耦合指标体系没有固定统一的标准，因此本研究在综合查阅相关文献以及民航局政务公开数据的基础上，分别构建我国民航业发展和大气污染综合评价指标体系。

（1）民航业发展综合评价指标体系

2019 年 5 月，中国民用航空局印发《中国民航高质量发展指标框架体系（试行）》，明确民航高质量发展的具体指标。其中，基础指标主要从以下 6 个方面进行选取：行业安全水平、保障能力、服务品质、生产规模、运行效率、经济效益。由于本研究选取 31 个省市 2011～2020 年面板数据为研究对象，而数据库中多以全国总时间序列数据为主，数据缺失严重，故而在综合考虑实际数据完整度的基础上，最终忽略民航制造业相关指标，仅考虑民航运输业相关指标，从生产规模与保障能力两个方面构建民航业发展子系统指标体系。其中生产规模是指民航业在一定时间区域内投入定量生产要素所能获取的实际产出，本研究所选指标有旅客吞吐量与货邮吞吐量；保障能力是指民航业在一定时间区域内为保持、恢复和改善正常工作水平而投入的资源配置，本研究所选指标为民航业从业人员人数。

基于上述分析，本研究对民航业发展指标体系构建从两个方面共选 3 个指标。具体见表 7.13。

表 7.13　　　　　　　　　　　民航业发展指标体系

系统层	准则层	指标层	指标性质
民航业发展	生产规模	旅客吞吐量	正向（+）
		货邮吞吐量	正向（+）
	保障能力	从业人员人数	正向（+）

（2）大气污染评价指标体系

结合大气污染发展情况与发展特征参考以往文献，从污染指数和污染治理两方面对大气污染进行综合评价（王小玲，2018）。其中，污染指数是大气所承受的污染压力，涉及民航在运输过程中所排放的主要污染物，本研究选取 NO_x 排放量、SO_2 排放量、颗粒物排放量以及碳排放量四个指标作为衡量污染物排放指数的指标；污染治理是提高大气质量的重要举措，是解决民生环境的必然要求，因此本研究选取环境治理投资金额为衡量污染治理强度的指标。

基于上述分析，本研究对大气污染指标体系构建从两个方面共选 5 个指标。具体见表 7.14。

表 7.14   **大气污染指标体系**

系统层	准则层	指标层	指标性质
大气污染	污染指数	NO_X 排放量	负向（－）
		SO_2 排放量	负向（－）
		颗粒物排放量	负向（－）
		碳排放量	负向（－）
	污染治理	环境治理投资	正向（＋）

本研究所采用的各项数据指标来源于《民航行业发展统计公报》《民航机场生产统计公报》、EPS 数据平台中国交通数据库、《中国统计年鉴》《中国环境统计年鉴》以及各省政府相关部门发布的公示、公告及各项公开数据，时间跨度为 2011~2020 年。

7.2.3 评价权重确定

通过查阅国内外相关文献发现，基于权重进行综合评价的方法主要有因子分析法（或主成分分析法）、AHP 专家层次分析法、熵值法等。熵值是对不确定性的一种度量，信息量越大，不确定性就越小，熵值也就越小，反之亦然。因此依托熵值所涵盖的信息量进行权重计算，精确各项指标的变异程度，可以准确计算各项指标的权重，为综合评价提供依据。本研究选取面板数据进行分析，采用熵值法计算权重更为简易便捷。

本研究选取 m 个省份，n 个评价指标，构成评价系统初始数据 $X = (x_{ij})_{mn}$。其中 x_{ij} 是第 i 个省份第 j 个指标的值（$i = 1，2，\cdots，m；j = 1，2，\cdots，n$）。根据所选指标数据，需要对 t 年的指标数据进行评价与分析，因此，构成 $mt \times n$ 阶评价系统初始矩阵 $X = (x_{ij})_{mt \times n}$，（$i = 1，2，\cdots，mt$；

$j = 1，2，\cdots，n$）。

（1）原始数据无量纲化处理

由于民航业发展与大气污染两个系统在指标量纲及指向方面存在差异，并且所选择指标的含义及其属性情况均有不同，因此需要消除数据量纲差异、属性不同等对各指标计算结果的影响。鉴于此，本研究选取正向化与逆向化对原始数据进行无量纲化处理。其中正向指标数值越大越好，采取正向化处理；负向指标数值越小越好，采取逆向化处理。具体如下：

正向指标：

$$x'_{ij} = \frac{x_{ij} - x_{ij\min}}{x_{ij\max} - x_{ij\min}} \tag{7.1}$$

逆向指标：

$$x'_{ij} = \frac{x_{ij\max} - x_{ij}}{x_{ij\max} - x_{ij\min}} \tag{7.2}$$

（2）熵值法求权重

$$p_{ij} = \frac{x'_{ij}}{\sum\limits_{i=1}^{mt} x'_{ij}} \tag{7.3}$$

$$e_j = -\ln(mt)^{-1} \sum\limits_{i=1}^{mt} p_{ij} \ln p_{ij} \tag{7.4}$$

$$w_{ij} = \frac{1 - e_j}{\sum\limits_{j=1}^{mt} 1 - e_j} \tag{7.5}$$

其中，p_{ij} 为第 i 个省份第 j 个指标的比重；e_j 为 j 指标的信息熵；w_{ij} 为各指标权重。

根据前面介绍的权重计算方法，将民航业发展与大气污染子系统数据代入上述公式中，得出各个指标权重，具体数据见表7.15。

使用熵值法对 MMS_旅客吞吐量（万人）等8项指标进行权重计算，从表7.15可以看出：MMS_旅客吞吐量（万人）、MMS_货邮吞吐量（万吨）、MMS_就业人员数（人）、NMMS_碳排放（万吨）、NMMS_SO$_2$（万吨）、NMMS_NO$_X$（万吨）、NMMS_颗粒物（万吨）、MMS_环境治理投资（万元）的权重值分别是 0.158、0.342、0.273、0.020、0.020、0.026、

0.014、0.146。各项间的权重大小有着一定的差异，其中 MMS_货邮吞吐量（万吨）的权重最高，为 0.342，NMMS_颗粒物（万吨）的权重最低，为 0.014。

表 7.15　　　　　　民航业发展与大气污染熵值法权重计算

系统层	准则层	指标层	信息熵值	信息效用值	权重系数
民航发展	生产规模	MMS_旅客吞吐量（万人）	0.9374	0.0626	0.158
		MMS_货邮吞吐量（万吨）	0.8650	0.1350	0.342
	保障能力	MMS_就业人员数（人）	0.8924	0.1076	0.273
大气污染	污染指数	NMMS_碳排放（万吨）	0.9920	0.0080	0.02
		NMMS_SO_2（万吨）	0.9919	0.0081	0.02
		NMMS_NO_X（万吨）	0.9897	0.0103	0.026
		NMMS_颗粒物（万吨）	0.9944	0.0056	0.014
	污染治理	MMS_环境治理投资（万元）	0.9422	0.0578	0.146

7.2.4　耦合协调模型构建

（1）综合发展水平评价模型

为充分反映民航业发展与大气污染耦合协调程度，根据使用熵值法计算的权重，利用综合指数法对各个指标进行加权，最终可得民航业发展与大气污染综合评价值，具体公式如下：

$$U_1 = \sum_{i=1}^{mt} w_{ij} u'_{ij} \qquad (7.6)$$

$$U_2 = \sum_{i=1}^{mt} w_{ij} u'_{ij} \qquad (7.7)$$

其中，U_1 为民航业发展综合指数，U_2 为大气污染综合指数，u'_{ij} 为各指标无量纲化处理后的结果。

表 7.16 为各指标的类型和组别设置，针对高优/低优指标进行量纲化处理，计算方式上默认组间相加、组内相乘。综合指数法将各项指标转化计算，最终得到综合指数，用于综合水平监控和对比。

表7. 16　　　　　　　　民航业发展与大气污染综合指数

指标	类型	组别
MMS_就业人员数（人）	高优	保障能力
MMS_货邮吞吐量（万吨）	高优	生产规模
MMS_旅客吞吐量（万人）	高优	生产规模
MMS_环境治理投资（万元）	高优	污染治理
NMMS_碳排放（万吨）	低优	污染指数
NMMS_颗粒物排放（万吨）	低优	污染指数
NMMS_NO_X 排放（万吨）	低优	污染指数
NMMS_SO_2 排放（万吨）	低优	污染指数

（2）耦合度模型

根据民航业发展与大气污染综合指数，进一步建立民航业发展与大气污染耦合度模型：

$$C = \left\{ \frac{U_1 \times U_2}{\left[\frac{U_1 + U_2}{2} \right]^2} \right\}^{\frac{1}{2}} \tag{7.8}$$

其中，C 为民航业发展与大气污染耦合度，该值越大说明系统间的相互作用越大，反之亦然。当 $U_1 = U_2$ 时，耦合度达到最大，当 $U_1 \neq U_2$ 时，耦合度处在偏离均衡的状态。

（3）耦合协调度模型

首先，针对分析项进行区间化处理，区间化处理后数据均介于 0 ~ 1；其次，使用处理后的数据进行正式的耦合协调度研究，具体的耦合协调度模型如下：

$$T = aU_1 + bU_2 \tag{7.9}$$

$$D = \sqrt{C \times T} \tag{7.10}$$

其中，D 为耦合协调度，T 为系统耦合协调发展水平指数，D 值越大说明系统间协调程度越高。a 和 b 为待定系数，综合考量两系统重要程度，设定 $a = 0.5$，$b = 0.5$。

结合耦合协调度等级划分标准，针对协调程度和等级进行划分，民航业发展与大气污染耦合协调度等级划分标准如表 7.17 所示。

表 7.17　　民航业发展与大气污染耦合协调度等级划分标准

耦合类型	耦合协调度 D 值区间	协调等级	耦合协调程度
矛盾型 $[0，0.3)$	$(0.0 \sim 0.1)$	1	极度失调
	$[0.1 \sim 0.2)$	2	严重失调
	$[0.2 \sim 0.3)$	3	中度失调
失调型 $[0.3，0.5)$	$[0.3 \sim 0.4)$	4	轻度失调
	$[0.4 \sim 0.5)$	5	濒临失调
调和型 $[0.5，0.7)$	$[0.5 \sim 0.6)$	6	勉强协调
	$[0.6 \sim 0.7)$	7	初级协调
耦合型 $[0.7，1)$	$[0.7 \sim 0.8)$	8	中级协调
	$[0.8 \sim 0.9)$	9	良好协调
	$[0.9 \sim 1.0)$	10	优质协调

7.2.5　耦合协调结果分析

2011～2020 年的耦合协调度可分为三个发展阶段：2011～2013 年，两系统耦合协调程度直线上升，由严重失调上升到初级协调。21 世纪初，我国民航业处于能源消耗粗放式发展时期，过度依赖于航空燃油，单位油耗较高，大气污染有所加重。随着 2011 年 4 月中国民用航空局发布《中国民用航空发展第十二个五年规划》，开始逐步研发与推广节油提效措施，第一次使用可持续航空生物燃料为中国的民用飞机提供动力，推动民航运行质量与经济效益快速提升，业务规模稳定增长，民航大气污染物排放有所减缓，两系统耦合协调度不断增长。与此同时，中华人民共和国生态环境部发布《2011 年全国污染防治工作要点》，其中第 4 章指出要建立健全区域联防新机制，深入推进大气污染防治工作，对城市空气质量开展分级管理，加大对颗粒物、挥发性有机物防治力度等，更进一步提高了大气污染治理水平，推动二者耦合协调程度迅速攀升，于 2013 年达到初级协调状态。2014～2019 年，两系统耦合协调程度略有起伏，稳定在中级协调上下，其中 2016 年和 2018 年更是达到了良好协调状态。在这一时期，民航业加速低碳转型，节能减排技术不断创新，推进绿色高质量发展，与生态文明建设相统一，对大气造成的污染逐渐降低，二者耦合协调程度逐渐保持在良性阶段。同时，这一时期出台了多个大气污染防治政策，如 2013 年国务院发布的《大气污染防治行动计划》、2016 年 12 月国务院发布的《"十三五"节能减排综合工作方案》等，严格规范排放标准，增强大气污染治理力度，推动我国大气环境逐渐向好发展。2020 年，两系统耦合协调程度迅速降低，回到轻度失调状态。原因是 2020 年我国民航业受新冠疫情打击，发展受阻，业务规模大幅下降，而此时大气污染治理水平仍稳定发展，民航业发展落后于大气污染治理水平，不能与大气污染治理水平保持协调状态。从整体协调程度来看，我国民航业发展与大气污染两系统呈现相互促进的状态，符合研究期内民航业不断发展、大气污染治理水平稳步提升的现实情况。然而整个研究期内，我国民航业发展水平低于大气污染治理水平，长期处于民航发展水平滞后状态。

根据 2011～2020 年我国 30 个省份（西藏碳排放指标缺失导致耦合协调度测算值缺失）民航业发展与大气污染耦合协调度测算结果可知，2011 年民航业发展与大气污染耦合协调度保持在 0.192～0.688，2014 年保持在 0.256～0.745，2017 年保持在 0.282～0.919，2020 年保持在 0.156～0.782。我国民航业发展与大气污染耦合协调度数值在东南地区相对较高、中西部地区相对较低，整体呈现出连片集聚发展特征。具体而言，2011 年，全国耦合协调度以矛盾型和失调型为主，全国仅北京市与上海市为调和型。失调型多分布在我国东部沿海与南部地区，矛盾型主要分布在我国内陆地区，整体呈现东南向西北递减趋势；2014 年，全国耦合协调度以失调型为主，矛盾型大大减少，山东省、广州省为调和型，北京市与上海市上升为耦合型，说明我国民航业发展与大气污染耦合协调度整体上得到了提升；2017 年较为稳定，与 2014 年情况大致相同，耦合协调度极值均进一步提升，但仍存在矛盾型地区；2020 年仍以失调型为主，调和型与耦合型地区数量有所增加，相较于 2011 年各地区耦合情况有质的飞跃。综合而言，当前我国各省市在民航业发展与大气污染耦合协调度上呈现上升趋势，但仍存在发展速度不均匀，极化现象较严重的现象。

7.2.6 民航业绿色发展的影响因素分析

理论和实践表明，民航业发展与大气污染的耦合协调是决定民航业绿色发展的重要维度。在前面的分析中，大气污染的相关变量随着时间的推移变化不大，而民航业发展的相关变量变化程度较大。因此，本部分重点分析民航业与大气污染的耦合协调度的影响因素。通过参考和借鉴以往研究，将经济发展水平（EL）、产业结构（IS）、科技投入（S/T）、教育投入（ED）、交通运输业投入（TI）、环境保护投入（EP）等影响因素作为自变量，变量测量方式见表7.18。

表7.18　　　　　　　　　　变量编码与测量

变量	变量解释
经济发展水平（EL）	国内生产总值与人口数量之比
产业结构（IS）	第三产业生产总值占国内生产总值的比重
科技投入（S/T）	科学技术财政支出占财政总支出的比重
教育投入（ED）	教育财政支出占财政总支出比重
交通运输业投入（TI）	交通运输业财政支出占财政总支出的比重
环境保护投入（EP）	环境保护财政支出占财政总支出的比重

在实际分析过程中，选用面板向量自回归模型（PVAR2）进行回归分析。PVAR2模型是依托面板数据特征而建立的向量自回归模型，近几年来，在各类经济学问题研究中一直被频繁应用。此模型方法简单，操作便捷，具有很强的可应用性，更重要的是它可以同时分析多个变量间的关系。PVAR2模型不仅拥有时间序列向量自回归模型（VAR）特征，还可以将各变量视为其余变量的内生性变量，丰富研究角度。一方面，PVAR2模型对经济理论要求较为宽松，由于将所有变量视为内生变量，所以能够更加容易地区分内生变量与外生变量；另一方面，PVAR2模型

结合面板数据特征，可以更加准确地反映变量所受到的共同冲击。其模型一般表达式为：

$$y_{it} = a_i + \beta_0 + \sum_{j=1}^{p} \beta_j y_{i,t-1} + \varepsilon_{i,t} + \delta_{i,t} \qquad (7.11)$$

其中，i 表示各省份（$i = 1, 2, \cdots, 30$）；t 表示年份（$t = 1, 2, \cdots, 10$）；j 表示滞后阶数（$j = 1, 2, \cdots, p$）；a_i 表示各省份固定效应向量；β_0 表示截距向量；$\varepsilon_{i,t}$ 表示时间效应向量；$\delta_{i,t}$ 表示随机扰动项。

通过对民航业发展与大气污染耦合协调度自身（coupling degree）以及各变量对耦合协调度进行建模，对耦合协调度取对数，将其作为一个新的自变量（lnCD）使用 stata16 进行分析。为使数据具有平稳性，对其余自变量取自然对数，描述性统计结果如表 7.19 所示。

表 7.19　　　　　　　　　　**描述性统计结果**

变量	均值	标准差	最小值	最大值
lnEL	10.84	0.44	9.70	12.01
lnIS	3.83	0.19	3.40	4.43
lnS/T	−4.15	0.63	−5.65	−2.75
lnED	−1.90	0.17	−2.35	−1.54
lnTI	−2.84	0.33	−3.81	−1.86
lnEP	−3.49	0.30	−4.36	−2.65
lnCD	−0.96	0.31	−1.86	−0.84

为了避免各变量原始序列不平稳而造成的伪回归，在建立 PVAR2 模型之前，先对各变量开展平稳性检验。在众多检验数据是否平稳的方法中，本研究选取最为常用的单位根检验，利用 LLC 模型进行分析。具体检验结果如表 7.20 所示。通过表 7.20 中的数据可以看出，产业结构、科技投入、教育投入、交通运输业投入、环境保护投入以及耦合协调度通过 1% 水平下的显著性检验，经济发展水平通过 5% 水平下的显著性检验，七项因素均为平稳序列。

表7.20　　　　　　　　　　　单位根检验结果

变量	统计量	p 值	结论
lnEL	− 2. 1984	0. 0140 **	平稳
lnIS	− 6. 2334	0. 0000 ***	平稳
lnS/T	− 6. 5849	0. 0000 ***	平稳
lnED	− 6. 5411	0. 0000 ***	平稳
lnTI	− 12. 1506	0. 0000 ***	平稳
lnEP	− 5. 0851	0. 0000 ***	平稳
lnCD	− 19. 3491	0. 0000 ***	平稳

注: ** 、*** 分别表示通过5% 、1% 的显著性检验。

此外，构建 PVAR2 模型需要由赤池信息准则（AIC）、贝叶斯信息准则（BIC）和最小信息准则（HQIC）三者共同判断各变量和民航业发展与大气污染耦合协调度之间的最优滞后期数。在选择滞后阶数时要统筹各方面进行考量，使所构建的模型具有足够的滞后阶数与自由度。其计算结果如表7.21所示。从表7.21可以看出，其最优滞后阶数为1，所以本研究选择滞后1阶的 PVAR 模型。

表7.21　　　　　　　　　　　最优滞后阶数选择

滞后阶数	AIC	BIC	HQIC
1	− 9. 71813 *	− 5. 96194 *	− 8. 20466 *
2	− 8. 78088	− 3. 87179	− 6. 79632
3	− 9. 24129	− 2. 90859	− 6. 67365
4	118. 72	126. 869	122. 031
5	72. 2263	82. 7955	76. 5185

注: * 表示 p < 0. 1。

为解决内生性问题，本研究采用广义矩估计法（GMM）进行分析。在进行估计前，先利用赫尔默特变换数据以消除固定效果。随后将各变量滞后项作为工具变量，以此来保证各变量与误差项之间不相关，从而对模型参数进行估计。因此，进行面板矩估计是为了探究变量间是否存在回归关系。本研究以 lnCD 为依赖变量，并对各变量关系进行检验。其结果如表 7.22 所示，其中被解释变量为民航业发展与大气污染耦合协调度，解释变量为耦合协调度自身与各变量的滞后一阶。

表 7.22　　　　　　　　　　面板矩估计结果

依赖变量	统计量	h_lnCD L1.	h_lnEL L1.	h_lnIS L1.	h_lnS/T L1.	h_lnED L1.	h_lnTI L1.	h_lnEP L1.
lnCD	估计系数	0.57	0.38	0.87	0.12	0.54	−0.19	0.15
	Z 统计量	5.68	0.83	0.72	1.41	0.71	−0.74	0.97
	p 值	0.000 ***	0.044 **	0.047 **	0.016 **	0.048 **	0.046 **	0.032 **

注：** 、*** 分别表示通过 5%、1% 的显著性检验。

通过观察 GMM 面板数据估计结果可以看出，民航业发展与大气污染耦合协调度滞后一阶对自身的影响非常显著，其估计系数为 0.57，说明耦合协调度具有较强的自身影响力。经济发展水平滞后一期通过 5% 的显著性检验，其估计系数为 0.38，说明经济发展水平对耦合协调度具有正向影响。经济发展水平越高说明各省有充足的财力与能力投入民航业节能减排建设与大气污染的治理，所以经济发展水平越高，耦合协调度越大。产业结构滞后一期通过 5% 的显著性检验，其估计系数为 0.87，说明产业结构对耦合协调度具有正向影响。产业结构越均衡越合理，说明民航业等第三产业发展空间越广阔，重工业等高污染企业越少，向大气中排放的污染物也越少，所以产业结构越优，耦合协调度越大。科技投入滞后一期通过 5% 的显著性检验，其估计系数为 0.12，说明科技投入对耦合协调度具有正向影响。科技投入力度越强说明大气污染治理科技水平上升，民航业发展低碳绿色可持续，大气污染治理效能得到提升，所以科技投入力度越强，耦合协调度越大。教育投入滞后一期通过 5% 的显著性检验，其估计系数为 0.54，说明教育投入对耦合协调度具有正向影响。教育投入力度越大说明教育理念以及专业技能越先进，民航业高质量发展理念与大气污染新发展理念将会得到践行，专业源头减排与事后降污能力会得到提升，所以教育投入力度越大，耦合协调度越大。交通运输业投入滞后一期通过5%的显著性检验，其估计系数为 −0.19，说明交通运输业投入对耦合协调度具有负向影响。交通运输业投入力度越大，将会促进民航业运输规模的扩大与运输频次的增加，向大气中排放污染物的数量也会随之增加，加剧大气污染。环境保护投入滞后一期通过5%的显著性检验，其估计系数为0.15，说明环境保护投入对耦合协调度具有正向影响。环境保护投入力度越大说明大气污染治理强度越高，大气质量得到提升，减少民航因极端天气而造成的出行受阻，所以环境保护投入力度越强，耦合协调度越大。

综上所述，除了交通运输业投入对民航业发展与大气污染耦合协调度具有负面影响外，经济发展水平、产业结构、科技投入、教育投入、环境保护投入均对耦合协调度具有正面影响。并且在众多影响因素中，产业结构影响程度最大，科技投入影响程度最小。

7.2.7 结论和对策建议

根据耦合协调模型对2011～2020年中国30个省份民航业发展与大气污染耦合协调效应进行分析，发现其耦合结果并不理想，耦合协调程度有待进一步提高；同时本研究根据面板向量自回归模型（PVAR2）分析民航业发展与大气污染耦合协调度影响因素，得出经济发展水平、产业结构、科技投入、教育投入、交通运输业投入与环境保护投入均可影响两者耦合协调度。因此在参考大量相关文献的基础上，综合考量这些影响因素，从多视角为促进民航业发展与大气污染耦合协调度提出以下对策建议：

（1）坚持新发展理念引领，助推民航业绿色发展与大气污染防治"双赢"

党的十八届五中全会提出"创新、协调、绿色、开放、共享"五大发展理念，自此以后，我国坚定不移地走生态优先、绿色低碳的发展道路。着力推进社会各行业全面绿色转型，建立全方位的绿色低碳循环发展体系。对民航业来说，以新发展理念引领其高质量发展。民航业高质量发展是新发展理念的发展，必须将它落实到民航业发展的各个环节、贯穿民航业各项工作始终。切实提高对控制碳排放、绿色低碳可持续发展的认识，并在行业发展目标中将节能减排摆在更加重要的位置，深刻理解绿色发展对提高行业竞争力和争取行业未来可持续发展的重大意义，从而促进民航业生产服务绿色化，推动民航业高质量发展。使创新成为民航业高质量发展的第一动力，使协调成为民航业高质量发展的内生特点。大气污染防治新发展理念的指导下进行。总结大气污染防治实践经验，统筹考虑经济效益与环境效益，平衡二者之间的动态关系，从而促进大气污染防治工作全方位、全领域、全过程的开展。

（2）优化产业结构，协调区域经济发展

党的二十大报告指出，深入实施区域协调发展战略是推动我国经济高质量发展的重大战略之一。而我国现在各省份之间产业同质化严重，产业结构逐渐失衡，区域协调发展受到了重大影响，从而对民航业发展与大气污染耦合协调程度产生了重大冲击。从产业结构层面来说，大力发展第三产业，降低高污染产业占比，使生产要素向高科技、低污染产业流动，逐步淘汰落后产能，提高新进企业的技术与资本准入门槛，倒逼企业进行产业结构转型升级，为民航业发展赋能，为大气污染防治工作减负，为二者协调发展奠定产业基础。从区域协调发展层面来说，平衡产业配置，各省根据实际情况因地制宜发展特色产业，综合考量来自其他省份的产业承接力度，避免产业结构单一化。政府进行针对性帮扶，科学分配生产资料投入总量，实现省市间生产成果合理流动与合理转化。各省市间要尽快走出传统区域竞争困境，积极打破行政壁垒，落实区域协调发展战略，促进民航业发展与大气污染防治的协调发展。

（3）强化科技投入力度，坚持科技创新驱动发展

科技投入力度的增加与科技水平的提升具有直接正向关联。对民航业来说，科技投入力度的增强可以使民航运输能源结构得到优化。查询相关资料可知，目前民航业已知的可持续航空燃料共有 7 种，最多能够有效减少 80％的碳排放，但可再生能源的应用对技术与成本的要求较高，并不能投入大量使用，增加科技投入可以为我国探索切实有效的可持续航空燃料奠定一定的经济基础。科技投入力度的增强可以使航空公司运营技术得到创新与优化。新技术的研发与应用，可以使航空公司通过实时获取燃油状态、优化飞行路线、提供低碳服务等方式降低能耗，提高运营效率。科技投入力度的增强可以实现民航运输全过程低碳与环保，如推广出行全流程"无纸化""碳中和航班"等，让"绿色全旅程"贯穿到民航运行的各个环节。通过上述方式到达民航节能减排的目的，减少大气污染，促进民航业发展与大气污染协调发展。对大气污染来说，科技投入力度的增强可以扩大大气污染防治基础设施建设，拥有更多的防污治污机器与基地，有效扩大防污治污数量。科技投入力度的增强可以精进大气污染防治技术，运用更多的防污治污手段与措施，有效提高防污治污效率，从而提高大气质量，促进民航业发展与大气污染防治的同步进行。

（4）强化教育投入力度，推动民航业和环境的高质量发展

实证分析结果表明，教育投入对民航业发展与大气污染协调发展具有显著的正向作用，且随着时间的推移，教育转化尤为重要。教育投入力度的增加与教育水平的提升具有直接正向关联。教育水平的提高不仅体现在知识内容方面的丰富方面，也体现在意识角度的与时俱进——教育理念的更新方面。尤其是高等教育水平的提高，有利于打破民航与大气环境等多学科之间的壁垒，整合与融汇多学科知识，塑造正确、科学、先进、全面的价值观，提高人们的综合素质。随着时间的推移，教育内容逐渐转化为科技手段，教育理念逐渐转化为潜移默化的思想意识。教育成果的转化，不仅是民航业发展与大气污染协调发展的要求，也是为二者发展提供可持续性动力，提高二者各自行业竞争力的需要。因此，要重视教育的价值性与应用性，增强成果转化的意识；加强实践意识，提高成果转化能力；建立孵化基地，降低成果转化的不确定性与复杂性；并加强成果转化的传播范围与深度，切实实现教育成果的高效转化。

（5）民航业发展速度与环境政策强度相互匹配

在本研究的众多影响因素中，交通运输业投入与环境保护投入对民航业发展与大气污染协调发展来说是最具有针对性、最直接的两个指标，而二者对于耦合协调度的影响却是截然相反的，这是由于二者投入力度不同导致民航业发展速度与环境政策强度不相匹配。在同一时间截面上，交通运输投入力度远大于环境保护投入力度，民航业高速发展，大气污染治理能力落后于民航业排污能力。而民航业发展速度过快，向大气中排放大量的污染物对环境产生过度压力，民航业绿色发展政策未能保持适度的规制强度，相关环境政策也未能对民航排污作出精准化监管与差异化监管。因此，谋求民航业发展速度与环境政策强度相适配是亟待解决的问题。首先，制定民航业发展合理方案，实现民航业经济发展与绿色发展；其次，完善政策执行体制，根据各省大气质量水平，动态调整环境政策的执行强度；最后，针对各省民航业发展水平，实施差异化的环境政策。二者达到相互匹配后，将对民航业发展与大气污染防治的协调发展起到显著的正向调节作用。

7.3　低碳城市试点的政策效应研究

7.3.1　研究背景

温室效应给地球带来了许多风险，如海平面上升、气候异常、海洋风暴增加、土地干旱和荒漠化加剧等。为了防止环境继续被破坏，世界各国正在积极采取措施减少温室气体排放，减少温室效应造成的损害。中国政府更是高度重视并积极应对气候变化。2007 年中国政府成立了国家应对气候变化及节能减排工作领导小组，同年，中国政府公布了《中国应对气候变化国家方案》，这是第一个发展中国家为应对气候变化而制定的国家级方案。2013 年，中国实施了全面的省级气候行动计划，以确保国家气候行动计划有效实施。

2009 年 11 月国务院提出 2020 年中国温室气体排放控制行动目标，为积极响应该项目标，国家发改委于 2010 年 7 月 19 日发布了《关于开展低碳省区和低碳城市试点工作的通知》（以下简称《通知》），同时各地区积极参与，申请参与试点工作，并提出倡导低碳的生活方式、鼓励低碳生产、将低碳发展融入城市发展中等具体措施。

中国目前已经实施了三批低碳城市试点工作。首批试点在广东、辽宁、湖北、陕西和云南五个省以及天津、重庆、深圳、厦门、杭州、南昌、贵阳和保定八个城市进行。根据《通知》，国家要求试点地区计算和确定各自地区的总体温室气体排放控制目标，研究制定温室气体排放指标分配计划，建立地方排放交易监测系统和登记制度，培育和建设交易平台，建立排污权交易试点项目支持体系。2012 年 4 月，国家发改委气候司为贯彻落实《国务院关于印发十二五控制温室气体排放工作方案的通知》精神，决定在第一批低碳试点城市的基础上，继续推进低碳试点示范。2012 年 11 月 26 日，国家发改委发布了《国家发展改革委员会关于开展低碳省市第二次试点工作的通知》，包括北京、上海、海南和石家庄等 29个省市被列为第二批低碳试点地区。2017 年 1 月 7 日，国家发改委发布了《国家发展改革委关于开展第三批国家低碳城市试点工作的通知》，在审查了各应用领域的试点实施方案、工作依据、示范和代表性试点布局后，决定在南京市、合肥市等 45 个城市（区、县）启动第三批低碳城市试点工作。

一些学者研究了低碳试点政策的整体效应，并发现在不同地区的政策实施效果不同。有学者提炼了试点城市的地方政府采取的与准则层的"规则嵌套"和"目标嵌套"，与操作层的"政策嵌套""试点嵌套"和"环境嵌套"五种具体的"嵌套执行"策略。认为地方政府环境试点政策的执行呈现出分阶段的有序渐进过程，集中体现为"渐进式双重嵌套执行"的规律。证实了试点政策实施的有效性和政策效果的嵌套性，试点政策实施能在直接效果和间接效果之间相互催生（刘天乐等，2019）。还有学者发现低碳城市试点政策可以显著缓解试点城市的空气污染情况，但会对周围城市的空气质量产生负面影响，使周围城市的空气污染物增加（陈启斐等，2021）。也有学者发现，与非试点地区对比，在政策实施后试点地区的平均碳排放速度明显降低，同时在空间中碳排放存在显著的关联，低碳试点政策的实施同时也抑制了邻近地区的碳排放，政策实施的长期效果大于短期效果（宋弘等，2019）。周迪等（2019）发现试点地区的低碳建设成果更加显著，低碳试点政策显著降低碳排放量，东部、大城市或特大城市、第二产业产值超过 50% 的城市实施试点政策后的碳减排效果更加显著，试点政策还显著提高了地方的财政收入。范丹和刘婷婷（2022）发现，低碳城市试点政策在前两批试点城市中的效应不同，第二批试点的效果好于第一批试点。一些国外学者对低碳试点政策及类似政策进行了研究，认为试点政策可以改善试点城市的空气质量情况，减少空气污染，政策效应显著（Wolff，2014；Gehrsitz，2017；Kellogg，2011）。通过梳理发现，大部分学者倾向研究低碳试点政策的经济效益或环境效益，或研究低碳试点政策对具体指标的效应，而很少综合研究低碳试点政策的总效应。且大部分学者的研究对象为某一批试点城市或某一省份的城市，而对三批试点城市总体的研究较少。因此本研究运用准自然实验中的双重差分方法分析各省份的数据，研究低碳试点政策在全国的整体政策效应，有助于弥补现有研究的缺口。

7.3.2　低碳试点城市的典型案例分析

发布低碳试点城市的名单后，各试点城市积极响应，并结合自身特点与优势，根据国家政策要求，出台相关低碳政策，布置工作任务。深圳市在"十三五"期间，重视减少温室气体排放的工作，注重体制机制创新与科技创新，积极参与应对气候变化交流合作，推进重点工程项目建设。北京市出台了《北京市"十三五"时期节能低碳和循环经济全民行动计划》《北京市"十四五"时期低碳试点工作方案》等政策，从不同角度推动低碳城市的建设。还有成都市 2022 年印发的《成都市优化能源结构促进城市绿色低碳发展行动方案》和《成都市优化能源结构促进城市绿色低碳发展政策措施》，都在积极推动低碳城市的建设。低碳城市试点政策已实施十余年，但碳达峰、碳中和的目标还未完成，低碳建设的工作也一直未停歇。国家根据低碳发展情况提出新时期的新任务，各地区也积极响应，依据国家发改委的要求，结合自身发展的特点和优势，出台相关政策，制定详细措施，如发展新能源、强调重点地区的示范带动作用、推动低碳创新等，其中有些地区的试点措施很典型。

　　北京市人民政府印发的《北京市"十三五"时期节能低碳和循环经济全民行动计划》强调了全民践行节能低碳和循环经济理念，提出应营造节能低碳和循环经济文化环境，加强主题宣传，开展教育培训；推广绿色生活方式和消费模式，扩大绿色消费市场，倡导绿色生活方式，开展反对浪费行动；强化各类社会主体的绿色发展责任，建设节能低碳社区，强化企业社会责任，推动公共机构率先垂范，发挥社会组织作用；推动互联网与节能低碳和循环经济深度融合，建立健全"互联网＋"管理服务体系，完善废旧资源回收利用在线交易体系。在明确各类任务的同时，还明确了具体负责部门，确保了每项任务均按计划实施。《北京市"十四五"时期低碳试点工作方案》重点关注了成熟的先进低碳技术、碳绩效领先的低碳领跑者企业和公共机构、综合性气候投融资政策工具的发展。方案中指出，应重点解决先进低碳技术成本高、难落地等问题，支持重点领域关键低碳技术优先应用，鼓励多种先进低碳技术集成应用；结合本市产业结构和碳排放特征，在重点行业、重点领域遴选出低碳发展水平领先的领跑者企业和公共机构，鼓励和支持其制定中长期及近期低碳发展规划，并主动向社会发布目标和进展；重点探索从规划、土地利用、重点设施建设及运行管理等方面统筹考虑减缓及适应气候变化措施，形成产业园区、城市生活区、生态涵养区等不同功能区域特点鲜明的气候友好型区域管理及运行模式；支持试点区探索差异化的投融资模式、组织形式、服务方式和管理制度，凝练出一批可在全市及全国类似区域推广的气候投融资经验及政策工具。

　　被确定为低碳试点城市后，天津市很快出台了《天津市低碳城市试点工作实施方案》，并提出将低碳发展纳入天津市产业发展总体战略，建立以低碳为特征的产业体系和消费模式，并发展新能源产业，推动能源结构优化和节能降耗。同时开展重点领域和低碳示范建设，促进低碳发展的能力支撑建设。天津市还通过加强对林地的建设和保护工作，提高城市碳汇能力。政府也积极引导，将低碳工作纳入天津市国民经济和"十二五"规划，并建立和完善了温室气体的统计与核算体系，推动各区县减碳工作的落实。

武汉市作为第一批试点城市，近几年仍在积极推行低碳发展工作，并于2021年印发了《武汉市推动降碳及发展低碳产业工作方案》，方案中强调要大力调整优化产业结构，减少煤炭的使用，推广可再生能源与氢能的应用。武汉市也强调了重点领域重点行业的示范带动作用，鼓励各行业提出明确目标与实施方案。同时，武汉市将打造碳金融中心，建立以气候投资为核心的绿色金融体系，开发与碳排放权相关的金融产品和服务，开展气候债券、气候保险、气候基金等金融创新，促进形成碳市场与银行等传统金融业的业务互动模式，增强碳市场服务实体经济的能力。

成都市2022年印发了《成都市优化能源结构促进城市绿色低碳发展行动方案》《成都市优化能源结构促进城市绿色低碳发展政策措施》，积极推动低碳城市的建设。强调加强低碳生活、生产方式的建设，并提出加强建筑能耗的管理，以智慧蓉城建设为引领，升级完善建筑能耗监测平台。建立城市建筑能耗数据行业共享机制。逐步实施大型公共建筑能耗限额管理，探索制定建筑能耗激励政策。成都市还强调了能源供应清洁化与高效化，尝试用能预算管理，支持企业参与用能权、碳排放权交易，以市场化方式促进资源有效配置，加强资源循环利用，推进能源梯级利用、资源循环利用、土地集约利用，促进企业循环式生产、园区循环式发展和产业循环式组合。还从居民生活方面入手，通过加快综合能源站的建设，将低碳能源，氢能普及到居民的日常生活中，使公民可以积极加入低碳建设中。

为检验政策是否有效，下面将进行政策效应的实证分析。

7.3.3　基于双重差分法的政策效应检验：基准回归分析

双重差分法（difference-in-differences）多被用于对某项政策的效应进行检验。其原理是运用一个反事实的框架，对实施该政策和不实施该政策的两种情况进行对比，观察被解释变量 y 的变化，来判断政策效应。具体来说，即开始时两地的 y 基本相似，政策发生后，受政策干预的地区为Treat组，不受政策干预的地区为Control组，通过比较Treat组政策实施前后 y 的变化（D1）与Control组政策实施前后 y 的变化（D2），即可判断出政策的实际效果（DD = D1 − D2）。

本研究用到的方法为多时点双重差分法，它是双重差分法的一种类型。当不同地区政策开始实施的时间不同时，就可以用到该方法。在多时点双重差分法中，因为不同个体实施政策的时点不同，所以政策分期变量除了是否实施政策，还包括实施政策的时间，也就是说政策分期变量为是否实施政策和政策开始实施的时间的交互项。与标准双重差分法一样，我们需要生成地区维度的政策分组变量 treat 和时间维度的政策分期变量 period，交互项 treat × period 的系数反映的就是经过政策实施前后、处理组和控制组两次差分后所得到的政策效应。

本研究所运用的多时点双重差分回归模型设定为如下：

$$emission_{it} = \beta_0 + \beta_1 DID_{it} + \beta_2 control_{it} + \eta_i + \gamma_t + \varepsilon_{it} + \delta rt \qquad (7.12)$$

其中，$emission$ 代表 CO_2 排放量。DID_{it} 为多周期双差变量，$DID_{it} = treat \times post_{it}$，$treat$ 表示是否为实施政策组，$post_{it}$ 表示政策实现的时间。当 i 为天津、浙江杭州、江西南昌、广东广州、重庆、贵州贵阳、云南昆明、陕西西安、北京、河北石家庄、上海、湖北武汉、海南海口、新疆乌鲁木齐、辽宁沈阳、江苏南京、安徽合肥、山东济南、湖南长沙、四川成都、甘肃兰州、青海西宁、宁夏银川时，$treat = 1$；i 为山西太原、内蒙古呼和浩特、吉林长春、黑龙江哈尔滨、福建福州、河南郑州、广西南宁时，$treat = 0$。当 i 代表天津、浙江杭州、江西南昌、广东广州、重庆、贵州贵阳、云南昆明、陕西西安，且 $t > 2010$ 时，$post_{it} = 1$，或当 i 代表北京、河北石家庄、上海、湖北武汉、海南海口、新疆乌鲁木齐，且 $t > 2012$ 时，$post_{it} = 1$，或当 i 代表辽宁沈阳、江苏南京、安徽合肥、山东济南、湖南长沙、四川成都、甘肃兰州、青海西宁、宁夏银川，且 $t > 2017$ 时，$post_{it} = 1$，其他时候，$post_{it} = 0$。$control_{it}$ 表示控制变量。η_i 表示城市固定效应，γ_t 为时间效应，δrt 为区域（东、中、西部）与年份的相互作用效应，ε_{it} 为随机误差项。

基于数据的可得性，剔除西藏后，本研究以 30 个省份为研究对象，并用省会城市的数据替代省份数据，分析政策效应情况。同时，本研究依据国家统计局对我国区域的划分，将 30 个城市划分为东、中、西三部分进行分析，分别研究政策效应在不同地区的显著性。具体来说，主要分为三个部分进行研究。第一部分为东部地区，即选取天津、浙江杭州、广东广州、北京、河北石家庄、上海、海南海口、辽宁沈阳、江苏南京、安徽合肥、山东济南、吉林长春、黑龙江哈尔滨、福建福州为样本进行研究。其中天津、浙江杭州、广东广州 2010 年开始实施低碳城市试点政策，北京、河北石家庄、上海、海南海口 2012 年开始实施政策，辽宁沈阳、江苏南京、安徽合肥及山东济南 2017 年开始实施政策，吉林长春、黑龙江哈尔滨、福建福州未实施政策。第二部分为中部地区，即选取江西南昌、湖北武汉、湖南长沙、山西太原、河南郑州为样本进行研究。其中江西南昌 2010 年开始实施低碳城市试点政策，湖北武汉 2012 年开始实施政策，湖南长沙 2017 年开始实施政策，山西太原和河南郑州未实施政策。第三部分为西部地区，即选取重庆、贵州贵阳、云南昆明、陕西西安、新疆乌鲁木齐、四川成都、甘肃兰州、青海西宁、宁夏银川、内蒙古呼和浩特、广西南宁为样本进行研究。其中重庆、贵州贵阳、云南昆明、陕西西安 2010 年开始实施低碳城市试点政策，新疆乌鲁木齐 2012 年开始实施政策，四川成都、甘肃兰州、青海西宁、宁夏银川 2017 年开始实施政策，内蒙古呼和浩特、广西南宁未实施政策。

本研究选取上述 30 个城市 2005～2019 年的数据进行分析。CO_2 排放量数据来自中国碳核算数据库（CEADs），年末城镇人口比重、地区生产总值和年末户籍人口数来自《中国城市统计年鉴》和《中国统计年鉴》。解释变量为是否是低碳试点城市。根据试点名单通知发布时间，分别以 2010 年、2012 年、2017 年作为政策试点年份，2010 年后的第一批试点城市、2012 年后的第二批试点城市以及 2017 年后的第三批试点城市为实验组，其余数据为对照组。被解释变量为 CO_2 排放量 emission。分析低碳试点政策的效应是否显著，最明显的指标就是碳排放量是否减少，无论是工业生产还是日常生活中，CO_2 都是主要的碳排放来源，所以本研究选取 CO_2 排放量来代替碳的排放量，测定政策效应。同时选取了城镇人口比重、地区生产总值和城市人口数量三项指标为控制变量。城镇人口比重，以城市年末非农业总人口与总人口的比值来衡量，反映了一个地区的工业化、城镇化或城市化水平，城镇人口比重越高，CO_2 排放量越多。地区生产总值，代表地区经济发展水平，地区生产总值越高，CO_2 排放量越多。城市人口数量用年末户籍人口衡量，它反映城市人口规模，人口数量越多，CO_2 排放量越多。

为分析低碳城市试点政策在不同区域的效应情况，本研究先分析了全部样本的数据，又将研究数据分为东、中、西三部分，分别进行了研究。利用双重差分法进行回归，检验低碳试点政策的效应情况，结果如表 7.23 所示。模型（1）固定了时间效应、城市个体效应，DID 的估计系数为3.141，但结果并不显著，这表明与非试点城市相比，低碳试点政策的政策效应并不明显。模型（2）在模型（1）的基础上增加了控制变量城镇人口比重（Pro）、地区生产总值（GDP）和城市人口数量（Qua），DID 的估计系数为 1.325，但结果仍不显著，这说明无论是否加入控制变量，低碳城市试点政策的效应整体上都不明显。

表 7.23　　　　　　　　　　全部地区基准回归

变量	模型（1）	模型（2）
DID	3.141 （4.036）	1.325 （4.252）
Pro		0.454 （0.890）
GDP		0.000 （0.001）
Qua		0.026 （0.021）
城市固定效应	YES	YES
时间固定效应	YES	YES
N	430	405
R^2	0.369	0.382

注：括号内数值为 t 值。

利用东部地区 2005~2019 年城市的面板数据，以 17 个省会城市为研究对象，利用双重差分法进行回归，检验低碳试点政策的效应情况，结果如表 7.24 所示。模型（1）固定了时间效应、城市个体效应，DID 的估计系数为 -2.587，但结果并不显著，这表明在东部地区，与非试点城市相比，低碳试点政策的效应并不明显。模型（2）在模型（1）的基础上增加了控制变量城镇人口比重（Pro）、地区生产总值（GDP）和城市人口数量（Qua），DID 的估计系数为 -4.913，但结果仍不显著，这说明不论是否加入控制变量，在东部城市，低碳城市试点政策的效应整体上都不明显。

表 7.24　　　　　　　　　　东部地区基准回归

变量	模型（1）	模型（2）
DID	-2.587 (5.205)	-4.913 (5.321)
Pro		1.618 (1.680)
GDP		0.001 (0.001)
Qua		-0.014 (0.060)
城市固定效应	YES	YES
时间固定效应	YES	YES
N	207	197
R^2	0.420	0.473

注：括号内数值为 t 值。

利用中部地区 2005~2019 年城市的面板数据，以 5 个省会城市为研究对象，利用双重差分法进行回归，检验低碳试点政策的效应情况，结果如表 7.25 所示。模型（1）固定了时间效应、城市个体效应，DID 的估计系数为 7.694，但结果并不显著，初步认为在中部地区，与非试点城市相比，低碳试点政策的政策效应并不明显。模型（2）在模型（1）

的基础上增加了控制变量城镇人口比重（*Pro*）、地区生产总值（*GDP*）和城市人口数量（*Qua*），*DID* 的估计系数为 6.694，且结果在 5% 的水平上显著，这说明加入了控制变量后，在中部城市，低碳城市试点政策的效应整体上较为明显。

表 7.25　　　　　　　　　　　　中部地区基准回归

变量	模型（1）	模型（2）
DID	7.694 (5.684)	6.694 ** (2.223)
Pro		− 2.476 *** (0.506)
GDP		0.003 ** (0.001)
Qua		0.062 *** (0.005)
城市固定效应	YES	YES
时间固定效应	YES	YES
N	75	70
R^2	0.283	0.557

注：**、*** 分别表示在 5%、1% 的显著水平下显著；括号内数值为 t 值。

利用西部地区 2005 ~ 2019 年城市的面板数据，以 11 个省会城市为研究对象，利用双重差分法进行回归，检验低碳试点政策的效应情况，结果如表 7.26 所示。模型（1）固定了时间效应、城市个体效应，*DID* 的估计系数为 6.855，但结果并不显著，可以认为在西部地区，与非试点城市相比，低碳试点政策的政策效应并不明显。模型（2）在模型（1）的基础上增加了控制变量城镇人口比重（*Pro*）、地区生产总值（*GDP*）和城市人口数量（*Qua*），*DID* 的估计系数为 7.156，结果仍不显著，这说明加入了控制变量后，在西部城市，低碳城市试点政策的效应整体上都不明显。

表7.26　　　　　　　　　　西部地区基准回归

变量	模型（1）	模型（2）
DID	6.855 (7.805)	7.156 (7.278)
Pro		−2.646* (1.406)
GDP		0.001 (0.002)
Qua		0.001 (0.034)
城市固定效应	YES	YES
时间固定效应	YES	YES
N	148	142
R^2	0.459	0.485

注：*表示在10%的显著水平下显著；括号内数值为t值。

基准回归的结果表明，剔除控制变量对分析结果的影响后，低碳城市试点政策在中部地区的政策效应明显，而在东部和西部地区，政策效应不显著。

7.3.4　稳健性检验

在我国低碳试点政策如火如荼开展的过程中，其他节能减排政策也在适时开展，如碳交易试点政策。碳交易试点作为我国市场型环境政策工具，会对低碳城市试点政策的效应产生影响。因此，本研究将这几个地区剔除之后再进行回归，得到表7.27的结果。表7.27中第（1）列代表全部地区，第（2）列代表东部地区，第（3）列代表中部地区，第（4）列代表西部地区。可以看出，在排除这些地区之后，得到的回归结果与基准回归的结果类似，验证了低碳城市试点政策效应的稳健性。

表 7.27　　　　　　　　　排除碳交易政策后回归结果

变量	(1)	(2)	(3)	(4)
DID	−0.818 (4.166)	−11.198 (6.105)	8.004 ** (2.421)	3.988 (6.402)
控制变量	YES	YES	YES	YES
城市固定效应	YES	YES	YES	YES
时间固定效应	YES	YES	YES	YES
N	308	124	56	128
R^2	0.318	0.473	0.522	0.467

注：** 表示在 5% 的显著水平下显著；括号内数值为 t 值。

7.3.5　结论与对策建议

以上实证结果表明，中部地区的政策效应很显著，而东部、西部地区的政策效应并不明显。东部地区技术水平一直高于中部、西部地区，且因经济水平高，对外交流多，其发展阶段和发展理念也更为先进，在低碳试点政策实施前，就已经注意到了减碳问题，政府已经对碳排放进行了一定的控制，例如 2009 年全民低碳行动试点项目的 11 个试点城市中，有 8 个位于为东部地区，可见在政策实施前，东部地区对低碳经济的发展就已经领先于中部、西部地区，在保持经济发展水平的基础上，其碳排放量已经处于相对较低的水平，所以在低碳城市试点政策实施后，东部地区还未创新出更先进的减碳技术，未制定出十分高效的政策与措施，虽然在政策实施后，东部地区的碳排放量较少，但与政策实施前相比，减少的并不明显。西部地区的自然资源丰富，且大部分省市都依赖于技术水平低的重工业发展经济，且重工业中采选业、冶炼业等能耗高的产业占比大，但由于西部地区缺乏资本、人力、技术等许多发展因素，还需依靠对资源的开发来发展经济，即使实施了低碳城市试点政策，暂时也很难放弃碳排放量高的重工业，因此其碳排放量没有明显的减少，政策效应也并不显著。而中部地区发展水平高于西部地区，防治污染物的水平低于东部地区，实施低碳城市试点政策后，中部地区学习东部地区的技术，再通过推进示范工程、促进产业绿色转型、提升碳汇能力等措施，可以明显减少碳排放量，因此政策效果显著。

根据以上结论，为进一步推进我国低碳城市试点政策的落实，提升政策效应，本研究提出以下政策建议：

第一，加强顶层设计，强调对碳排放的硬约束。通过上述对研究结果的分析，发现国家缺少对碳排放量的检测指标，很难直观地看出碳排放量的情况。因此，应强调对碳排放的硬性约束，制定具体指标以检测碳排放情况，一是可以更直观地检验低碳城市试点政策的效果，二是可以加强地方政府和企业对碳排放的关注和控制，更好地落实各类低碳政策。

第二，因地制宜的推进政策。通过分析可以看出，我国东部、中部、西部地区的现实情况不同，导致政策效应存在差异。为更好地推进政策，使政策发挥更大的效应，应分析东部、中部、西部地区的差异与特点，有针对性地制定政策目标、政策方法。除了东部、中部、西部的划分，还应考虑沿海与非沿海地区、富裕与贫困地区的区别等一系列的地区差异，使政策贴合实际，发挥最大效应。

第三，转变产业结构，注重科技创新与发展。通过以上结论可以发现，东部和西部地区政策效应不显著都与科技的发展有一定关系。虽然随着时代的进步，科技创新的难度越来越高，但我们始终都不能停下创新的步伐，一旦科技有了新的发展，政策的执行就会上一个台阶，到达更高的发展层次。

第四，各地区间相互借鉴，共同进步。虽然每个地区的实际情况不同，不能用相同的方法推进政策的执行，但也不能闭门造车，只关注本地的发展，不借鉴其他优秀地区的做法。有些减碳的措施是可以通用的，例如，产业结构升级、能源消费结构的调整、新能源的开发与使用等。一些政策效应不显著的地区可以借鉴政策效应显著地区政策执行的方法，再结合自身特点进行改进，制定出更适合自身的发展策略。

第8章

数字化和嵌入式治理背景下
中国环境治理的改进路径

党的十八大以来，以习近平同志为核心的党中央高度重视信息化、数字化。习近平总书记指出，从社会发展史看，人类先后经历了农业革命和工业革命，现在正在经历信息革命，并提出要以信息化推进国家治理体系和治理能力现代化。党的十九大提出建设网络强国、数字中国、智慧社会，党的十九届四中、五中全会分别提出推进和加强数字政府建设，国民经济和社会发展"十四五"规划和2035年远景目标纲要将数字政府建设单列为一章，擘画了数字政府蓝图。本章主要介绍党的十八大以后中国环境治理政策工具的创新和改进模式，并提出未来发展设想。

8.1 市场化政策工具的创新：
碳汇认购与碳税征收设想

8.1.1 *碳汇认购案例*

2022年初，有志愿者举报，上海市青浦区检察院辖区内某公司为改造厂区擅自砍伐租赁厂区内201棵树木。经青浦区绿化和市容管理局比对确认，该公司砍伐香樟树60株、榉树63株、水杉树44株、其他树木34株，造成共计0.304公顷的绿化破坏。青浦区检察院立即以民事公益诉讼立案，并委托上海市环境科学研究院对生态系统服务功能损失进行鉴定。经上海市环境科学研究院评估鉴定，被举报公司此次擅自砍伐给社会利益和生态环境造成严重损失，森林生态系统服务功能价值量为 20.1 万人民币，涉及固碳部分生态功能价值量为 1.12 万元。

青浦检察院在办理该公益案件中首次引入了碳汇认购理念，成功推出上海首个碳汇认购生态补偿的公益诉讼案例，通过诉讼的方式维护了自然生态环境的公共利益，成功推进了碳汇认购生态补偿的实施。

8.1.2　碳税征收的设想

气候问题是当今全球所共同面临的重大问题，以 CO_2 为中心的温室气体则是导致气候问题的主要成因。因此，解决气候问题最先面临的便是对碳排放量的调节及控制。随着全球气候变化的形势愈发严峻，以零和博弈的思维来看待经济发展和环境保护之间的关系已经过时（陈瑞琼，2021），各国开始采取各种措施应对气候变化危机，参与到全球温室气体减排进程中。目前，超过 70 个国家已承诺在 2050 年前达到净零排放量，并积极参与践行《巴黎协定》的国际气候承诺（Washington，2020）。

近些年来，我国经济发展迅速，已成为全球第二大经济体，取得了诸多骄人的经济成就。然而，伴随而来的是我国碳排放量的逐年攀升，我国长期以来的粗放型发展模式的弊端逐渐显现出来，经济飞速发展的背后，是人类生存环境的日趋恶劣。为改善这一状况，同时体现我国的大国表率作用，在 2020 年 9 月 22 日的第七十五届联合国大会上和 12 月 12 日的世界气候峰会上，习近平总书记两次宣布，中国 CO_2 排放力争在 2030 年前达到峰值，努力争取 2060 年前实现碳中和。

为了削减以 CO_2 为主的温室气体的排放量，世界各国人民都在积极探索。以芬兰、瑞典为代表的北欧国家选择了推行碳税政策。各国长期实践表明，碳税在减少碳排放量、抑制温室效应、缓解气候变暖等方面发挥了非常积极的作用。在当前"双碳"形势之下，为了缓解我国环境的日益恶化并推动经济的可持续发展，推行碳税可能是一个有益选择。

碳税是针对 CO_2 等温室气体所征收的一种税，与环境税不同，碳税以化石燃料使用过程中的碳排放量作为税基，对碳排放量进行更为直接的控制。从目前来看，我国虽然还未正式开征碳税，但已进行过与其有关的探索。2010 年，国家发改委与财政部联合发表了《中国碳税税制框架设计》的专题报告，对我国碳税制度的框架设计进行了初步探讨，其内容涵盖了碳税及相关税种的功能定位、开征碳税的实施路线图和相关的配套措施建议等，给出了一套碳税的具体实施方案。同时，我国分别于 2018 年 1 月 1 日、2020 年 9 月 1 日起正式实施《环境保护税法》和《资源税法》，采取税收的手段来对资源与环境进行保护，这也是税收在节能减排进程中的一次伟大实践。2021 年 2 月 1 日，国家生态环境部发布《碳排放权交易管理办法（试行）》；同年 7 月 16 日，我国碳排放交易制度正式投入运行。本部分将碳交易与碳排放进行对比，并对碳税的影响进行实证研究，在此基础之上提出我国开征碳税的构想。

碳税，从字面意思上来看，就是对针对碳所征收的一种税。目前国内外对于碳税的概念界定，还未达成一致。英国经济学家庇古（Pigou）最早提出，碳税是指可以通过对燃煤和石油等化石燃料产品的含碳量进行征税来实现减少化石燃料消耗和 CO_2 这一主要温室气体的排放的一种税（王晶，2009）。李传轩（2010）认为，碳税是指对消耗使用含碳的化石类燃料，向大气中排放 CO_2 气体的行为进行征税。苏明（2009）认为，碳税是针对 CO_2 排放征收的一种税。陈奕琼（2015）指出，碳税就是根据使用的化石燃料中的碳含量或者排放出的 CO_2 的量来对纳税人征收的一种税。综上来看，诸位学者对于碳税的定义可以大致分为两类，即"含碳说"与"排放说"。"含碳说"主张以化石燃料中的含碳量为碳税的征税对象，"排放说"则主张以能够产生 CO_2 排放的化石燃料为对象，通过预测各能源在使用过程中产生的 CO_2 排放量来进行征税（李盛丰，2020）。目前来看，技术水平的不断提高使这两种征税方式都成为可能。

在实践层面上，根据各国现行的碳税制度来看，碳税又有广义与狭义之分。广义的碳税包括所有为限制 CO_2 排放而征收的税种，可以体现为环境税或能源税，广义的碳税虽未以"碳税"的名义进行征收，但实际也达到了碳税的治理效果。狭义的碳税则是指专门出台的针对碳排放量的一项独立税种。从这个角度出发，学者将碳税制度分为"混合型碳税"与"独立型碳税"两大类。

碳交易机制是在科斯定理的基础之上发展而来的。政府通过减排目标确定一个排放总额。并将碳排放额按照预先的约定分配给各个企业，碳排放额能够以商品的形式在企业间流通。这就导致了企业在排放量高于自身所拥有的排放份额时，需要支付相应的对价向其他企业购买碳排放额，相反，排放量低于额度的企业则可以选择出售该份额来降低自身成本。

碳税与碳交易机制是目前国际上最为普及的两类减排手段，对比而言，二者有以下几点不同：

第一，实现的路径不同。碳税对于碳排放量的调节主要依靠价格信号，通过碳税价格来间接控制排污成本，在碳税的实施过程中，碳价格是固定可控的，但是碳排放总量难以预测。而碳交易机制则是通过对总量的控制，由碳市场上各厂商博弈来生成碳价格，其减排效果是固定的，但是碳价格不稳定不可控。

第二，产生的效果不同。碳税所带来的减排效果受多种因素影响，其结果是难以预测的，而碳交易是在明确的减排目标的基础之上来确定碳排放总量的，所以其减排效果是可以预见的。

第三，管理成本不同。对于征收碳税而言，只是在已有的税制体系之上增加一个新的税种，其带来的额外成本较小。相比之下，碳排放交易的实施成本是巨大的。首先，要精确地对 CO_2 排放量的临界值进行预测，以确定一个可行且有效的减排目标。其次，必须通过科学的方式来完成碳排放额在企业间的合理划分。最后，政府还需要为碳交易的过程提供安全透明的平台，并提供严格的监管。

综上来看，在成本的对比之下，碳税更胜一筹。

国内学者在对于选择碳税还是碳交易的讨论上众说纷纭，但是根据国外的实践经验以及以后的研究成果来看，二者协调实施的效果更佳，但也存在重复收费的风险。因此，只要界定好二者之间的征收范围，正确协调发挥二者的优点，就能更好地促进我国节能减排的进程，实现可持续发展。

习近平主席在第 75 届联合国气候峰会上提出的"双碳目标"已被列入十四五规划可持续发展目标中（张梦燃，2022）。我国作为世界碳排放量最高的国家，节能减排之路任重而道远。我国碳排放量占全球碳排放量的比例逐年攀升，迫切要求我国采取一定的手段加以治理。因此，开征碳税不仅符合全球气候治理的总体趋势，也能体现出我国作为负责任大国的担当。

我国于 2021 年发布了《全国碳排放权交易管理方法（试行）》，该管理方法完善了碳交易市场管理体系，对碳配额量的发放、节能减排等问题也有了更明细的管控措施（张玉皓等，2021）。这为中国应对气候变化的能力提供了政策保证，说明我国政府对于节能减排工作十分重视，在政策与法律体系的构建上已经有了一定的基础，这为碳税的开征准备了条件。以芬兰为首的欧洲各国已经有了长达 30 年的碳税制度历史，在这 30 年的实践过程中，各个国家不断积累经验，进行了一次又一次的改革，各国的碳税制度越来越符合自身实际，并取得了相当可观的成效，这些对于还未开征碳税的我国来说具有很好的借鉴意义，同时，一些征收碳税失败的国家的教训对我国来说同样具有指导意义。如何设计碳税制度框架、如何避免碳税的负面影响、如何保证碳税制度的平稳运行等一系列的问题，都值得我们研究与学习，但借鉴并不等同于照抄，我国在设计碳税制度时也要充分考虑自身实际，做到具体问题具体分析。

8.1.3　碳税征收的假设与检验

柯布—道格拉斯生产函数是表示要素投入量与产量之间关系的函数，在经济学研究中常用于探究某一要素的投入对于国民经济的影响。从宏观经济学的角度来看，在三部门封闭经济假设中，税收使当前的可支配收入降低，对均衡的国民收入产生直接影响。

基于上述理论，为了探究碳税对于我国经济发展而言可能产生的影响，本研究在柯布－道格拉斯生产函数的基础之上引入碳税变量，可以表示为：

$$Y_{it} = K_{it}^{\alpha} L_{it}^{\beta} CT_{it}^{\gamma} e^{c_i + \varepsilon_{it}} \tag{8.1}$$

对该式两端同时取对数，可以得到：

$$\ln Y_{it} = \alpha \ln K_{it} + \beta \ln L_{it} + \gamma \ln CT_{it} + c_i + \varepsilon_{it} \tag{8.2}$$

其中，被解释变量 Y_{it} 表示第 i 地区第 t 年的地区生产总值（GDP），解释变量 K_{it} 表示第 i 地区第 t 年的固定资本投入量，解释变量 L_{it} 表示第 i 地区第 t 年的劳动力投入量，解释变量 CT_{it} 表示第 i 地区第 t 年的碳税征收额（$CT_{it} = k \times f \times \ln EC_{it}$，其中 k 表示单位能耗的 CO_2 排放系数，f 表示单位数量的 CO_2 排放价格，EC 表示第 i 地区第 t 年的能源消耗总量），ε_{it} 表示第 i 地区第 t 年的随机误差，C_i 表示常数项。本研究主要通过参数估计的方法来探究碳税的征收对我国各省市经济发展的影响。

由于西藏自治区及港、澳、台地区的数据存在诸多缺失值，因此样本仅包括我国其余 30 个省（直辖市）2006～2015 年的面板数据，数据来自国家统计局的公开数据及《中国税务统计年鉴》。

样本涉及的变量包括年度地区生产总值（GDP）、固定资产投资额、就业人员数量、碳税征收量。由于后续的各类数据除了人数是以万人为单位，其余变量均以亿元为单位，为保证变量之间的相互对应，均未考虑价格因素的影响。所用 GDP 数据为国家统计局公布的当年名义 GDP；固定资产投资额由于国家统计局没有直接的公开数据，因此本部分数据由各年度的税务统计年鉴整理获得；就业人员数量的数据由每年公布的城镇单位就业人员、私营企业就业人员以及个体人员相加获得；碳税征收量，由于我国尚未开征过碳税，所以本研究采取了假设的方法，碳税征收量可以由能源的消耗量、能源的二氧化碳排放系数及二氧化碳排放价格的乘积来确定。根据相关资料表明：1 吨碳在氧气中完全燃烧能够产生 3.67 吨 CO_2，并且根据《中国碳税税制框架设计》的内容，本研究将碳税价格定为每吨 CO_2 征税 10 元，并将 CO_2 排放系数定为 3.67。

对面板中的每个序列进行单位根检验，来验证序列是否稳定，结果表明 LLC 和 ADF 的检验结果均为不含单位根，其中 LLC 检验的验证结果见表 8.1。

为了选择较合适的模型，需要用 F 统计量检验与 Hausman 统计量检验来确定选取哪种模型。首先用 F 统计量检验模型中不同个体的截距与系数是否相同，根据 Eviews 软件计算可得结果为 4000.928，F 值大于 0.05 显著水平下同分布的临界值，因此选择固定效应模型，并且本研究的数据涵盖了我国的大部分地区，选用这个模型还是比较合适的。接下来进行 Hausman 统计量检验，检验个体效应与回归变量是否相关，结果 $p < 0.05$，采用固定效应模型比随机效应模型更好。

表8.1　　　　　　　　　　单位根检验结果

变量	Statistic	p 值
lny	− 2.73211	0.0031
lnl	− 11.9194	0.0000
lnk	− 2.91924	0.0018
lnct	− 11.6314	0.0000

根据面板数据与固定效应模型，用 Eviews 软件进行参数估计，得到的结果为：

$$\ln Y_{it} = 1.398521 + 0.551814 \ln K_{it} + 0.458168 \ln L_{it} + 0.017977 \ln CT_{it}$$
$$(0.1786) \quad\quad (0.0429) \quad\quad\quad (0.0193) \quad\quad (0.0298)$$

其中，R^2 为 0.995194，调整的 R^2 为 0.994618，F 值为 1727.893，Akaike info criterion 为 − 2.390606，Schwarz criterion 为 − 1.983190。从样本总体的估计方程上来看，碳税征收额对生产总值的影响系数为 0.017977，并且 p 值是显著的，会对经济的发展产生一定的促进作用，也就是双重红利效应。由于本研究采用的碳税价格较低，且在征税对象上只考虑了煤炭，一定程度上可能降低了碳税的影响。

表8.2 的结果表明，从各个地区的具体估计方程来看，采用相同的碳税价格对于不同的地区所产生的影响也是不同的。例如，碳税的实施对于福建、广东、甘肃、河北、上海、天津、浙江等地区的经济发展会产生较为显著的正面影响，而对于贵州、辽宁、山西、云南、新疆等地区的经济发展则会产生一定的负面影响，但影响效果并不显著，对于其他地区则是不太显著的正面影响。

表 8.2　　　　　　　　　区域碳税影响的参数估计结果

地区	c_i	α_i	β_i	γ_i
安徽	−0.94（−1.03）	0.73（4.34）***	0.21（1.57）	0.89（2.89）*
北京	−5.80（0.93）	1.56（1.34）	0.43（1.07）	0.27（0.67）
重庆	1.08（2.92）**	0.76（2.70）**	0.28（1.34）	0.17（1.37）
福建	2.76（8.52）***	0.11（1.05）	0.56（14.83）***	0.31（5.04）**
广东	2.66（6.32）***	0.12（0.69）	0.57（5.03）***	0.40（4.04）***
甘肃	3.60（7.11）***	−0.002（−0.01）	0.36（6.20）***	0.62（5.38）**
广西	−3.56（−1.15）	1.79（2.34）*	0.003（0.01）	0.22（1.93）
贵州	4.75（4.65）***	−0.28（−1.02）	0.83（6.74）***	−0.34（−1.46）
海南	3.60（4.17）***	0.28（1.46）	0.32（2.47）*	0.34（1.68）
河北	4.22（2.76）**	−0.33（−1.23）	0.49（8.09）***	0.70（3.20）**
河南	1.85（2.01）*	0.35（1.69）	0.50（6.48）***	0.17（0.87）
黑龙江	4.41（2.63）**	−0.17（−0.63）	0.34（2.20）*	0.76（1.27）
湖北	2.73（3.00）*	0.14（0.50）	0.58（4.11）***	0.16（1.63）
湖南	2.05（1.55）	0.18（0.64）	0.57（6.03）***	0.30（1.90）
吉林	0.10（0.25）	0.66（4.00）***	0.33（4.19）***	0.43（2.15）*
江苏	2.42（7.00）***	−0.25（−0.81）	0.74（7.53）***	0.61（2.02）*
江西	1.57（1.71）	0.27（0.73）	0.29（2.72）**	1.02（2.22）*
辽宁	2.30（0.48）	0.69（0.49）	0.50（1.79）	−0.60（−0.26）
内蒙古	2.19（3.35）**	0.34（1.24）	0.26（1.36）	0.50（2.05）*
宁夏	4.31（2.90）**	−0.50（0.35）	0.46（3.35）**	0.69（2.35）*
青海	4.81（1.40）	−0.39（−0.45）	0.53（4.42）***	0.21（1.22）
山东	2.89（2.16）*	−0.33（−1.41）	0.70（5.22）***	0.61（2.80）*
上海	−5.13（−3.98）**	0.81（6.17）***	0.89（4.05）***	0.53（3.43）**
陕西	1.69（0.77）	0.32（0.75）	0.52（4.47）***	0.19（0.48）
四川	−2.12（−0.64）	1.04（1.75）	0.35（1.55）	0.27（0.77）
山西	−8.76（−1.66）	4.16（2.58）**	−0.35（−1.03）	−1.39（−1.79）
天津	7.55（4.56）***	−1.20（−2.73）**	0.75（10.05）***	0.72（3.03）**
新疆	11.43（5.45）**	−1.82（−3.94）**	1.05（4.44）**	−0.07（−0.24）
云南	−0.57（−0.40）	1.12（2.14）*	0.31（1.64）	−0.18（−0.84）
浙江	−0.92（−1.43）	0.11（0.46）	0.57（5.59）***	1.24（7.02）***

注：*、**、***分别表示在10%、5%、1%的显著水平下显著；括号内数值为 t 值。

综上表明，虽然从较低价格的碳税入手短期来看对于我国总体的经济发展影响较小，但是从长期来看会产生显著的促进作用。所以征收税率较低的碳税对我国来说是可行的，这样既可以降低碳排放量，推动节能减排，助力"双碳"目标的实现，又可以实现收入的再分配，促进社会公平。从地区的角度来看，相同价格的碳税对于不同的地区带来的影响是不同的，因此，可以在碳税的实施过程中实行一定的差异化手段，做到因地制宜，从而缩小地区间的发展差距，实现各地区协调发展。

碳税制度框架设计是以节能减排作为出发点的，但其也应当与我国其他宏观、微观目标相一致。碳税作为国家税收体系的一环，其主要目的并不是增加我国的财政收入。从短期来看，碳税的征收是为了协助我国完成"双碳目标"，兑现国际承诺；从长期来看，碳税则有利于促进我国能源消费结构的转型与优化，推动清洁能源的研发与普及，改善我国高能耗的产业结构，真正实现可持续发展。为实现这些目标，我国在碳税制度设计的过程中必然要多方位考虑，既要考虑到短期减排目标，又要考虑到长期的效率问题。

根据国内外学者对于碳税的定义，碳税的征收对象是在能源使用过程中所产生的 CO_2。理论上，碳税的征收范围不应仅局限于生产环节中能源使用所产生的碳排放，对于消费过程中所产生的碳排放也要予以考虑。对于碳税的征税对象，有学者曾提出将其他温室气体（以甲烷为例）也列入征税名单，但就实际而言，在温室气体含量组成中，CO_2 比例最高，带来的影响最大；并且从现有的技术水平来看，对于其他类型温室气体捕捉的难度较大、技术水平要求较高，因此，将 CO_2 作为单一征税对象从目前来看更为可行。

确定了碳税的征收对象及范围之后，也就间接确定了碳税的课税主体。碳税的课税主体可以定义为在本国境内因使用化石燃料而产生碳排量的单位和个人。从具体实施的角度来看，对个人直接征税，有利于提高个人的自觉性，增加全社会的节能减排意识，但是由于我国人口基数太大，对个人征税所带来的管理成本太高，因此，对于我国初期的碳税制度构建而言，对个人征税是难以实现的。因此，基于当前的国情，未来对以企业为主的单位征税将会是更优选择。碳税税率的制定应当注意与其他相关政策的协调，例如，与碳税有交叉的能源税和碳排放交易机制。需要考虑纳税人所承担的综合税负，关注其他政策的修订，来确定最合理的税率。

8.2　法治化政策工具：提升环境公益诉讼的效力

云南省陆良化工实业有限公司（以下简称"陆良化工"）是多方出资组建的大型铬盐生产企业，该企业将 14 万吨铬渣在南盘江边堆放了 20 余年。2020 年 6 月，三原告——环保组织自然之友、重庆市绿色志愿者联合会、曲靖市生态环境局，与两被告——陆良化工、云南省陆良和平科技有限公司，在云南省曲靖市中级人民法院的调解下，达成和解协议。该案被称为"草根 NGO 环境公益诉讼第一案"，在环境公益诉讼中具有"里程碑式"意义。本部分将对该案例进行全景描述，并提出环境公益诉讼的未来发展路径。

8.2.1　案例起源：十年前的铬渣非法倾倒事件

2011 年，陆良化工未经核实即将铬渣交由无相应资质的吴某某等人运输，吴某某等人为牟取非法利益，将承运的铬渣非法倾倒在云南省曲靖市麒麟区越州镇、三宝镇，造成严重环境污染，产生了"6·12"铬渣非法倾倒事件。2011 年 8 月 14 日，云南省曲靖市陆良县，工人为倾倒的铬渣"盖房"，这些铬渣紧邻珠江上游的南盘江。针对堆存于南盘江边的历史遗留铬渣污染环境问题，中央及地方人民政府也先后投入巨额资金进行修复治理。2011 年 8 月，陆良县人民政府紧急启动了"南盘江（铬渣堆场段）应急抢险防渗工程"，对历史铬渣堆场外 245 米河岸采用帷幕灌浆进行防渗处理。2011 年 10 月 19 日，北京市朝阳区自然之友环境研究所、重庆市绿色志愿者联合会、曲靖市生态环境局，在曲靖市中级人民法院提起固体废物污染责任纠纷公益诉讼，请求陆良化工停止侵害、消除危险、赔偿损失并承担相关费用。但这起诉讼案件一直持续到 2020 年。

事实上，从 1988 年陆良化工成立后，铬渣就一直堆在这个位置。大约在 2000 年前后，国家认识到固体废物堆放对环境的危害，计划做一些历史堆陈无害化处理的项目，要求各省上报这种历史堆陈，国家下拨部分补助进行处理。2006 年，陆良化工争取到这个还在试验阶段的项目，由国家发改委中央预算内专项资金补助 45%，企业自己出资 55% 开始项目建设。时任清华大学教师聂永丰曾表示，采用何种技术当时在学术界有争论，干法解毒的速度慢，针对这种历史堆陈，并不能在短时间内解决问题。如果采用湿法解毒，在两三年内就可以完成无害化处理，但是企业有更多的考虑。时任陆良化工总经理的汤再杨说，干法解毒的好处在于可以实现铬渣的资源化。他们选择了天津一家化工厂的设备，采用干法解毒。但是因为这个项目当时在技术上还属于由试验走向大工业生产的论证工程，原定的年处理量 5 万吨在实际运行中生产能力只有 2 万吨。项目进行了 4 年多，28 万多吨的铬渣堆只减少了 14 万吨。2008 年，陆良化工向国家汇报了进度缓慢的情况，并在新征的 300 亩土地上建设了铬渣无害化处理的二期工程，建成后年处理量 6 万吨。

二期工程未完工之前，日常生产产生的铬渣和历史堆陈还要通过其他途径消化，汤再杨表示，从前一直是给水泥厂做矿化剂，但是随着当时陆良县工业产业调整，水泥厂不再需要铬渣的技术，铬渣的综合利用就必须往外延伸。因为铬渣中含有 Fe_2O_3 等成分，可以在炼铁中代替石粉作为烧结矿辅料，陆良化工寻找到的新客户是贵州省兴义市三力燃料有限公司。合同上规定，甲方陆良化工负责装车和承担每吨 100 元的运费，乙方三力燃料有限公司负责找车和确保在运输和使用中不雨淋、不飞扬、不渗漏。这个粗放的协议并不符合《危险废物转移联单管理办法》。根据《危险废物转移联单管理办法》，铬渣运输必须报批危险废物转移计划。经批准后，产生单位应当向移出地环保部门申请领取联单，并在转移前 3 日内报告移出地环保部门，同时将预期到达时间报告接受地环保部门。在向移出地环保部门申领危险废物转移联单后，危险废物产生单位、移出地环保部门、运输单位、接受单位和接受地环保部门都应在转移的每一个环节履行核实、填写联单并保留联单回执、存档等手续。

但实际情况是，曲靖本地人吴兴怀、刘兴水成为乙方三力燃料有限公司的实际承运人。他们为节约运输成本，多次将铬渣倾倒在曲靖市麒麟区三宝镇、茨营乡、越州镇的山上。

2011 年 6 月 7 日和 8 日，曲靖下了一场雨，三宝镇张家营村的村民包小霜和邻居赶着 75 只羊和一匹马上山吃草。到中午，羊和马就跑到水塘喝水。结果发现"水塘里的水有些淡黄色，上面还漂浮着像铁锅生锈的红色。"当天晚上，羊陆续死亡。2011 年 6 月 12 日早上 7 点半，时任村支书陆国良打电话向镇长反映情况，畜牧站、卫生院、环保所、安监所的人都赶到现场，经过对羊解剖确定死因为中毒。经过大家分析，陆国良联想到 5 月中旬发现的偷倒铬渣，5000 多吨铬渣中有四五百吨倒在了三宝镇张家营村范围内，其他几千吨都倒在了越州镇大梨树村通往山上采砂场的山路沿线，因为 6 月初的那场大雨，倒在山上的铬渣通过山沟流入了当地人用来灌溉的叉冲水库。事发后，陆良化工把倾倒地点的铬渣和往下 30 厘米的土壤全部回收，将叉冲水库的水全部抽干，淤泥回收。本来以为事情就这样解决了，两个月后却被报道出来，成为全国关注的大事件，2012 年央视《新闻直播间》也针对此事进行了跟踪报道。

8.2.2　当地政府的曲折治理之道

2011 年 8 月，陆良县人民政府紧急启动了"南盘江（铬渣堆场段）应急抢险防渗工程"，对历史铬渣堆场外 245 米河岸采用帷幕灌浆进行防渗处理。当年铬污染事件发生后，国务院和云南省领导纷纷作出批示。2011 年 8 月 16 日，云南省环保厅向曲靖市人民政府发送《关于云南陆良化工实业有限公司非法转移倾倒铬渣，造成环境污染事件处置意见的函》，建议曲靖市人民政府依法追究该公司法人代表及主管人员当事人的法律责任，并追究有关部门监管责任人的责任。

2011 年 9 月 1 日，时任环保部副部长张力军表示，对现有铬盐生产企业，2011 年底前未完成 2006 年后新产生铬渣治理任务的，以及 2012 年底前历史遗留铬渣治理任务未完成的，一律停产整顿，处置完毕方可恢复生产。但据当地村民反映，在铬渣并未得到有效处理的情况下，陆良化工竟擅自恢复生产，而试图阻止其复工的部分村民被该企业保安打伤。随后，张力军在全国危险废物污染防治工作视频会议上宣布：从即日起，停止受理、审批云南省曲靖市的所有工业建设项目环境影响评价文件，直至该市全部完成非法倾倒铬渣和被污染土壤的处置工作等整改要求。他强调："对现有铬盐生产企业，2011 年底前未完成 2006 年后新产生铬渣治理任务的，以及 2012 年年底前历史遗留铬渣治理任务未完成的，一律停产整顿，处置完毕方可恢复生产；铬渣堆存场所存在环境污染隐患的，要求采取切实措施进行整改，防止污染扩散。"

此后的很多年，陆良县都在和铬污染作斗争，在"十三五"时期，《陆良县（西桥工业片区）重金属污染防治实施方案（2015—2017 年）》出台，陆良县对污染情况进行了调查并对历史堆存渣场污染土壤进行了修复治理，该项目已于 2018 年 4 月 20 日通过云南省环境保护厅验收，渣场内的污染土壤已修复治理至目标值。新建六价铬重金属污水处理系统及配套设施，处理后的水质达到《地表水环境质量标准》（GB 3838—2002）中的 III 类水标准，2019 年 8 月通过曲靖市生态环境局陆良分局初验，工程达到了处理含铬废水，削弱南盘江水环境和土壤环境的重金属铬污染的目标。2020 年，陆良县人民政府编制《陆良化工实业有限公司周边污染耕地修复治理项目实施方案》，对陆良化工围墙外区域进行了生物修复并实施风险管控。

8.2.3 锲而不舍：环境 NGO 组织维权的一波三折

2011 年 8 月，环境 NGO 组织"自然之友"派出多名关注环境问题的公益律师组成调查团，赴陆良县调查铬渣污染相关情况，并计划成立一个曲靖铬渣污染的环境公益律师团，拟向陆良化工、陆良和平科技提起公益诉讼。"自然之友"是中国成立最早的环保公益组织，创立于 1993 年，致力于环境教育、生态社区、公众参与、法律行动以及政策倡导，在全国具有极高的声誉和影响力。但是，在维权过程中，依旧遇到了艰难险阻。

调查团考察了陆良化工，踏勘了铬渣堆放现场，并拍照取样。在污染最为严重的小百户乡兴隆村和油虾洞村，调查团走访村民，收集证据，采取样品。结果发现，非法倾倒的 5000 吨危险废物铬渣和被污染的土壤，已被重新运回陆良化工，这一堆放点距离南盘江只有三四米的距离。在陆良化工后门，还有一处巨大的露天铬渣堆。时任自然之友总干事李波从村民口中得知，自从陆良化工投产之日起，铬渣就一直以无防护的状态露天堆放。

2011 年 9 月，"自然之友"及重庆市绿色志愿者联合会，针对陆良化工铬渣污染问题，向曲靖市中级人民法院提起诉讼，要求该企业立即停止污染侵害，并赔偿已造成的环境损失。时任"自然之友"公众参与项目负责人杨洋和团队成员以及"云南曲靖铬渣污染事件公益诉讼律师团"成员到曲靖市中级人民法院提交了诉讼材料，包括诉状、证据等。曲靖市中级人民法院依法接收了材料，并表示 7 日内给出是否受理的答复。

2011 年 10 月 19 日，曲靖铬渣污染案由曲靖市中级人民法院正式立案受理。"能够当场接收材料，最终给出受理答复，让我们看到了希望。"时隔多年，杨洋仍能够清晰回忆起当时的情形。2012 年 5 月底，该案进行了证据交换。期间，被告向法院和原告释放善意，提出了调解结案的思路。2012 年 12 月 6 日，云南曲靖市历史遗留铬渣治理通过环保阶段性验收。铬渣污染治理的主要部分已经完成，"自然之友"接受了法院调解的建议。诉讼双方在法院的主持下，于 2012 年底签署了调解协议。该调解协议约定由被告承担铬渣污染场地的环境修复责任，原告定期举行联席会通过公众参与监督和跟进被告环境修复的进度，同时建立共管账户作为环境修复的资金保证等内容。但在法院基于调解协议制作出正式的调解书后，被告却找各种理由拒绝到庭。

"自然之友"相关负责人表示，调解书是法院基于此前已签署调解协议拟就的法律文书，而调解协议是法院主持下多方讨论共同形成，被告签字认可后又拒绝签署调解书，这种前后不一的单方面反悔态度令人震惊和难以接受。既然被告不愿意调解，原告自然之友和重庆绿联会继续为开庭做准备。

"自然之友"提出的诉讼请求中，重要的一项就是要求被告赔偿因铬渣污染造成的环境损失。污染范围、污染程度，以及污染造成经济损失的具体金额，需要由具备评估能力和司法鉴定资质的第三方机构作出鉴定。但国内既具备评估能力，又有司法鉴定资质的机构少之又少，而且鉴定费用还非常高。司法鉴定不能落实，法院难以开庭，诉讼被困在了原地。

但是"自然之友"维权的脚步一直没有停歇，2020 年，双方重新回到调解程序，最重要的前提是曲靖铬渣污染场地已基本完成污染治理。

"自然之友"和重庆绿联会最终选择上格环境科技（上海）有限公司，针对由陆良县人民政府、陆良县生态环境局和被告采取的修复治理措施进行审核，并出具专家意见。最终的调解方案根据这份环境评估专家意见制定，治理效果能够达到确保修复程序符合国家相关规范要求。2020 年 6 月 24 日，三原告——"自然之友"、重庆市绿色志愿者联合会、曲靖市生态环境局，与两被告——陆良化工、陆良和平科技，在曲靖市中级人民法院的主持调解下，达成调解协议。2020 年 7 月 3 日，云南省曲靖市中级人民法院将调解协议予以公开公告。2020 年 8 月 5 日，经过法院一个月公告期后，调解协议正式生效。

调解书显示：陆良化工在生产经营中，对环境造成了严重污染，承担环境侵权责任；在已完成的场地污染治理基础上，继续消除危险、恢复生态功能，进行补偿性恢复；支付 308 万元，用于上述补偿性恢复项目和原告因参与各项目验收的必要费用；承担原告因诉讼发生的合理费用 132 万余元以及案件受理费。

2020 年 6 月，"自然之友"和重庆绿色志愿者联合会的律师们回到当年的铬渣堆存污染场地，曾矗立在南盘江边那座 14 万吨铬渣山已全部移除，柔弱的绿草重新铺满这片曾经严重污染的土地。

2011～2020 年的十年间，环境 NGO 组织维权的道路也越走越宽广。"曲靖铬渣污染案推动了一系列配套立法和政策的不断完善，使更多的环保 NGO 组织拥有了法律授予的环境公益诉讼原告资格，依法维护环境正义。2012 年 8 月 31 日，全国人大常委会通过《民事诉讼法》修正案，修正案明确了环境公益诉讼原告主体主要包括公民个人、社会组织等。2015

年新修订的《环境保护法》也将公益诉讼条款正式写入法条。根据最高人民法院统计，2019 年全国法院共受理社会组织提起的环境民事公益诉讼 179 起，沉默的大自然有了自己的代言人。

8.2.4　未来之路：环境公益诉讼何去何从

这起在环境公益诉讼制度相关法律出台前就提起的公益诉讼，有许多需要反思之处。例如，一些环境公益诉讼案件，需要进行高额的环境损害鉴定评估，但是提起诉讼的环保组织又难以承受，能否有合理的解决方式？中国政法大学教授王灿发认为，可以从损害赔偿资金中划拨一部分成立一个基金，提前垫付鉴定费用。至于公益诉讼赔偿金到底应该放在哪里，如何支出才更合理，如何发挥其最大的作用？王灿发认为，公益诉讼赔偿金亟须建立多方共同监督使用的基金机制，对赔偿金进行管理使用，对基金的资金来源渠道、管理使用办法作出明确规定。目前，要建立全国统一的制度还比较困难。地方可以先行探索，推动生态环境损害赔偿相关立法和配套政策出台。

2020 年 8 月，"中国民间草根环保组织公益诉讼第一案"曲靖铬渣污染案历经 9 年终于结案。几乎在同一时间，全国首个生态环境公益诉讼地方立法——《深圳经济特区生态环境公益诉讼规定》经深圳市人大常委会审议通过，并于 2020 年 10 月 1 日起施行，该规定明确提出为社会组织提起环境公益民事诉讼给予支持和保障。在未来，环保组织和第三方检测机构不仅是政府监管的有效补充，还可以广泛发动社会力量，形成最广泛的公众参与，有助于构筑全社会共建共治共享的环境治理新格局。

2022 年召开的党的二十大指出，全面依法治国是国家治理的一场深刻革命，我们要完善以宪法为核心的中国特色社会主义法律体系，加快建设公正高效权威的社会主义司法制度，努力让人民群众在每一个司法案件中感受到公平正义。同时要求加快发展方式绿色转型，实施全面节约战略，发展绿色低碳产业，倡导绿色消费，推动形成绿色低碳的生产方式和生活方式。深入推进环境污染防治。因此在未来，要继续推动环境治理的法治化、常态化、数字化建设。

8.3 公众参与型政策工具：加强环境治理过程中的共同生产

8.3.1 研究背景

环境治理是一项系统工程，离不开公众参与和共同生产。在未来环境治理实践中，绿色社区的构建就是一项"多元主体共同生产"的复杂工程。所谓绿色社区，又称为可持续社区、生态社区，是提倡可持续发展和公众参与机制、具有地域性特征的、生态环境优美、生活质量优良的人居环境理想模式。社区的绿色发展是城市可持续发展的根基，是低碳治理的基本单元，是城市绿色发展的"最后一公里"。

城市绿色社区构建的过程中，"环保驿站"的构建和公众共同生产行为的扩展已经成为"二十大"以后治理创新的"亮点"。随着科技的高速发展和智慧城市的建设，在"互联网＋物联网"背景下，多功能城市驿站在大众生活及城市治理过程中应运而生，并且已经成为基层治理的"利器"。如何合理运用智慧城市驿站推动经济发展和促进环境治理的提升，成为当下的一个焦点议题。公共服务存在于城市治理的各个方面，适宜且有效的公共服务供给将提升公民的生活质量，满足公民的生活需求。其中环境治理类的城市驿站与公众的生活息息相关，而环境治理共同生产（以下简称"共同生产"）恰好在一定程度上能够促进公共服务供给质量的提升。例如，南京结合"无废城市"的建设需求，建设"可回收物品"自助式智能回收站和"环保驿站"，投放智能再回收设备。居民将可回收物品放入自助式智能回收站后，可以获得相应的报酬和积分，以兑换便民服务或生活用品。不仅如此，环保驿站的建设，还可以提供休息就餐、应急药品、充电充气等各项便民服务，也让环卫人员有了一个休息的场所，可谓一举两得。这既是环保工程，也是惠民工程，有利于环境治理绩效的提升。"环保驿站"已经成为基层环境治理的前沿阵地，打通了环境治理的

"最后一公里"，有利于促进环境治理中的公众参与和共同生产。在未来，环境治理离不开公众参与和共同生产行为。共同生产是新公共治理理论所提出的一项创新型观点，它是将企业管理中的服务管理理论应用于公共服务供给体系中，从而产生的区别于传统的、新型的公共服务供给模式。在这一概念中，公众从原来单纯的被动接受者转变为既是消费者又是生产者的复杂角色，可以参与公共服务供给过程的计划、设计、提供、评估环节并发挥重要作用。另外，共同生产还可以对来源、层次、结构、内容皆不相同的资源进行系统整合，进而有效提升公共服务效率和质量，创造内涵丰富、意义独特的公共价值。因此，探究共同生产的影响因素，激励公民参与共同生产对于构建高质量公共服务供给体系、促进公众参与、提升治理绩效是十分重要且必要的。环境治理是集体行动的过程，需要考虑多元主体的利益和诉求。本部分将基于数字化治理的视角，引入"互联网使用"相关的变量，探究环境治理共同生产行为的影响因素，并提出未来发展的对策建议。

8.3.2　研究设计与数据来源

此部分使用的统计数据均来自 2019 年中国社会状况综合调查（CSS2019），该数据公开于 2020 年。CSS2019 调查问卷内容涉及了国内多个省市居民的住户成员信息、个人工作情况、家庭经济情况、生活状况等基本信息，同时也对公民在社会保障、社会信任和社会公平、社会价值观和社会评价、社会参与和政治参与、志愿服务等方面的感知进行了询问与统计，数据真实可靠，样本特征多样，涉及领域较为全面，能够支持本研究对公民共同生产的研究。

CSS2019 的样本量为 10283 份，剔除因变量缺失的样本后，最终选用的总有效样本量为 10214 份。由于 CSS2019 调查问卷中有关环境治理领域的内容为随机问卷，所以进入环境治理领域研究的样本为回答了随机问卷的样本，总计 5075 份，在剔除了部分自变量无效应答的样本后，最终进入该领域研究的有效样本数量为 4798 份，约占总有效样本量的 46.97%。

8.3.3 研究综述与假设提出

共同生产（Co-production），是公共服务领域较为普遍的公众参与方式之一。在早期，奥斯特罗姆（Ostrom，1996）构建了共同生产的理论模型，该模型将共同生产描述为政府投入和公众投入的组合，她认为这两种类型的投入在共同生产的过程中表现出互补性和可替代性。新公共治理理论把共同生产视为公共服务运作的核心，在这一视角下，公共部门、市场主体、第三方组织、公众个体通过合作治理的方式共同参与公共服务的供给（Nabatchi，2017）。以往学者一致认为，共同生产在提高公共服务质量、提升公共服务效率、满足公共服务需求、解决社会治理难题等方面能够起到相当重要的作用。需要指出的是，共同生产理论尤其强调了官方行动者（state actors）和非官方行动者（lay actors）共同参与公共服务的提供，以描述政府和公众之间的协同作用（Schoon，2017）。在这一理论情境下，公共服务的提供必然涉及组织与个体的互动，是组织和个体共同完成的过程。因此，共同生产是指公共服务生产中非同一组织的生产者共同投入生产过程的现象（Bovaird，2012；Cheng，2019）。在环境治理过程中，作为政府高成本行政规制以及环境污染事后补救的替代性选择（Miller，2013），公民共同生产行为的重要性已经得到了充分的论证（Ansell，2007）。一方面，公民被鼓励在打造良好环境中扮演越来越积极的角色（Pelletier，2008）；另一方面，公民参与创造环境价值也成为完善环境评价制度的重要内容（Liao，2018）。公众参与环境共同生产的行为能够改变公众对政府的看法，提高公共服务与公众需求的契合度，公众对政府工作的评价会随着对政府的了解和对公共事务的参与而变得更为友好和温和，对政府的信任度和满意度也会随之提高（Alonso，2019；Halla，2013）。

以往有关共同生产影响因素的实证研究大多数聚焦于公众个体因素、公共服务组织因素、社会环境因素和公共服务性质四大类，且这四类因素之间也可能互相影响（吴金鹏，2022），大多数研究者均发现公众个体层面的变量对于共同生产的影响是巨大的。公众在公共服务供给中的角色发生了巨大转变，他们的角色从过去简单被动接受者变为了参与者和生产者，这意味着公众在公共服务供给中掌握了一定的主动权，作出的行动是出于积极心理，所创造的价值相较于传统供给模式更高效，提供的公共服务更贴近现实需求。因此本研究将从公众视角探究共同生产可能存在的影响因素。

以往研究表明，受教育程度、性别、年龄、居住地等个体特征会对公众共同生产行为产生潜在影响。其中，性别因素经常见于各种相关研究当中，一些研究认为女性更容易参与共同生产。但也有学者认为，中国的男性公众在环境治理领域中比女性更关心公共问题，且拥有更多公共参与机会，更容易发起该领域的共同生产行为（杨加猛等，2023）。因此，本研究提出假设 8.1。

假设 8.1：性别会对环境治理领域的公众共同生产行为产生正向影响。

年龄是个体特征的组成部分之一。以往相关研究一致认为，年龄与共同生产行为之间存在相关关系，但其影响态势并没有统一的结论。一些学者认为，年轻人会更富有参与共同生产的激情和活力。但是还有学者认为，在环境领域的公共服务共同生产过程中，老年人有更多的空闲时间、更强的参与意愿（Bovird，2015），年龄会对公众的共同生产行为产生正向影响。一般认为，在中国情景下的环境治理实践中，年长者会有更多的话语权和参与权。鉴于此，本研究提出假设 8.2。

假设 8.2：年龄会对环境领域的公众共同生产行为产生正向影响。

另外，在中国情境中，政治面貌也可能会影响公众对共同生产的偏好，因为在中国共产党的文化建设过程中，管理者经常会倡导党员积极主动地参与群众需求较大的公共服务供给。在环境治理的实践中，由于组织要求、社会规范的影响，党员往往在公共服务供给过程中积极主动地发挥模范带头作用。为此，本研究提出假设 8.3。

假设 8.3：政治面貌会对环境领域的公众共同生产行为产生正向促进作用。

公众共同生产能力通常指公众参与共同生产时自身所拥有的时间、知识、能力等资源，大部分共同生产要求公众具备前述至少一种资源（Paarlberg，2009）。可以说共同生产能力是公众实施共同生产行为的条件之一。

近年来，随着互联网技术的快速发展，许多社会治理领域的共同生产借助新媒体平台转为线上进行，例如环境治理领域中公众对周边环境污染行为的监督举报，对于自身环境诉求的反馈等。现代信息技术的运用和政府数字化治理的新范式拓宽了地方政府官员了解公众需求的途径，增加了公众参与共同生产的意愿，能够极大地促进共同生产的发展。在环境数智化治理的时代背景下，公众需要具备一定的新媒体使用能力才能参与共同生产。因此，本研究提出假设8.4。

假设8.4：新媒体使用能力会对环境领域的公众共同生产行为产生正向影响。

环境认知能力决定了公众的环境素养，环境认知是指人们对环境问题和相关活动所持有的、系统性的、有组织的情感、认知及行为倾向，包括对环境的关心程度、对环保行为的看法、对环保知识的掌握等（Yang et al.，2022；Yang et al.，2022）。在公众参与环境治理的以往文献中，研究态度与行为关系的理论主要是计划行为理论和规范激活理论。以往研究发现，环境意识的提升与道德规范的形成与社会责任感的提升密切相关。在环境治理领域，个体自身的道德规范一旦被激活，就会强化个体的亲环境行为和共同生产行为。综上所述，公众参与环境治理的行为往往会受到其环境认知能力的影响。因此，本研究提出假设8.5。

假设8.5：环境认知能力对公众共同生产行为存在正向影响。

具有共同生产能力的公众不一定会必然参与共同生产，共同生产意愿和行为还会受到公众感知因素的影响。包括自我效能、公共服务显著性感知、政府满意度感知等，这些因素主要代表了公众实施共同生产行为时产生的心理状态。其中自我效能指的是公众认为自己可以通过有意义的方式影响公共服务并有所作为的程度，通常被分为两类：一类是内在效能，即公众对自身能够理解和参与共同生产能力的感知，即对于自己行为能力的认知；另一类是外在效能，指的是公众对于其参与行为的重要性认知和结果感知，即对于自身行为影响力的感知。以往研究表明，自我效能感越强的公众越容易对公共利益产生共鸣从而激发其参与公共服务的内在动机。即自我效能越高，公众越容易参与共同生产（吴结兵等，2022；陈俊杰等，2020；Vin et al.，2015）。在一定程度上，公众清楚自身具有公共服务计划、设计、供给、评估的能力，并愿意承担相应责任的行为可以看作公众具有自我效能，故本研究提出了假设8.6。

假设8.6：自我效能对环境领域的公众共同生产行为产生正向影响。

公共服务显著性感知是指公民自身，或其周边的人、物对公共服务的需要程度。当公民自己或者亲友遭受了缺少相关领域公共服务问题的困扰时，他将主动积极地投入共同生产中，这在公众需求量较大、需求服务种类较多的社会治理领域中能够发挥重要作用，且该作用呈正向相关关系，即公共服务显著性感知越强，公众越偏向于共同生产（Pestoff，2012）。故本研究提出了假设8.7。

假设8.7：公共服务显著性感知对环境领域的公民共同生产行为产生正向影响。

公共服务满意度感知反映了公众对于政府的印象和政府的形象感知。有研究表明，如果公众对于当前公共服务满意度较高，其参与共同生产的绩效预期往往比较高，参与积极性也会提升。因此公众对政府的公共服务满意度如果比较高，其对于政府的信任度也会随之提升，进而增强参与共同生产的意愿（吴结兵等，2022）。基于此，本研究提出了假设8.8。

假设8.8：公共服务满意度感知对环境领域的公众共同生产行为产生正向影响。

8.3.4 变量测量与数据处理

由于本研究聚焦于环境治理领域的公众共同生产行为研究，因此在CSS2019调查问卷的志愿服务部分选择了"您本人在近一年以来参加过以下哪些志愿服务"一问中的"环境保护"选项中的答案作为研究的因变量。在原始问卷中，此变量的赋值标准为"是=1，否=0"。

根据研究假设部分的梳理，本研究的探究所需的自变量共分为个体特征、公众共同生产能力以及公众感知三部分。受研究内容与调查问卷内容设置的限制，本研究将选用的部分测量问题进行了简单处理或运算，具体的自变量及测度题项见表8.3，具体的题项赋值见表8.4。

表8.3 自变量及测度方式

维度	变量	题项
个体特征	性别	受访者本人性别
	年龄	受访者本人年龄
	政治面貌	您的政治面貌是
公众共同生产能力	新媒体使用能力	您是否通过互联网络提供过志愿服务活动
	环境认知能力	我不懂环保问题，也没有能力来评论
	自我效能	保护环境是政府的责任，和我的关系不大
公众感知	公共服务显著性感知	就您和您的家人来说，是否可能需要别人或组织提供的环境保护方面的志愿服务
	公共服务满意度	您认为您居住的地区政府保护环境、治理污染方面的工作做得好不好

表8.4 自变量测量（原始数据）

维度	变量	题项
个体特征	性别	女 =0，男 =1
	年龄	2019 – 出生年份
	政治面貌	中共党员 =1，非中共党员 =0
公众共同生产能力	新媒体使用能力	否 =0，是 =1
	环境认知能力	完全符合 =1，比较符合 =2，不太符合 =3，完全不符合 =4
公众感知	自我效能	完全符合 =1，比较符合 =2，不太符合 =3，完全不符合 =4
	公共服务显著性感知	否 =0，是 =1
	公共服务满意度	很好 =1，比较好 =2，不太好 =3，很不好 =4

个体特征由性别、年龄、政治面貌组成，在 CSS2019 问卷中包括"受访者本人性别""受访者本人年龄""您的政治面貌是"这 3 个问题。"年龄"一项使用了 2019 年与受访者出生年份的差值，变量形式为连续性数值变量。性别和政治面貌的赋值标准分别为"女 =0，男 =1""非中共党员 =0，中共党员 =1"。

公众共同生产能力为新媒体使用能力和环境认知能力。新媒体使用能力的原始问题为"您是否通过互联网络提供过志愿服务活动?",其观测值为"是=1,否=0"。环境认知能力的原始题项为"我不懂环保问题,也没有能力来评论",在实际分析过程中,进行反向赋值。

公众感知中包括自我效能、公共服务显著性感知以及公共服务满意度。该部分内容根据公共服务领域的不同选择测度方式也不相同。在分析过程中,自我效能由"保护环境是政府的责任,和我的关系不大"问题反向赋值所得;公共服务显著性感知选择了"就您和您的家人来说,可能需要别人或组织提供的哪些方面的志愿服务"问题中的"环境保护"选项;公共服务满意度使用了"您认为政府下列方面的工作做得好不好"问题中的"保护环境,治理污染"一问作为测度方式。这些变量观测值的赋值规则分别为:自我效能使用了"完全符合=1,比较符合=2,不太符合=3,完全不符合=4";公共服务显著性感知采用了"是=1,否=0"的赋值方法;公共服务满意度的原始题项为"很好=1,比较好=2,不太好=3,很不好=4",在分析过程中进行反向赋值。

8.3.5 数据分析

本研究的因变量是二分变量,因此使用 Logistic 回归分析法进行实证研究,其计算公式如下:

$$\ln[p/(1-p)] = b_0 + \sum(b_i \times x_i) \qquad (8.3)$$

其中,p 为公众参与共同生产的概率,x_i 为影响共同生产行为的各因素,b_0 和 b_i 为各因素的回归系数。

本研究在进行回归分析时将先使用 Backward:LR 法建立包含所有自变量的模型一,观察所有因素与共同生产行为的影响关系;之后用除公众感知因素以外的其他因素再次进行 Logistic 回归分析,并建立模型二,探究公众感知因素的剔除是否会影响模型的稳健性。

使用 stata16 对进入环境治理领域研究的 5075 份样本的个体特征进行了初步的统计,结果见表 8.5。可以看出,在性别方面,男性为 2173 位,占比 42.82%,女性为 2902 位,占比 57.18%。在年龄方面,数量最多的为 48～57 岁的受访者，共有 1369 位，其次是年龄为 58～67 岁的受访者，共有 1073 位，再次为 38～47 岁的受访者，共有 956 位，这 3 个年龄层的受访者共计 3398 位，占总人数的 66.96%。在受教育程度方面，拥有初中学历的受访者最多，共 1581 位，占总人数的 31.15%，这与中国实施九年义务教育政策的实际情况相吻合。在政治面貌方面，有 4544 位受访者为非中共党员，占全体受访者的 89.54%。综上，该 5075 份样本中男女比例均衡，大多为 38 岁以上的中老年人，受到小学教育和初中教育的受访者居多，且绝大多数受访者为非中共党员。

表 8.5   样本基本特征

特征变量	类别	数量（人）	占比（%）
性别	女	2902	57.18
	男	2173	42.82
年龄	18～27 岁	634	12.49
	28～37 岁	853	16.81
	38～47 岁	956	18.84
	48～57 岁	1369	26.98
	58～67 岁	1073	21.14
	67 岁以上	190	3.74
受教育程度	未上学	460	9.06
	小学	1144	22.54
	初中	1581	31.15
	高中	653	12.87
	中专	224	4.41
	职高技校	55	1.08
	大学专科	432	8.51
	大学本科	478	9.42
	研究生	41	0.81
	其他	7	0.14
政治面貌	非中共党员	4544	89.54
	中共党员	531	10.46

对变量进行描述性统计分析，结果见表8.6。从各变量的均值上看，公众共同生产行为的均值为0.12，说明大多数公众很少参与环境保护领域的共同生产；新媒体使用能力的均值为0.04，说明受访者较少使用新媒体参与共同生产。公共服务显著性感知的均值为0.22，说明公众对解决周边环境问题的需求较低，只有少部分公众对环境治理方面的公共服务给予一定的期盼。公共服务满意度的均值为2.15，说明大多数公众对当地政府环境治理工作比较满意。自我效能的均值为3.14，总体来看高于公共服务显著性感知和公共服务满意度感知。

表8.6　　　　　　　　　变量的描述性统计

变量	均值	标准差	最大值	最小值
公众共同生产行为	0.12	0.32	1	0
新媒体使用能力	0.04	0.2	1	0
环境认知能力	2.73	1.07	4	1
自我效能	3.14	0.97	4	1
公共服务显著性感知	0.22	0.41	1	0
公共服务满意度	2.15	0.92	4	1

Logistic 回归分析结果见表8.7，可以看出，两个模型的卡方值分别为1856.60 和1844.08，R^2 均为0，小于 p 的临界值0.05，这说明两个模型均为显著且有效的。通过观察模型1中各项指标后发现，所有变量系数均为正值，且 p 值均小于0.05，因此可以得出以下结论：性别为男、年长者、中共党员、具有新媒体使用能力、自我效能较高、公共服务显著性感知较高、对公共服务满意度较高者更容易实施环境治理领域下的公众共同生产行为。其中公众共同生产能力所对应的新媒体使用能力的变量系数为4.904，是所有变量系数中的最大值。

而对模型2的数据指标观察后发现，在缺少了公众感知因素的相关变量时，模型中部分变量 p 值大于0.05，即不显著的情况。这说明，当公众对于共同生产行为和绩效产生了一定的感知和预期时，公众共同生产行为才会发生。

表 8.7　　　　　　　　各变量 Logistic 回归结果

变量	模型 1			模型 2		
	系数	标准误	p 值	系数	标准误	p 值
性别	1.204	0.111	0.044	1.076	0.094	0.401
年龄	0.961	0.002	0.000	0.950	0.001	0.000
政治面貌	2.488	0.320	0.000	2.613	0.330	0.000
新媒体使用能力	4.904	0.768	0.000	3.961	0.592	0.000
环境认知能力	0.369	0.016	0.000			
自我效能	1.102	0.042	0.011			
公共服务显著性感知	1.962	0.204	0.000			
公共服务满意度	0.588	0.032	0.000			
Log likelihood	−1640.211			−1715.4576		
Wald Chi^2	1856.60			1844.08		
Prob > Chi^2	0.000			0.000		

通过以上的实证分析可以发现，公众共同生产行为会受到个体特征、公众共同生产能力与公众感知三类因素的影响。在个体特征中，公众的性别、年龄、政治面貌均会影响环境治理领域公众共同生产行为。公众共同生产行为也会受到公众自身具有的新媒体使用能力的显著影响。

8.3.6 结论与对策建议

本研究的实证分析结果表明，个体特征中的年龄、政治面貌均对环境治理领域的共同生产行为产生显著影响，本部分的研究结论与以往研究结论相一致。因此在环境治理领域的共同生产过程中，需要根据公众的个体特征制定差异化的激励策略，以形成最广泛的公众参与。可以结合不同的群体特征，制定有针对性、多元化的激励方案，比如信用积分奖励、实物奖励、免费提供便民服务等。让更多的主体参与环境治理，遵循"共治共享"的治理理念，吸纳更多的共同生产力量。

通过进行实证分析发现，共同生产能力正向影响共同生产行为。对于环境保护共同生产行为的认知、使用信息技术的能力也会是决定公众是否参与共同生产的要素之一。因此政府管理者需注重公众共同生产能力的培养，降低共同生产的参与门槛，提高实施共同生产行为的公众数量。环境认知对公众共同生产行为产生正向影响，因此政府培养公众共同生产能力可以从他们所拥有的知识和技能入手。近年来，由于互联网的快速发展，有关共同生产知识和技能的宣传教育可以借助快速发展的传播媒介进行实施。因此，要以更加多元的方式推动环境治理共同生产，借助新媒体提升公众参与能力，利用"互联网＋"平台和数字化工具对各类环境治理共同生产行为进行宣传和推介，提升公众共同生产能力。

公众感知因素会对公众环境治理的共同生产行为产生显著的正向影响，包括自我效能、公共服务显著性感知、公共服务满意度等。因此为了从心理因素的角度使公众积极主动参与各领域的共同生产之中，政府管理者可以制定有关政策，或者与第三方机构合作，对公众进行心理引导，让更多的公众产生参与共同生产的内在动机和自我效能，进而促进共同生产的进一步发展。还可以建立健全沟通协调机制，提升公众对于政府的信任度和满意度，优化公众在共同生产中的个人体验，营造良好的治理氛围，要让治理成果更多、更好、更公平地惠及公众，增加公众共同生产行为的频率，扩宽其参与广度和深度，有效构建共治共享的现代化环境治理体系。

8.4　交互缠绕和嵌入式治理背景下环境诉求与基层治理数智化：深圳的实证分析

8.4.1　研究背景

党的十九大报告指出，要转变政府职能，深化简政放权，创新监管方式，增强政府公信力和执行力，建设人民满意的服务型政府。建立服务型政府实质上是以公众和社会为主体，按照法律意志，建立以为公众服务为宗旨并承担服务责任的政府。因此，服务型政府要把公众的要求摆到首要位置，并且对公众的要求进行负责，使公众能够真正享受到社会发展所带来的成果。随着社会复杂程度不断增加，公众在要求政府处理的公共事务范围越来越广泛，尤其在民生诉求方面体现出复杂性与多样性。而作为服务的责任主体就要面临在公共治理过程中，由于精细化程度不断加深对政府行政能力的考验，这要求政府具有承担责任以及处理复杂公共事务的能力。2017 年 5 月 31 日，深圳市坪山区政府颁布了《坪山区民生诉求事件管理办法（试行）》，就民生诉求反映渠道、处置时限、协调机制、告知与回访、申诉与考核、督办与问责等作出详细的规定。从民生诉求渠道、优化流程等方面提出了相关要求，建立"集中受理、统一分拨、快速响应、跟踪督办"的民生诉求分拨指挥系统，打造"民有所呼、我有所应"的政府服务模式。作为政府改革项目之一，对把群众问题落实到实处，解决政府与公众之间的沟通等问题进行了积极的探索。

党的二十大报告指出，治国有常，利民为本。为民造福是立党为公、执政为民的本质要求。必须坚持在发展中保障和改善民生，鼓励共同奋斗创造美好生活，不断实现人民对美好生活的向往。我们要实现好、维护好、发展好最广大人民根本利益，紧紧抓住人民最关心最直接最现实的利益问题，坚持尽力而为、量力而行，深入群众、深入基层，采取更多惠民生、暖民心举措，着力解决好人民群众急难愁盼问题，健全基本公共服务体系，提高公共服务水平，增强均衡性和可及性。在此背景下，环境诉求作为一种基本的民生诉求，理应得到广泛关注和有效解决，环境公共服务的改进和环境治理体系的完善不仅关系到生态体系的绿色发展，还关系到公众生活质量的改善和人类社会的高质量发展。

因此，本研究以深圳市坪山区民生诉求数据为研究对象，分析坪山区环境诉求的基础情况、政府责任，提出服务型政府基层治理精细化的对策建议。具体解决以下问题，（1）环境类民生诉求的基本情况是怎样的？公众关注的焦点问题是什么？（2）针对环境类民生诉求，政府部门是如何进行有效解决的？（3）在未来的环境数字化治理进程中，公众参与的广度和深度会不断加强，政府应该如何实现有效回应？针对以上问题，首先，对坪山区民生诉求的基础情况，从诉求类型、诉求时间、诉求区域等角度进行对比分析。其次，在基本分析的基础上，聚焦重点诉求事件类型，分析焦点事件产生的原因、时间分布、区域分布等。再次，对环境诉求事件二模网络特征和政府部门网络关系，从政府解决民生问题的渠道、各部门之间权责分配，以及治理效果的等方面进行分析。最后，基于以上分析提出环境数智化治理的未来发展之路。

民生诉求是公众参与社会事务的具体体现，公众针对现有的社会问题向政府机构表达自己的观点和诉求，是政治民主化的重要方式。公众参与是公民行使民主权利的基本路径之一，其实质是通过参与来监督政府，对公众负责，这种互动是政府以服务获取公众信任的交换正义，提升公众参与效果，也成为构建服务型政府和责任型政府的参照指标。目前，公众同政府之间的沟通渠道不断拓宽，与现代化政府的建设目标形成一致，在公众诉求与政府回应的关系上存在巨大发展潜力。然而，社会参与理论研究中更多需要解释的是公众如何参与、政府如何做到有效回应，政民关系如何处理。基于此，本研究将侧重将民生诉求与政府责任连接在一起，通过数据深入挖掘二者的内在联系，为政府采取什么样的治理模式提供一定的思路。

按照经济人假设的推断，公众参与实际上是寻求自身利益最大化，也是他们参与公共事务的基本动机和目的，利益相关者成为支持公众参与的核心概念，而政府面对参与行为须予以回应并解决实际的问题。所以，诉求利益的表达解决过程实际是政民互动的结果。在政民互动方面，有学者提出通过深入理解当地政府的需要和公众与政府互动的模式，政府公职人员就可以更可靠、更迅速和更精确地处理日常的事务，并利用它来对公众关注的问题作出反应，改善社会治理的渠道（马超等，2020；毛万磊等，2019）。因此，公众参与和政府回应行为决定了良性政民互动关系的实现（张楠迪扬等，2023；Cook et al.，2017；沙勇忠等，2019）。

有效的公众参与有助于政府更好地感知公民价值诉求和偏好，增强民众问责政府官员的话语权，进而推动政府绩效改善，增进政府与公众之间信任的溢出价值等（李晓燕，2019），所以寻找有效的公众参与势必关系到公共事务处理的效率。从理论上讲，在协同治理视角下，公民通过自由平等的对话、讨论、审议等方式参与公共决策与政治生活，其本质在于"对话与共识"（何艳玲，2018）。在治理实践中，治理效果往往凸显出公众同政府在公共政策品质的提升上存在着共同的目标，这就要求彼此之间进行信息共享，公众需要提出问题，而作为政府需要聆听他们的诉求，因此，公众诉求的实质是在对话的过程中将竞争式的民主转换为合作共治的模式发展。

与此相对应的是政府面对公众的诉求如何履行义务的问题，这涉及政府的责任。责任行政理念是伴随近代民主政治的发展而产生的，责任政府理念要求政府必须回应社会和民众的要求并加以满足（李军鹏，2004），这与新公共服务理论中所倡导的建立服务公民为主的政府一致，而政府在履行责任的过程中不应仅从市场的角度看待行政问题，在法律、社会传统价值等基础上最重要的是实现公民利益，注重人的价值。所以，公众诉求实质上需要政府实现以人为本的行政目标，建立服务型的政府以满足公众需求。另外，随着诉求问题与公共事务的复杂化，政府难以对具体的事务进行详细的分类。因此，政府要实现其功能必须将其重心下移，实现治理精细化，这也是提升治理效能的重要手段和实现服务型政府的主要特征之一。政府实现服务，务必厘清公众诉求中政府应如何实现权力的合理分配，以更加专业的手段解决现实问题。

基于以上理论分析，无论从经济人假设还是最终服务型政府的建设，都强调公众诉求得到实际解决，也是政府实现"良好治理"的结果。治理是不同主体之间以协商为基础，以合作为支撑，以共赢为目标，遵循共同规则共同应对处理公共事务的持续过程，现代社会问题的复杂性、社会需求的多样性和目标的多维性要求公众同政府之间形成一种良性的互动机制（夏锦文，2018）。其基本内涵可以概括为：在解决具体公共事务的过程中，公众有权表达和了解目前的社会问题，并寻求相关单位进行解决，各行动者进入特定的场景对话，利用各种技术手段搭建对话平台，完成由非官方向官方发展的正式管理，从而达到解决诉求的目的。双方互动的结果展现出权力与规则的合理使用，互动范围内成员之间的定位与关系经过调试后达到一种相对稳定的状态，最大限度地提升治理效能，展现出公众参与和政府责任之间的情景化和过程化的特征。

8.4.2 数据分析

本部分采用深圳市政府数据开放平台提供的《坪山区民生诉求数据》进行公众环境诉求的实证研究，有效样本共35746个。为了进一步摸清坪山区民生诉求焦点，在数据处理上采用了网络分析与描述性统计分析，在网络分析上利用UCINET根据诉求类别与街道的隶属关系构建模关系网络，挖掘出处于核心地位的事件，并通过描述性统计寻找数据内部的特征。从表8.8中可以发现，坪山区公众在"市容环卫""市政设施""环保水务""教育卫生"等方面的民生诉求占七成以上。相较于其他领域，这四个领域与环境诉求息息相关，并且关系到公众的实际切身利益，体现出公众对于改善周围生存环境的强烈需求。其中，市容环卫和公共场所的环境卫生、垃圾处理能力密切相关；市政设施和城市人居环境密切相关；环保水务和城乡环境保护、水污染处理有关；教育卫生包括环境宣教和生活环境等，与环境保护和环境卫生健康息息相关。从街道角度，坪山街道在诉求事件中的点度中心度较高，其次为龙田街道和坑梓街道，可见公众对于街道环境改善的需求也体现得较为集中。因此，本研究主要围绕前四类民生诉求分析公众的环境诉求与政府数智化治理成效。

表8.8　　　　　　　　　坪山区各街道民生诉求情况

诉求类别	碧岭街道	龙田街道	马峦街道	石井街道	坪山街道	坑梓街道	总计
市容环卫	979	2352	1534	433	3257	3187	11742
市政设施	561	1422	770	295	1973	1494	6515
环保水务	555	1329	1015	537	1569	1234	6239

续表

诉求类别	碧岭街道	龙田街道	马峦街道	石井街道	坪山街道	坑梓街道	总计
教育卫生	226	1168	267	52	478	398	2589
规土城建	150	584	155	30	562	270	1751
安全隐患	168	362	274	90	531	313	1738
交通运输	143	716	152	28	333	215	1587
社区管理	38	267	229	15	446	119	1114
文体旅游	414	26	11	1	77	4	533
食药市监	36	94	70	32	134	54	420
治安维稳	87	72	28	9	81	86	363
劳动社保	41	69	38	38	70	63	319
民政服务	49	121	24	9	62	31	296
组织人事	87	43	15	8	58	7	218
党纪政纪	19	59	22	9	63	26	198
统一战线	38	8	2	0	4	3	55
专业事件采集	3	28	2	0	7	1	41
党建群团	7	9	0	1	8	3	28
总计	3601	8729	4608	1587	9713	7508	35746

为了了解时间分布趋势，按照事件的诉求时间进行数量规律的分析。时间跨度为 2018 年 2 月~2020 年 12 月，对坪山区民生诉求事件总数按照月份分布情况进行统计分析。2018 年 2~9 月，民生诉求的发生呈现上升趋势，并且上升幅度比较快，到 2018 年 8 月和 9 月达顶峰后转为下降。因此，2018 年民生诉求多集中于夏、秋两季。2019 年民生诉求曲线整体呈波浪式起伏特征，2020 年民生诉求时间总量较前两年明显上升，主要集中于夏、冬两季。从 2018 年 2 月民生诉求较少，后直线上升，到 2019 年 2 月民生诉求又回落到谷底，推测原因在于 2 月份属于春节期间，作为移民城市的深圳，外来务工人员数量巨大，在春节期间大量务工或移民人员返乡，导致实际居住人口猛降，民生诉求也相对较少。此外，2 月份天数较短加上春节，可能也是诉求减少的原因之一。2019 年民生诉求整体呈上涨

趋势，这与坪山市发展扩张导致的人口基数增长有关，而波浪起伏的诉求趋势则很可能与务工人员以及城市常驻人口的季节性流动有关。

民生诉求的处理数量趋势与发生数量趋势在整体上呈对应状态，这意味着绝大多数民生诉求都能在一定的时间内得到妥善的回复与解决。从年际跨度上来看，民生诉求处理数量整体上呈现明显的上升趋势，这意味着随着民生诉求数量的增加，也对政府政务服务能力提出了新的考验。由于人口基数的增长，未来可能仍然存在较多数目的诉求事件，但是诉求的事件的上涨趋势呈现出放缓的态势。这同坪山区一直以科学管理方式落实民生诉求存在一定的关联，同时诉求渠道的公开化、集中化也是促使"民众有事必求政府"，活跃了民众与政府之间的关联。另外，平稳的趋势同样表明政府在处理事件的过程中逐步解决了民众的实际问题，民众的诉求获得感得到有效提升。

2020 年，坪山进一步将"民生诉求系统"延伸到社区，推出"社区党群服务中心＋民生诉求系统"改革，把基层治理"一网统管"和党群服务"一站通办"有机融合，让社区工作人员直接对接群众诉求，把全部事项纳入流程进行分拨办理，把更多资源、服务、管理下沉到社区。民生诉求系统上线后，该区累计受理民生诉求 13 万宗，办结率 99.98％，近一半诉求当天办结，民众满意度持续提升。

通过进行数据分类和梳理发现，对于市容环卫的诉求来说，其波动性比较大，存在多个"小高峰"和"小低潮"。每年的年中会进入一个高发期，这主要是由于夏、秋季节的市容卫生需求比较大。由于温度的升高以及用电量、用水量的增加，都会导致产生大量的城市生产垃圾和生活垃圾。因此，要在进入年中季度以前留存预备力量，防止市容卫生需求的"爆发"。

对于市政设施和环保水务而言，这两类民生诉求的年度波动比较小，整体上呈现出数量增加的趋势。但是也存在明显的高峰期，并且高峰期的时间节点与"市容卫生"高峰期的节点基本一致，这主要是由于，很多涉及环保水务和市政设施建设的诉求，往往会与市容卫生相关联。比如下水道污水渗漏问题，既涉及市容环卫，也涉及环保水务和市政设施。

通过进一步纵向对比也可以发现，环保水务和市政设施这类民生诉求的总体变化规律极为类似。这提示城市管理部门在解决民生诉求的过程中，要注意相似诉求的交叉与合并处理，尤其注意多部门资源的整合与协同联动。

对于教育卫生事件而言，其高峰期比较一致，都出现在年末岁尾，并且呈现出逐年增多的趋势。这与我国学校开学时间一般在秋季以及冬季气温低、容易爆发流感等疾病有关。并且2020年明显有一个最高峰，这与新冠疫情的爆发有关。这提示城市管理者，要注意教育卫生需求的季节性和规律性，在秋、冬季节分配更多的资源和精力，来应对教育、卫生方面的突发事件。

通过分析发现在市容环卫方面，各个部门与社区的联系有显著差别，其中广播电视台、卫生健康局等部门与社区的联系都很紧密，从社区维度看，秀新社区、汤坑社区、田头社区等面临的市容环卫诉求较多，与相关部门的联系也较为紧密，包括碧玲社区、和平社区在内的其余社区面临的市容环卫诉求较少，与相关部门在市容环卫方面的联系也较少。在市政设施方面，从部门维度看，以住房保障中心、政务服务数据管理局、水务局为代表的部门与社区的联系最为紧密，需要处理的市政设施类民生诉求较多。从社区维度看，碧玲社区、和平社区等面临的市政设施问题较少，与相关部门的联系也较少，而金沙社区、秀新社区、竹坑社区、田心社区等与相关部门在市政设施方面的联系较为紧密。

环保水务类诉求从部门维度看，以政务服务数据管理局、应急管理局为代表的部门与社区的联系最为紧密，需要处理的环保水务类民生诉求较多。从社区维度看，和平社区等面临的环保水务问题较少，与相关部门在党建群团方面的联系也较少，而金沙社区、秀新社区、竹坑社区、田心社区等与相关部门在环保水务方面的联系较为紧密，结合前面的描述性统计分析，竹坑社区相关诉求量最高，高达3368件。教育卫生事件从部门维度看，以卫生健康、市医保局为代表的部门与社区的联系最为紧密，需要处理的教育卫生类民生诉求较多。从社区维度看，石井社区、秀新社区、竹坑社区、田心社区等与相关部门在教育卫生方面的联系也较为紧密，而碧玲社区、南布社区等面临的教育卫生问题较少,与相关部门在教育卫生方面的联系也较少。

在不同类型的诉求处置部门的关系网络中(见表8.9),网络规模相对庞大的是市容环卫网络,高达2468条网络连接。几乎所有诉求的网络密度都在0.5以上,如市容环卫密度为0.7465,安全隐患的网络密度为0.7323等,说明部门之间具有相对紧密的关系,有诸多诉求的解决是由多部门合作完成的。网络关联度几乎全部为1,说明网络中行动者的关联性高,网络等级均为0,说明在所有网络中,所有诉求处置部门没有森严的上下级现象,并且大多数为基层部门,说明治理力量以基层部门为主。但是,网络效率相对较低,大部分诉求的网络效率在0.3左右,因此,部门之间的合作仍处在初级状态,诉求处理过程相对静态。由于目前公共事务的复杂化,无法仅依靠一个部门解决所有的事务,需要多部门的联合。网络效率还有很大的上升空间,这为基层部门提供了合作基础。

表8.9　不同类型诉求处置部门网络关联整体网络分析(按网络规模排序)

诉求类别	网络规模	网络密度	网络效率	网络等级	网络关联度
市容环卫	2468	0.7465	0.3488	0	1
规土城建	2392	0.7235	0.2863	0	1
市政设施	1874	0.8668	0.1391	0	1
社区管理	1756	0.6621	0.3514	0	1
环保水务	1474	0.7444	0.2674	0	1
教育卫生	1466	0.6871	0.3362	0	1
安全隐患	1450	0.7323	0.2801	0	1
食药市监	1262	0.667	0.3488	0	1
民政服务	1224	0.6777	0.338	0	1
治安维稳	1182	0.571	0.4485	0	1
交通运输	700	0.5882	0.4367	0	1
组织人事	588	0.6323	0.3931	0	1
劳动社保	496	0.5	0.5333	0	1

续表

诉求类别	网络规模	网络密度	网络效率	网络等级	网络关联度
文体旅游	226	0.3477	0.7067	0	1
统一战线	224	0.4848	0.5158	0	0.9091
专业事件采集	96	0.2808	0.8039	0	1
党建群团	90	0.3309	0.7583	0	1

通过进行网络分析发现，环保水务、市政设施部门网络呈现出明显的网络关联现象。大部分的事件都会以从事相关专业的部门为中心，其他部门形成配合，共同确保诉求的有效解决。但是通过调研发现，各部门间的信息流转速度还是有较大差异的。互联网加速发展对政府组织的柔性提出了更高要求，府际竞合关系不再满足于正式联系，非正式联系逐渐成为反映我国府际关系的重要指标。

在此背景下，更需要坪山区政府加快推进部门间信息共享和业务协同，加强协调配合，加快推动跨部门、跨区域、跨行业涉及公共服务事项的信息互通共享、校验核对。依托"互联网＋"，从源头上推进坪山区人民政府"风险源头预警、治理下沉联动、事项智能流转"的政务服务能力提高，为群众提供更加人性化的服务，实现民生诉求的有效回应和及时解决。

坪山区民生诉求分拨指挥系统的建立为公众诉求提供了解决问题的渠道。通过对主要的民生诉求反馈渠道进行分析发现，＠坪山占比最高，为47.19%；12345占比21.1%；12319占比11.55%；美丽深圳占比8.81%；政府信箱占比4.61%；固话投诉占比3.41%。因此，从投诉的渠道分析，群众较为偏向通过网络平台进行投诉，近一半的诉求通过网络完成。其次为电话诉求。由于网络便捷性强，而且在事件描述、图片生成等各方面反映情况相对真实，网络的匿名化同样也是公众选择网络投诉的主要原因之一。随着网络技术的发展，通过网络途径反映社会问题成为主流，电话、信箱、视频等方式是对网络诉求的补充。

利用 ucinet 软件，对智能流转"二模"网络计算，对流转情况做定量分析。整体网络密度为 0.249796，平均地测线路径长度为 2.290476。虽然渠道的多元导致网络密度相对较低，但路径长度相对较短，缩短了平台节点与部门节点，凸显了平台与部门的直接关系。另外，碎片化程度为 0，说明网络处于一个整体状态，没有独立的行动者。该网络传递性为 0.663035，说明平台节点同部门节点之间具有较高的沟通效率，保证了渠道的畅通。从"核心—边缘"分析的结果中不难看出，网络与热线目前是反映诉求的关键平台，同时也是沟通处置部门的关键性平台。因此，智能平台完成了公众同政府的有效链接。

8.4.3　总结和未来展望

"上面千条线，下面一根针。"在环境数字化治理的实践中，基层政府无疑最贴近民众、最了解民生诉求，因此建设服务型政府首先需要基层政府作出必要而有效的努力，做到"完善风险源头预警、治理力量下沉联动、事项智能流转"离不开基层政府的努力，坪山区人民政府已在提升政务服务能力的道路上迈出了自己的步伐。深圳市政府和深圳市生态环境局都开通了各类政民互动平台，民众可以随时随地登录互联网反馈民生诉求，这些网络问政平台，一方面自主连接着包括同级市政府、市民、企业、新闻媒体及社会组织等在内的多种社会治理主体；另一方面，向上沟通省级政府和中央政府，向下则连接市、县级政府。政府网站和政务微博与多元化主体的连接具有"双向性"和"互动性"，其中网站链接关系反映的是一种"半开放式"连接，强调民众可以通过导航链接寻找到相应政府主体进而获取信息并进行互动，突出政府部门与民众的互动。从相互作用的整体网络视角出发，由各地级市政府网站链接和政务微博关注形成的全国范围内政治、经济、文化、社会等关系网络，是对社会治理理念和方式的极大创新，而网上政府服务也越来越受到公众的认可。

在未来的环境数字化治理进程中，公众参与的力度会不断加强，环境诉求也更加多元和复杂。政府部门需要在管理理念、管理机制、管理工具等方面进行一系列优化，节省处置时间，优化处置流程，以实现管理效果的精益化，推动完善风险源头预警机制、治理力量下沉联动、事项智能流转等精细化服务，从"数字"走向"数治"和"数智"，提升人民群众的获得感和幸福感。

（1）创新治理理念

第一，以制度化、标准化、信息化、严格化的问责机制促进基层环境治理力量下沉联动的实现。基层环境问责是指以保障民众公共利益需要、实现治理力量下沉联动为推展目标，将各级政府核心行动者及社会主体多元行动者作为问责客体，对其所履行的基层环境数字化治理绩效进行监督评测，以及对基层治理"懒、慢、乱"和"粗、泛、疏"行为进行责任追究的制度（曹海晶等，2022）。面向精细化治理实施有针对性的基层环境治理问责，关键是解决问责主体不明确、问责内容不清晰、问责制度不完善、问责信息不匹配等问题。基层政府需要树立"以人为本"的执政理念，扎根基层，贴近生活，切实了解公众的环境诉求。一方面这要求政府相关部门在出台环境政策和进行环境数字化治理时，要以民众的利益为出发点，真正考虑民生诉求。另一方面，这要求基层政府进一步细化职能分工，明晰各部门、各街道的职责权限，"民生诉求无小事"，要把群众反映的小事做好、做细、做精，真正做到治理力量下沉联动。将制度化、标准化、信息化、严格化的问责机制贯穿于基层环境治理的各个场域，运用依法行政思维构建责任追究制度体系，明确环境治理"需要做什么、对谁做、何时做、怎么做、做的好不好"的问责内容，创新信息化和网格治理高度融合的问责模式，严格执行各项规章制度，从而科学、高效地促进基层环境治理力量下沉联动和多元主体有效嵌入的实现，构建权责明晰、数智化、交互式的环境治理共同体（叶继红等，2019；何慧丽等，2023；周明等，2022）。

第二，强化评价结果应用，进一步加强对民生诉求管理的考核与量化评估。在民生诉求绩效管理的实施过程中，应以公众满意效果为第一目标，构建科学合理的综合评价指标体系。一方面，在实践中逐步修正和完善考核评价体系，依据治理力量下沉联动管理要求拓展考评范围，强化重大问题约谈和行政问责制度，定期收集群众反映强烈、长期难以改善和媒体曝光的问题，开展专项巡视督导。另一方面，大力推动考评结果在行政效能监察、人事任免、绩效管理方面的应用，切实推动工作奖惩（王洛忠等，2018）。对于环境类民生诉求而言，有些环境污染问题需要进行长期治理和关注，因此需要注意进行过程性考核、跟踪性反馈。对于不能一次性、即时解决的环境诉求，要注意进行长期追踪，制定长远性的发展规划和目标方案，及时、多次组织多元主体进行沟通、协商，建立"事前""事中""事后"的全方位、多链条、立体化考核机制。

（2）创新治理机制

第一，加强政府部门之间的协同，建立解决民生诉求的"大民生体制"，为民生事项智能流转奠定基础。通过梳理相关部门职责和工作流程，厘清职责边界，明确统筹范围，统筹协调各个民生部门，切实形成整体合力。通过进行实证研究发现，在环境数字化治理过程中，虽然各部门权责清晰，但是存在彼此合作不足的现象，特别是某项环境诉求涉及多个部门时，各部门之间的协作不够，影响了解决问题的最终效果。鉴于此，要用整体性、系统性的思维加强流程方面的细节管理，为环境治理事项智能流转奠定组织基础。以城市的市容市貌管理为例，整洁、安定、有序市容环境的背后是庞大而细致入微管理系统的支撑，如保洁人员全程不间断地巡回；垃圾落地及时清理的时限规定；马路及水域垃圾杂物数量的控制范围；街区路灯的正常使用率；城市照明、排水等公共设施发生损坏到维修、更换的时限规定，以及未维修前的安全警示规定等。现代社会高度发达的信息传播，使政府每一个细小的行为都可能通过放大效应凸显其社会影响，因此，部门协同与资源优化配置在环境数字化治理过程中显得更加重要（许峰，2020）。

第二，不断缩小政府与社会之间的距离，探索政府与社会新型互动机制。环境治理事项智能流转的第一步就是精细化治理的实现，而精细化管理依赖于自上而下的环境监管与自下而上的居民自治两个维度的良性互动，有关部门要完善公众参与环境数字化治理的制度供给，健全公众参与机制，弥补网格管理的盲区，逐步提高公众参与环境数字化治理的素质和能力，促使他们积极建言献策，及时反馈环境治理末端问题。目前一些环境治理部门对民众如实反映问题实行了现金鼓励政策，提高了他们反馈环境问题、举报环境污染的积极性，但在建议献策方面却明显不足，建议发挥民智，问计于民，对切实可行的政策建议，给予奖励。此外，各地政府可以根据自身发展情况，建立区、街道、社区一体化的环境诉求反馈渠道和民生互动平台，通过民意收集、民生响应、协作化办公等机制创新，促进政府治理和社会参与的良性互动，为环境治理事项智能流转奠定坚实的基础。

第三，培育基层社会治理的"自治基因"，打造环境共建共治共享格局。出于对政府能力、资源和职责边界的限度考虑，精细化社会治理并不能完全依托于政府来编织事无巨细的社会治理网络，而要有意识地引导具有自治能力的社会力量实现自我管理和自我服务，从行政主导型向多元合作式治理转型（彭小霞，2022）。例如，作为环境治理一线阵地的城市基层社区，可以成为探索政府数智化监管与居民自治新型关系的实验场所。为此，应当进一步界定相关部门的治理职责，明确多元主体分别应当承担哪些行政性事务、福利性事务、自治性事务等，探索与建立环境数字化治理的结构分化重组新模式。在此基础上对呈现出时间规律、季节规律的环境诉求进行有针对性的整合，形成基本的风险源头预警机制，从而防范于未然，化解环境数字化治理中的各类风险，打造环境共建共治共享"智慧化大生态"的格局。

（3）创新治理工具

依托互联网、物联网为代表的技术资本，借助大数据、云计算等现代信息技术手段，为环境数智化治理提供技术支持，完善风险源头预警机制。可以充分利用现代化的信息技术，建立"一站式"服务平台，通过信息技术在一定程度上打破职能和部门的边界，实现管理手段的无缝对接。在信息化、大数据条件下，所有的人、地、物、事、组织等要素以及各种服务、医疗、治安事项全部有规则地落入社会网格中，政府通过数据信息平台来发现、分析、解决、反馈民生问题。按照"统一管理、统一标准、统一流程"原则，整合环境治理的各类信息、资源和多种技术化、数字化治理平台，形成覆盖市、区、街三级城市管理各职能部门的城市综合管理信息平台，以建立全方位的保障体系，实现服务技术、治理手段的科技化、精细化（魏斌等，2022）。通过构建网格化管理平台，构建环境治理的全覆盖数字化网络，融诉求表达机制、环境监督机制、权益保障机制于一体，进一步健全和完善民意表达机制，最大程度满足民众环境诉求（曹海林等，2021）。还可以采取在每个街道或者社区网站上开辟"服务办事"栏目、制订以公民满意为导向的考核办法、实施重大事项决策公示制等措施来保证决策权力的合法行使。通过社区议事室等民主协商机制来发挥公众在社会治理中的作用，切实保障他们的知情权、参与权、表达权和监督权，保障公众参与的实现，提升环境数字化治理的效果，提升公众的幸福感、获得感（汤峰等，2021；Zheng et al.，2019）。

参 考 文 献

［1］别涛．中国环境公益诉讼的立法建议［J］．中国地质大学学报（社会科学版），2006，17（6）：4－8．

［2］曹海晶，杜娟．农村人居环境治理数字化平台建设的三个维度［J］．理论探索，2022，254（2）：71－78．

［3］曹海林，赖慧苏．公众环境参与：类型、研究议题及展望［J］．中国人口·资源与环境，2021，31（7）：116－126．

［4］曹亦寒．十八大以来我国国家层面数字治理政策文本的量化研究［D］．浙江大学，2021．

［5］陈海嵩．中国环境法治中的政党、国家与社会［J］．法学研究，2018，40（3）：3－20．

［6］陈建．数字化技术赋能环境治理现代化的路径优化［J］．哈尔滨工业大学学报（社会科学版），2023，25（2）：80－90．

［7］陈俊杰，张勇杰．公民为何参与公共服务的共同生产——基于社会治安服务的实证研究［J］．甘肃行政学院学报，2020，139（3）：90－103，127．

［8］陈良潮，郭佳凝，等．中国民航运输碳排放影响因素分解分析［J］．中国集体经济，2022（19）：84－86．

［9］陈启斐，王双徐．发展服务业能否改善空气质？来自低碳试点城市的证据［J］．经济学报，2021，8（1）：189－215．

［10］陈瑞琼．论澳大利亚碳定价政策：问题、原因探析及前景展望［D］．上海：华东师范大学，2021．

［11］陈善荣，陈传忠，陈远航，等．面向生态环境治理现代化的生

态环境监测数字化转型研究 [J]. 环境保护，2022，50（20）：9-12.

[12] 陈卫东，杨若愚. 政府监管、公众参与和环境治理满意度——基于 CGSS2015 数据的实证研究 [J]. 软科学，2018，32（11）：49-53.

[13] 陈奕琼. 我国碳税开征的必要性及制度设计 [J]. 特区经济，2015（10）：104-106.

[14] 丁成林，柴红艳，刁新斌. 碳税征管的国际实践及经验借鉴 [J]. 金融纵横，2021（9）：66-70.

[15] 杜雯翠，万沁原. 社会资本对公众亲环境行为的影响研究——来自 CGSS2013 的经验证据 [J]. 软科学，2022，36（11）：59-64，80.

[16] 范丹，刘婷婷. 低碳城市试点政策对全要素能源效率的影响机制和异质性研究 [J]. 产业经济评论，2022（2）：93-111.

[17] 关婷，薛澜，赵静. 技术赋能的治理创新：基于中国环境领域的实践案例 [J]. 中国行政管理，2019，406（4）：58-65.

[18] 郭余豪，石宏伟. 基层政府推进数字治理的价值逻辑、现实障碍与破解对策 [J]. 领导科学，2023，824（3）：89-94.

[19] 何慧丽，许珍珍. 嵌入式动员：党建引领农村基层社会治理——以农村人居环境整治为例 [J]. 西北农林科技大学学报（社会科学版），2023，23（3）：43-51.

[20] 何吉成. 30 年来中国民航运输行业的大气污染物排放 [J]. 环境科学，2012，33（1）：1-7.

[21] 何江波. 论工程风险的原因及其规避机制 [J]. 自然辩证法研究，2010，26（2）：62-67.

[22] 何艳玲. 公共行政学史 [M]. 北京：中国人民大学出版社，2018，166.

[23] 何艳玲. "中国式"邻避冲突：基于事件的分析 [J]. 开放时代，2009（12）：102-114.

[24] 贺璐，王冰. "运动式"治污：中国的环境威权主义及其效果检视 [J]. 人文杂志，2016，33（10）：121-128.

[25] 洪大用，范叶超. 公众环境知识测量：一个本土量表的提出与

检验 [J]. 中国人民大学学报, 2016, 30 (4): 110 – 121.

[26] 侯光辉, 王元地. "邻避风险链": 邻避危机演化的一个风险解释框架 [J]. 公共行政评论, 2015, 8 (1): 4 – 28, 198.

[27] 胡静. 环境权的规范效力: 可诉性和具体化 [J]. 中国法学, 2017 (5): 152 – 172.

[28] 胡凌艳. 当代中国生态文明建设中的公众参与研究 [D]. 厦门: 华侨大学, 2016.

[29] 黄彪文, 张增一. 从常人理论看专家与公众对健康风险的认知差异 [J]. 科学与社会, 2015, 5 (1): 104 – 116.

[30] 黄河, 王芳菲, 邵立. 心智模型视角下风险认知差距的探寻与弥合——基于邻避项目风险沟通的实证研究 [J]. 新闻与传播研究, 2020, 27 (9): 43 – 63, 126 – 127.

[31] 黄茂兴, 林寿富. 污染损害、环境管理与经济可持续增长——基于五部门内生经济增长模型的分析 [J]. 经济研究, 2013, 48 (12): 30 – 41.

[32] 黄森慰, 唐丹, 郑逸芳. 农村环境污染治理中的公众参与研究 [J]. 中国行政管理, 2017, 381 (3): 55 – 60.

[33] 黄小乐. 大学生环保行为的模型建构——以塑料袋使用行为为例 [D]. 成都: 四川师范大学, 2010.

[34] 黄新华, 于潇. 环境规制影响经济发展的政策工具检验——基于企业技术创新和产业结构优化视角的分析 [J]. 河南师范大学学报 (哲学社会科学版), 2018, 45 (3): 42 – 48.

[35] 黄扬. "试探性违规 – 选择性容忍": 对运动式监管失灵的组织学解释 [J]. 公共管理评论, 2023, 20 (6): 1 – 24.

[36] 靳永翥, 赵远跃. 公众参与背景下多源流理论如何更好解释中国的政策议程设置? ——基于多案例的定性比较分析 [J]. 行政论坛, 2022, 29 (6): 67 – 77.

[37] 李传轩. 气候变化背景下的碳税立法: 必要性与可行性 [J]. 甘肃政法学院学报, 2010 (3): 11 – 15.

[38] 李翠英, 毛寿龙. 论中国环境污染第三方治理的结构性障碍

［J］．环境保护，2018，46（23）：46-50.

［39］李冬琴．环境政策工具组合、环境技术创新与绩效［J］．科学学研究，2018，36（12）：2270-2279.

［40］李华．地方税的内涵与我国地方税体系改革路径——兼与 OECD 国家的对比分析［J］．财政研究，2018，28（7）：66-80.

［41］李辉．"运动式治理"缘何长期存在——一个本源性分析［J］．行政论坛，2017，24（5）：138-144.

［42］李军鹏．公共服务型政府［M］．北京：北京大学出版社，2004，37.

［43］李盛丰．中国碳税法律制度构建研究［D］．石家庄：河北地质大学，2020.

［44］李晓燕．地方政府绩效评估中公众参与有效性困境的破解［J］．行政论坛，2019，26（3）：18-22.

［45］李子豪．公众参与对地方政府环境治理的影响——2003～2013年省际数据的实证分析［J］．中国行政管理，2017，29（8）：102-108.

［46］林伯强，邹楚沅．发展阶段变迁与中国环境政策选择［J］．中国社会科学，2014（5）：81-95，205-206.

［47］林卡，朱浩．嘉兴市环境治理制度创新及其启示——基于程序正义和公众参与视角［J］．湖南农业大学学报（社会科学版），2016，17（4）：70-75，82.

［48］林凌，程思凡．识别数字化风险及多维治理路径［J］．编辑学刊，2021，200（6）：19-24.

［49］刘金科，张璇．生态问责制度的国际比较与借鉴［J］．环境保护，2018，46（9）：69-74.

［50］刘天乐，王宇飞．低碳城市试点政策落实的问题及其对策［J］．环境保护，2019，47（1）：39-42.

［51］刘豫．中国土壤环境保护立法研究［D］．兰州：兰州大学，2014.

［52］龙文滨，聂柔，高翔．公众参与、政府回应与企业环境绩效——基于污染监督与资源支持的中介效应研究［J］．财务研究，2022，45（3）：89-101.

［53］卢春天．社会实践论的观念之维［J］．南京工业大学学报（社会科学版），2021，20（4）：70－74．

［54］罗强强．地方"数字政府"改革的内在机理与优化路径——基于中国省级"第一梯队"政策文本分析［J］．地方治理研究，2021，89（1）：2－12，78．

［55］马超，金炜玲，孟天广．基于政务热线的基层治理新模式——以北京市"接诉即办"改革为例［J］．北京行政学院学报，2020，129（5）：39－47．

［56］马亮，杨媛．公众参与如何影响公众满意度？——面向中国地级市政府绩效评估的实证研究［J］．行政论坛，2019，26（2）：86－94．

［57］马鹏超，朱玉春．河长制视域下技术嵌入对公众治水参与的影响——基于5省份调查数据的实证分析［J］．中国人口·资源与环境，2022，32（6）：165－174．

［58］毛万磊，朱春奎．电子化政民互动对城市公众政府信任的影响机理研究［J］．南京大学学报（哲学·人文科学·社会科学），2019，56（3）：51－60．

［59］南锐，陈蒙．基于扎根理论的城市基层社会治理公众参与有效性研究——来自北京市垃圾分类治理经验的证据［J］．行政论坛，2022，29（3）：120－130．

［60］潘越，陈秋平，戴亦一．绿色绩效考核与区域环境治理——来自官员更替的证据［J］．厦门大学学报（哲学社会科学版），2017，38（1）：23－32．

［61］彭勃，韩啸，龚泽鹏．建构公众参与政务微博意愿的影响因素模型［J］．上海行政学院学报，2017，18（5）：28－37．

［62］彭小兵，朱沁怡．邻避效应向环境群体性事件转化的机理研究——以四川什邡事件为例［J］．上海行政学院学报，2014，15（6）：78－89．

［63］彭小霞．大数据促进环境智慧化治理：生成逻辑、现实困境与创新路径［J］．新疆社会科学，2022，240（5）：157－167．

［64］皮里阳，陈晶．邻避冲突的困境和出路探析——以垃圾焚烧厂为例［J］．江西科技师范大学学报，2020（1）：29－34，22．

［65］秦曼，杜元伟，万骁乐．基于TPB－NAM整合的海洋水产企业亲环境意愿研究［J］．中国人口·资源与环境，2020，30（9）：75－83．

［66］沙勇忠，王峥嵘，詹建．政民互动行为如何影响网络问政效果？——基于"问政泸州"的大数据探索与推论［J］．公共管理学报，2019，16（2）：15－27，169．

［67］邵青．环境正义、风险感知与邻避冲突的协商治理路径分析——基于国内垃圾焚烧发电项目的案例思考［J］．天津行政学院学报，2020，22（2）：22－32．

［68］申静，渠美，郑东晖，张院霞．农户对生活垃圾源头分类处理的行为研究——基于TPB和NAM整合框架［J］．干旱区资源与环境，2020，34（7）：75－81．

［69］石莹．我国生态文明建设的经济机理与绩效评价研究［D］．西安：西北大学，2016．

［70］司林波，张盼．黄河流域生态环境治理如何跨越"数据鸿沟"——基于整体性治理理论的分析框架［J］．学习论坛，2022，444（6）：60－68．

［71］宋保胜，吴奇隆，王鹏飞．乡村生态环境协同治理的现实诉求及应对策略［J］．中州学刊，2021，294（6）：39－45．

［72］宋弘，孙雅洁，等．政府空气污染治理效应评估——来自中国"低碳城市"建设的经验研究［J］．管理世界，2019，35（6）：95－108，195．

［73］苏明，傅志华，许文，王志刚，李欣，梁强．碳税的中国路径［J］．环境经济，2009（9）：10－22．

［74］苏毓淞，汤峰．互联网使用何以影响公众的环境治理满意度？——基于环境问责调节的政府环保形象中介效应分析［J］．社会政策研究，2021，24（3）：44－63．

［75］孙荣．公众参与环境治理存在的主要问题及对策［J］．环境科学与管理，2012，37（S1）：18－21．

[76] 孙伟增，罗党论，郑思齐，万广华．环保考核、地方官员晋升与环境治理——基于 2004～2009 年中国 86 个重点城市的经验证据 [J]．清华大学学报（哲学社会科学版），2014，29（4）：49－62，171．

[77] 孙宗锋，姜楠．政府部门回应策略及其逻辑研究——以 J 市政务热线满意度考核为例 [J]．中国行政管理，2021，431（5）：40－46．

[78] 谭翀，张亦慧．突发事件中的风险认知偏差与应对 [J]．人民论坛，2011（17）：146－147．

[79] 谭爽．"冲突转化"：超越"中国式邻避"的新路径——基于对典型案例的历时观察 [J]．中国行政管理，2019（6）：142－148．

[80] 谭爽，胡象明．邻避运动与环境公民的培育——基于 A 垃圾焚烧厂反建事件的个案研究 [J]．中国地质大学学报（社会科学版），2016，16（5）：52－63．

[81] 汤峰，刘晓龙，李彬，等．政府环保形象、互联网使用与公众环境治理满意度——基于 CGSS2015 的实证分析 [J]．中国人口·资源与环境，2021，31（7）：107－115．

[82] 唐林，罗小锋，张俊飚．环境政策与农户环境行为：行政约束抑或是经济激励——基于鄂、赣、浙三省农户调研数据的考察 [J]．中国人口·资源与环境，2021，31（6）：147－157．

[83] 佟林杰，张明欣．数字形式主义的生成逻辑、制度困境及消解策略 [J]．理论导刊，2022，449（4）：65－71，92．

[84] 万欣，王贺，王如冰，李弘扬，胡亚欣．垃圾焚烧发电项目中公众参与意愿影响因素研究——基于 TPB 和 NAM 的整合模型 [J]．干旱区资源与环境，2020，34（10）：58－63．

[85] 汪燕辉．社会组织：污染防治攻坚战中的瞭望哨和加速器 [J]．环境保护，2019，47（10）：23－26．

[86] 王红建，汤泰劼，宋献中．谁驱动了企业环境治理：官员任期考核还是五年规划目标考核 [J]．财贸经济，2017，38（11）：147－161．

[87] 王红梅．中国环境规制政策工具的比较与选择——基于贝叶斯模型平均（BMA）方法的实证研究 [J]．中国人口·资源与环境，2016，

26 (9)：132 - 138.

[88] 王晶．关于我国开征二氧化碳税的思考 [J]．税务与经济，2009 (5)：95 - 100.

[89] 王凯军，宫徽．发挥标准的指导引领作用 促进水污染控制事业更大发展 [J]．给水排水，2013，49 (6)：1 - 3，17.

[90] 王立华．如何促进政务微博公众参与：基于政府信息公开的视角 [J]．电子政务，2018，188 (8)：53 - 60.

[91] 王洛忠，庞锐．中国公共政策时空演进机理及扩散路径：以河长制的落地与变迁为例 [J]．中国行政管理，2018 (5)：63 - 69.

[92] 王腾．数字时代的环境社会治理：转型逻辑与挑战应对 [J]．理论月刊，2022，491 (11)：119 - 129.

[93] 王薇，谢雄辉．互联网使用对公众环境治理效能感的影响研究 [J]．统计与信息论坛，2022，37 (3)：108 - 117.

[94] 王小玲．黑龙江省工业结构与大气环境质量耦合优化情景模拟研究．硕士学位论文 [D]．吉林：吉林大学，2018.

[95] 王晓楠．阶层认同、环境价值观对垃圾分类行为的影响机制 [J]．北京理工大学学报（社会科学版），2019，21 (3)：57 - 66.

[96] 王新燕．杭州垃圾焚烧厂邻避困境治理 [D]．武汉：华中科技大学，2015.

[97] 王莹，俞使超．邻避效应治理中补偿机制的建立与完善 [J]．浙江理工大学学报（社会科学版），2017，38 (3)：252 - 256.

[98] 魏斌，黄明祥，郝千婷，等．数字化转型背景下生态环境信息化建设思路与发展重点 [J]．环境保护，2022，50 (20)：20 - 23.

[99] 吴建南，徐萌萌，马艺源．环保考核、公众参与和治理效果：来自31个省级行政区的证据 [J]．中国行政管理，2016，28 (9)：75 - 81.

[100] 吴结兵，钱倩严慧，程远．共同生产行为与公共服务感知绩效：对环境治理的一个跨层次分析 [J]．浙江大学学报（人文社会科学版），2022，52 (1)：22 - 38.

[101] 吴结兵，钱倩严慧．公民共同生产行为的影响因素研究——基

于环境治理的多层次分析［J］. 浙江社会科学，2022，309（5）：76－85，157－158.

［102］吴金鹏. 公民共同生产行为：文献评述、研究框架与未来展望［J］. 公共管理与政策评论，2022，11（6）：156－168.

［103］吴宜蓁. 专家与民众：健康风险认知差距研究内涵检视［J］. 西南民族大学学报（人文社科版），2007（10）：154－157.

［104］武照亮，丁蔓，周小喜，等. 社会资本和公众参与对政府环境治理评价的影响机制研究——以大气环境治理为例［J］. 干旱区资源与环境，2022，36（9）：1－10.

［105］武照亮，靳敏. 居民参与社区环境治理的行为研究——基于"情境—过程—影响"的分析［J］. 北京理工大学学报（社会科学版），2023，25（1）：55－66.

［106］武照亮，杨文府，王斌，等. 城市黑臭水体整治的市民满意度及影响因素分析——基于黄河流域7省（自治区）12个市的问卷调查［J］. 干旱区资源与环境，2023，37（2）：59－68.

［107］夏锦文. 共建共治共享的社会治理格局：理论构建与实践探索［J］. 江苏社会科学，2018（3）：53－62.

［108］萧鸣政，郭晟豪. 国家治理现代化建设中网络民意与政务微博的作用［J］. 行政论坛，2014，21（4）：5－10.

［109］徐平华. 政府与市场：看得见的手与看不见的手［M］. 北京：新华出版社，2014：36.

［110］徐嵩龄. 环境意识关系到中国的现代化前途［J］. 科技导报，1997，12（1）：46－49.

［111］徐顽强，张婷. 我国环保政务微博社会网络结构特征的实证分析——以湖北省环保政务微博为例［J］. 兰州学刊，2020，323（8）：115－127.

［112］徐文成，毛彦军. 环境税的产业结构调整效应研究［J］. 管理学刊，2019，32（2）：36－44.

［113］许波荣. 破解固废处置设施邻避效应研究——基于对无锡锡东

生活垃圾焚烧发电厂的调查 ［J］. 中共合肥市委党校学报，2021，20（2）：42－46.

［114］许峰. 地方政府数字化转型机理阐释——基于政务改革"浙江经验"的分析 ［J］. 电子政务，2020，214（10）：2－19.

［115］闫国东，康建成，谢小进，王国栋，张建平，朱文武. 中国公众环境意识的变化趋势 ［J］. 中国人口·资源与环境，2010，20（10）：55－60.

［116］颜海娜，彭铭刚，刘泽森."期望—手段—效价"理论视角下的"互联网＋"公众治水参与——基于广东省 S 市数据的多层次多元回归模型分析 ［J］. 北京行政学院学报，2021，133（3）：25－33.

［117］颜海娜，吴泳钊."互联网＋河长制"如何赋能幸福河湖建设？——基于广州市 2012—2022 年水污染治理的跟踪调查 ［J］. 城市观察，2023，84（2）：110－122，162.

［118］杨洪刚. 中国环境政策工具的实施效果及其选择研究 ［D］. 上海：复旦大学，2009.

［119］杨加猛，沈文，董战峰. 亲环境行为及其影响机制研究进展 ［J］. 生态经济，2023，39（3）：199－205.

［120］杨若愚，陈卫东，达娃. 委托—代理视角下我国环境监管过程中的多元主体博弈——一个文献综述 ［J］. 管理现代化，2018，38（2）：123－125.

［121］杨若愚. 环境污染的空间相关性、影响因素及治理模式构建 ［D］. 天津：天津大学，2020.

［122］杨旭，汤资岚. 去粗取"精"还是精"益"求精："双碳"背景下城市环境治理的转型之道 ［J］. 理论导刊，2022，456（11）：81－88.

［123］叶继红，吴新星. 新时代基层社会网格化联动治理实践创新——对中国特色社会治理模式的探索 ［J］. 理论月刊，2019，454（10）：137－145.

［124］尹长禧，邱守明. 影响国家公园游客亲环境行为意向的个人因素研究——以普达措国家公园为例 ［J］. 北京林业大学学报（社会科学

版），2023，22（1）：32－42.

［125］尹怀斌．从"余村现象"看"两山"重要思想及其实践［J］. 自然辩证法研究，2017，33（7）：65－69.

［126］于文超，高楠，查建平．政绩诉求、政府干预与地区环境污染——基于中国城市数据的实证分析［J］. 中国经济问题，2015，36（5）：35－45.

［127］于文超，高楠，龚强．公众诉求、官员激励与地区环境治理［J］. 浙江社会科学，2014，213（5）：23－35，10，156－157.

［128］余泳泽，尹立平．中国式环境规制政策演进及其经济效应：综述与展望［J］. 改革，2022，337（3）：114－130.

［129］张广利，王伯承．西方脉络与中国图景：风险文化理论及其本土调适［J］. 湖北民族学院学报（哲学社会科学版），2017，35（1）：135－141.

［130］张国宁，周扬胜．我国大气污染防治标准的立法演变和发展研究［J］. 中国政法大学学报，2016，31（1）：97－115，160.

［131］张国兴，邓娜娜，管欣，等．公众环境监督行为、公众环境参与政策对工业污染治理效率的影响——基于中国省级面板数据的实证分析［J］. 中国人口·资源与环境，2019，29（1）：144－151.

［132］张荆红，陈东洋．柔性治理：走出中国式邻避困境的新路径——基于仙桃案例的分析［J］. 江苏海洋大学学报（人文社会科学版），2021，19（6）：41－53.

［133］张坤民，温宗国，彭立颖．当代中国的环境政策：形成、特点与评价［J］. 中国人口·资源与环境，2007（2）：1－7.

［134］张梦燃．碳中和愿景下中国减排路径研究［J］. 北方经济，2022（3）：47－50.

［135］张楠迪扬，郑旭扬，赵乾翔．政府回应性：作为日常治理的"全回应"模式——基于LDA主题建模的地方政务服务"接诉即办"实证分析［J］. 中国行政管理，2023，453（3）：68－78.

［136］张宁．风险文化理论研究及其启示——文化视角下的风险分析

［J］.中央财经大学学报，2012（12）：91－96.

［137］张思锋，王舟浩，张立.政府与市场：理论演进、美国改进、中国改革［J］.西安交通大学学报：社会科学版，2015，52（3）：21－31.

［138］张天悦.环境规制的绿色创新激励研究［D］.北京：中国社会科学院研究生院，2014.

［139］张橦.新媒体视域下公众参与环境治理的效果研究——基于中国省级面板数据的实证分析［J］.中国行政管理，2018，399（9）：79－85.

［140］张忻正.基于风险社会放大框架的邻避效应演化机理研究［D］.哈尔滨：哈尔滨工业大学，2020.

［141］张燕，虞海侠.风险沟通中公众对专家系统的信任危机［J］.现代传播（中国传媒大学学报），2012，34（4）：139－140.

［142］张玉皓，仇皓月.基于碳中和目标下的碳税制度探究［J］.中国集体经济，2021（31）：99－100.

［143］郑石明.政治周期、五年规划与环境污染——以工业二氧化硫排放为例［J］.政治学研究，2016（2）：80－94，127－128.

［144］钟兴菊，罗世兴.公众参与环境治理的类型学分析——基于多案例的比较研究［J］.南京工业大学学报（社会科学版），2021，20（1）：54－76，112.

［145］周迪，周丰年，等.低碳试点政策对城市碳排放绩效的影响评估及机制分析［J］.资源科学，2019，41（3）：546－556.

［146］周明，许珂.组织吸纳社会：对社会治理共同体作用形态的一种解释［J］.求实，2022，466（2）：37－50，110.

［147］周晓丽.论社会公众参与生态环境治理的问题与对策［J］.中国行政管理，2019，414（12）：148－150.

［148］朱旭峰，王笑歌.论"环境治理公平"［J］.中国行政管理，2007，13（9）：107－111.

［149］左才.社会绩效、一票否决与官员晋升——来自中国城市的证据［J］.公共管理与政策评论，2017，6（3）：23－35.

［150］Almach M A，Nasereddin Y. Factors influencing the adoption of E - government services among Jordanian citizens ［J］. Electronic Government an International Journal，2020，16（3）：236 – 259.

［151］Alonso J M，Andrews R，Clifton J，et al. Factors influencing citizens' co-production of environmental outcomes：a multi-level analysis ［J］. Public Management Review，2019，21（11）：1620 – 1645.

［152］Ansell C，Gash A. Collaborative governance in theory and practice ［J］. Journal of Public Administration Research and Theory，2007，18（4）：543 – 571.

［153］Bovaird T，Loeffler B E. From Engagement to Co-production：The Contribution of Users and Communities to Outcomes and Public Value ［J］. Voluntas：International Journal of Voluntary and Nonprofit Organizations，2012，23（4）：1119 – 1138.

［154］Bovird T，Ryzin G G，Lo efler E，Parado S，et al，Activating Cirens to Participate in Clective Co – Production of Pubic Serices ［J］. Journal of Social Policy，2015，44（1）：1 – 23.

［155］Casalo L V，Escario J J. Heterogeneity in the association between environmental attitudes and pro-environmental behavior：A multilevel regression approach ［J］. Journal of Cleaner Production，2018，175（2）：155 – 163.

［156］Cheng Y. Exploring the role of nonprofits in public service provision：moving from coproduction to cogovernance ［J］. Public Administration Review，2019，79（2）：203 – 214.

［157］Cook N J，Wright G D，Andersson K P. Local Politics of Forest Governance：Why NGO Support Can Reduce Local Government Responsiveness ［J］. World Development，2017，92：203 – 214.

［158］Dunlap R E，Liere K，Mertig A G，et al. Measuring Endorsement of the New Ecological Paradigm：A Revised NEP Scale ［J］. Journal of Social Issues，2000，56（3）：425 – 442.

［159］Dunlap R E. The new environmental paradigm scale：from marginal-

ity to worldwide use [J]. The Journal of Environmental Education, 2008 (1):
3 – 18.

[160] Fedorenko I, Sun Y. Microblogging – Based Civic Participation on
Environment in China: A Case Study of the PM 2. 5 Campaign [J]. VOLUN-
TAS: International Journal of Voluntary and Nonprofit Organizations, 2016, 27
(5): 2077 – 2105.

[161] Gehrsitz M. The effect of low emission zones on air pollution and in-
fant health [J]. Journal of Environmental Economics and Management, 2017,
83 (5): 121 – 144.

[162] Graves C, Roelich K. Psychological Barriers to Pro – Environmental
Behaviour Change: A Review of Meat Consumption Behaviours [J]. Sustain-
ability, 2021, 13 (21): 11582.

[163] Halla M, Schneider F G, Wagner A F. Satisfaction with democracy
and collective action problems: the case of the environment [J]. Public Choice,
2013, 115 (1): 109 – 137.

[164] Jonathan Hassid, Jennifer N. Brass. Scandals, Media, and Govern-
ment Responsiveness in China and Kenya [J]. Journal of Asian and African
Studies, 2015, 50 (3): 325 – 342.

[165] Kaiser F G, Wlfing S, Fuhrer U. Environmental Attitude and Eco-
logical Behavior [J]. Journal of Environmental Psychology, 1999, 19 (1):
1 – 19.

[166] Kellogg, Auffhammer Ryan. Clearing the Air? The Effects of Gaso-
line Content Regulation on Air Quality [J]. The American Economic Review,
2011, 101 (6): 2687 – 2722.

[167] Lange F, Dewitte S. Measuring pro-environmental behavior: Re-
view and recommendations [J]. Journal of Environmental Psychology, 2019,
63: 92 – 100.

[168] Lavertu S. We all need help: "big data" and the mismeasure of public
administration [J]. Public administration review, 2016, 76 (6): 864 – 872.

［169］Liao X, Shi X. Public appeal, environmental regulation and green investment: evidence from China ［J］. Energy Policy, 2018, 119: 554 – 562.

［170］Managi S, Kaneko S. Economic growth and the environment in China: an empirical analysis of productivity ［J］. International Journal of Global Environmental Issues, 2006, 6（1）: 89 – 133.

［171］Mensah I K, Adams S. A comparative analysis of the impact of political trust on the adoption of E – Government services ［J］. International Journal of Public Administration, 2020, 43: 682 – 696.

［172］Mensah I K, Luo C. Exploring Factors Determining Chinese College Students' Satisfaction With E – Government Services: The Technology Acceptance Model （TAM）Approach ［J］. Information Resources Management Journal, 2021, 34（3）: 1 – 20.

［173］Miller S M, Moulton S. Publicness in policy environments: a multilevel analysis of substance abuse treatment services ［J］. Journal of Public Administration Research and Theory, 2013, 24（3）: 553 – 589.

［174］Nabatchi T, Sancino A, Sicilia M. Varieties of Participation in Public Services: The Who, When, and What of Coproduction ［J］. Public Administration Review, 2017, 77（5）: 766 – 776.

［175］Ostrom E. Crossing the great divide: coproduction, synergy, and development ［J］. World Development, 1996, 24（6）: 1073 – 1087.

［176］Paarlberg L E, Gen S. Exploring the determinants of nonprofit coproduction of public service delivery: The case of k – 12 public education ［J］. American Review of Public Administration, 2009, 39（4）: 391 – 408.

［177］Pelletier L G, Sharp E. Persuasive communication and pro-environmental behaviors: how message tailoring and message framing can improve the integration of behaviors through self-determined motivation ［J］. Canadian Psychology, 2008, 49（3）: 210 – 217.

［178］Pestoff V. Co-production and Third SectorSocial Services in Europe: Some Concepts and Evidence ［J］. International Journal of Voluntary &. Nonprofit Organizations, 2012, 23 (4): 1102 - 1118.

[179] Schoon M, Cox M E. Collaboration, adaptation, and scaling: perspectives on environmental governance for sustainability [J]. Sustainability, 2017, 10 (3): 1 - 9.

[180] Skoric M, Zhu Q, Goh D, Natalie Pang, et al. Social media and citizen engagement: A meta-analytic review [J]. New Media & Society, 2016, 18 (9): 1817 - 1839.

[181] Stern P C, Dietz T. The Value Basis of Environmental Concern [J]. Journal of Social Issues, 1994, 50 (3): 65 - 84.

[182] Stern P C. New Environmental Theories: Toward a Coherent Theory of Environmentally Significant Behavior [J]. Journal of Social Issues, 2000, 56 (3): 407 - 424.

[183] Tietenberg T H, Lewis L. Environmental economics and policy [M]. Boston: Pearson Addison Wesley, 2004: 55.

[184] Tietenberg T. The tradable-permits approach to protecting the commons: Lessons for climate change [J]. Oxford Review of Economic Policy, 2003, 19 (3): 400 - 419.

[185] Vin, Eijk, C&Steen T. Wny Enge in Co - Producion of PublicSenvices? Mlixing Theory and Empirical Evdence [J]. lnternational Review of Administrative Sciences, 2015, 82 (1): 28 - 46.

[186] Washington D C. State and Trends of Carbon Pricing 2020 [N]. World Bank, 2020.

[187] Wolff H. Keep your clunker in the suburb: low-emission zones and adoption of green vehicles [J]. Economic Journal, 2014, 124 (578): 481 - 512.

[188] Yang R, Chen J, Wang C, et al. The Influence Mechanism and Path Effects of Pro - Environmental Behavior: Empirical Study Based on the Structural Equation Modeling. Polish Journal of Environmental Studies, 2022, 31 (5): 4447 - 4456.

［189］Yang R, Wa D, Xu K. Research on the Influence Mechanism of Public Participation in Environmental Governance in the Context of Big Data: Based on the Theory of Planned Behavior and the Norm Activation Model Integrated Analysis Framework. Polish Journal of Environmental Studies, 2022, 31 (6): 5371 –5381.

［190］Zeebaree M, Agoyi M, Aqel M, et al. Sustainable Adoption of E – Government from the UTAUT Perspective ［J］. Sustainability, 2022, 14 (7): 5370.

［191］Zheng Y, Yang R. Environmental regulation, public participation and happiness: empirical research based on Chinese general social survey of 2015 ［J］. Applied Ecology and Environmental Research, 2019, 17 (4): 9317 – 9332.

后　记

从 2009 年读本科时敲开公共管理学的学术之门，到如今成为一名高校讲师、兼职律师，我得到了诸多师长、亲友的指导、提携和关爱。特别感谢我的父母和其他家人给予我的力量，让我可以心无旁骛、随心所欲地做自己。从 2016 年 6 月开始着手撰写环境治理的相关调研报告到 2023 年 6 月本书的完成，历时七年之久，我也从学生变成了教师。感谢本、硕、博期间所有老师对于我的引领和教导。感谢我的学生唐蓉、陈睿佳、谢瑞、陶雪洁、刘明帆、于一帆和我的好友许凯渤、杨姝对于我完成此书所提供的帮助。特别鸣谢中国民航大学经济与管理学院各位领导、同事和公共事业管理系各位老师的支持。感谢中国财政经济出版社提供的平台和各位编辑老师的辛勤工作，我们的征程是星辰大海，唯有热爱可抵岁月漫长。希望我们永葆青春、永远热忱。

中国式现代化式是人与自然和谐共生的现代化，但中国的环境治理所取得的成效从来都不是一蹴而就的，历程是艰难而曲折的。作为一名公共管理的研究者、高校教师，对于环境治理的关注不仅是科研需要，还是一种自发的责任感。从 16 岁进入云南大学学习行政管理专业，到 20 岁进入西安交通大学攻读公共管理硕士学位，再到 23 岁进入天津大学攻读公共管理博士学位。我对于环境治理的关注从未停歇，也见证了环境治理政策工具的创新和数智化治理时代的到来。如今，我已而立之年，在博士论文的基础上写成本书，以共飨读者。这既是对自己科研征程的一个阶段性总结，也寄托着对于中国环境治理的期许和关切。若有不足之处，欢迎学术界同仁和社会各界人士批评指正。

本书获得天津市教委人文社科一般项目："缠绕式交互与嵌入协作背景下基层数字化治理中的公众参与和风险防范：绩效评估、影响机制与改进路径"（2022SK130）资助，是该项目的阶段性研究成果。

杨若愚

2023 年 6 月于中国民航大学